すぐわかる化学業界

ケミカルビジネス情報MAP 2023

CHEMICAL BUSINESS 2023

化学工業日報社

ひとりの商人、無数の使命

ひとりの商人がいる。そしてそこには、数限りない使命がある。

伊藤忠商事の商人は、たとえあなたが気づかなくても、日々の暮らしのなかにいる。

目の前の喜びから100年後の希望まで、ありとあらゆるものを力強く商っている。

彼らは跳ぶことを恐れない。壁を超え、新しい生活文化をつくる。そして

「その商いは、未来を祝福しているだろうか?」といつも問いつづける。

商人として、人々の明日に貢献したい。なにか大切なものを贈りたい。

商いの先に広がる、生きることの豊かさこそが、本当の利益だと信じているから。

人をしあわせにできるのは、やはり人だと信じているから。

だから今日も全力で挑む。それが、この星の商人の使命。伊藤忠商事。

www.itochu.co.jp/

人間さんよ。

ボクらや、
地球のことも、
ヨロシクね。

すべての
いのちに、
できることを。

人のため、だけではなく。
この星のためにできる化学とは、何か。
その答えを、見つけ出していくために。

 問う。
創造する。

TOSOH

東ソー株式会社

共創型
化学会社へ

化学はあらゆる産業の起点。私たちの持つ幅広く自在な最先端機能材料テクノロジーを活かせば、きっと課題の解決策が見出せるはずです。さまざまなカタチでの共創が、社会課題の解決を実現していく。つながれば、社会をより良く変えられる。統合新会社レゾナックは、志を共にする仲間とより良い社会を共創していきます。

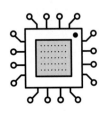

次世代半導体
を共創する

車の電動化
を共創する

5G/6G

次世代高速通信
を共創する

脱炭素 × ケミカル
リサイクル
を共創する

RESONAC
Chemistry for Change

Hello!

MITSUBISHI
CHEMICAL
GROUP

三菱ケミカルグループ株式会社

私たちは、One Company, One Team の考えのもと、
「未来を拓く」変革を強く推し進めていきます。

提案する化学。

化学の可能性は常に無限にある。

製品の性能や品質向上に応えたり、

実現困難だったアイディアを商品化に導くことも。

日本触媒は様々な企業と対話を重ね、

提案力を強化、進化していきます。

化学の可能性に挑み、

より多くのお客様にソリューションをお届けしていきます。

日本触媒

究めるを、ずっと。

アスリートは
ナンバーワンを目指し
日々努力を積み重ねています。

安全を究める。
品質向上を究める。
環境保全を究める。
技術を究める。

いままでも、そしてこれからも…
私たち丸善石油化学は
究めることを続けていきます。

Chemiway
丸善石油化学株式会社

MGC

社会と分かち合える
価値の創造。

時代のニーズをとらえ、持続的な社会の成長に貢献すること。

それが、私たちの使命です。限りない、技術の挑戦へ。

これからも、化学のチカラで多様なソリューションを提供します。

三菱ガス化学
MITSUBISHI GAS CHEMICAL

化学の オドロキ
未来の トキメキ

これまで誰も見たことがない、
モノやコトを生み出す化学のチカラ。
私たちは素材と機能の可能性を追求し、
より豊かな環境に変えていく取組みを
これからも続けてまいります。
幸せな未来への夢を乗せて、
あなたのもとへ。

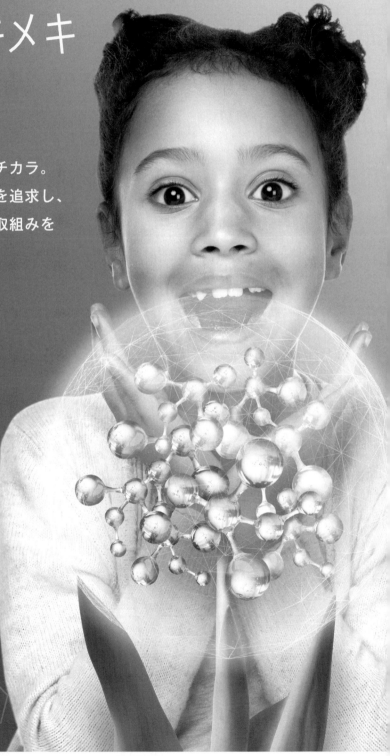

东亞合成

これからも、
未来から発想。

日本化薬は、いつも想像している。

人と社会のよりよい未来を。そして、いつも考えている。

その未来にあって、今はまだない技術のことを。

日本化薬は設立以来、

世の中のニーズを先取りした独自の技術や製品で、

便利で健やかな暮らしや安全安心な社会づくりに貢献してきました。

これからは今以上に、活発なコミュニケーション、

自由な発想、培ってきた技術に磨きをかけ、さらに成長していきます。

すべては、人と社会の持続可能な幸せとうれしさのために。

世界的すきま発想。

 日本化薬

つくろうよ。

笑顔や安心が、
この先もずっと続くものをつくろう。

いちばん大切な人の、
よろこぶ顔を想像してつくろう。

「出来っこない」と、
みんなが諦めていたものをつくろう。

化学を"希望"だと考える。
私たちは日産化学です。

未来のための、
はじめてをつくる。

Nissan Chemical
CORPORATION
日産化学株式会社

独創的なモノづくりで
世界に笑顔を届ける
ちょっとすごい
化学の会社です。

すごソーダ

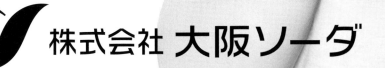 株式会社 大阪ソーダ

化学でもっといいこと。
Something Better with Chemicals

www.osaka-soda.co.jp

はたらきを化学する。

Tomorrow's solutions,today

三洋化成
Sanyo Chemical

〒605-0995 京都市東山区一橋野本町11-1

三洋化成　　🔍 RESEARCH

www.sanyo-chemical.co.jp/

住友商事

考えつづけよう、もっと深く。

走りつづけよう、もっと速く。

わたしたちは、

その足で感じた確かな希望を信じて

この不確かな時代を飛び越えていく。

そして、ひとも地球もよろこぶ未来へ。

Enriching lives and the world

Building a Better Tomorrow

東京都の約1.3倍の広さの土地で展開する植林事業（インドネシア）

丸紅グループは、環境や社会の要請を先取りして
プロアクティブにソリューションを提供することで、
経済・社会の発展、地球環境の保全に貢献し、
成長する企業グループを目指します。

Marubeni

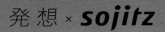

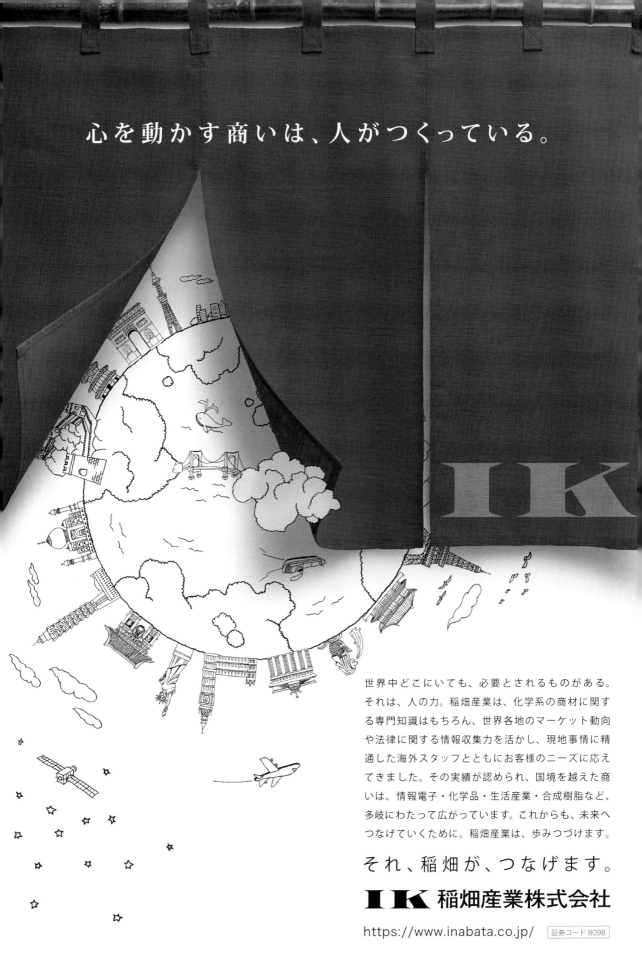

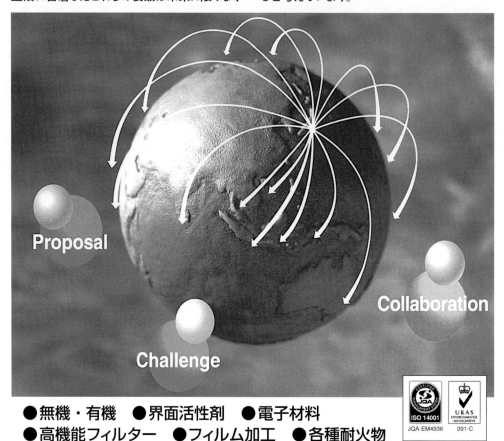

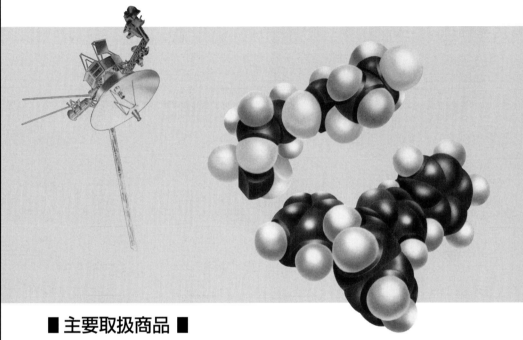

化学でつくろう
明るい未来

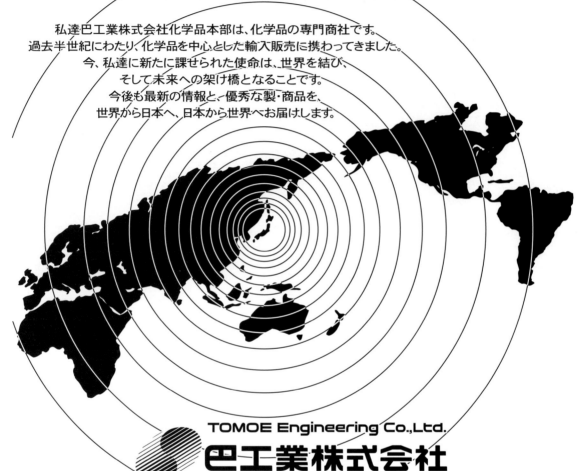

は　じ　め　に

　これまで「化学」は産業の発展を下支えする"黒子"として貢献してきました。環境汚染、食糧危機、世界的な人口増加、化石資源の枯渇、温暖化などの気候変動、食料や水資源の偏在、高齢化社会の到来など、私たちを取り巻く様々な問題を解決するには、化学の役割はこれまで以上に大きくなっています。また、社会基盤を支える化学技術は一見、化学と関係がなさそうなものにも応用され、安全で快適な社会にとってますます重要になっています。こうした状況にあって、化学業界に関連する情報をすばやく、的確に入手し、ビジネスに活用していくことは、あらゆる産業に関わる方々にとってきわめて重要なことといえます。本書は、化学業界の動向をコンパクトにご理解いただけるよう、様々な工夫を凝らして編集しました。

　「第1部　化学産業の概要」では、化学産業の位置づけを俯瞰し、化学品規制の法律と近年の安全の取り組みや化学産業全体の最新状況をまとめました。「第2部　分野別化学産業」では、基礎原料から汎用品、製品材料、最終製品までをそれぞれ体系的に解説し、サプライチェーンの流れが理解できるよう努めました。各項目は、需給動向、生産能力、品目別の流れなどを図表で示し、立体的に把握することができます。続く「第3部　主な化学企業・団体」では日本および世界の化学企業売上高ランキングを収載するとともに、国内主要企業および団体などの情報をまとめました。「第4部　化学産業の情報収集」では、法令、統計、化学物質情報、災害情報などのデータベース、さらに関連図書館や博物館などに加えて、スキルアップを目指す際に取得しておきたい資格を紹介しています。

　食糧の増産を可能にした農薬や化学肥料、日用品から工業製品まであらゆる分野に浸透したプラスチック、情報電子技術の進歩を支えた半導体・エレクトロニクス、健康を支える医薬品など、化学産業はいつの時代も技術の力で新しい価値を創造しながら発展し、世の中に貢献してきました。ビッグデータの活用や5Gといった情報通信技術の進歩を背景に第4次産業革命ともいうべき大転換期に差し掛かっている一方で、地球温暖化やカーボンニュートラル、海洋プラスチック問題など、喫緊の課題もあります。このような歴史的な局面において、社会が必要とするソリューションを提供する産業として、化学産業にはこれまで以上の貢献が期待されています。

　化学および関連産業に従事される企業の方々をはじめ、これからの化学産業を担う新入社員の方々に本書をご活用いただき、日頃のビジネスや勉強、研究にお役立ていただければ幸いです。

　2022年11月

化学工業日報社

目　　次

第3部　主な化学企業・団体

第4部　化学産業の情報収集

┌─ コ ラ ム ──────────────────────────────

│　化審法の歩み…8／混乱続く天然ガス市場　欧州とアジアがLNG争奪戦…43／水素技術、大競
│　争時代に…49／取り組み進むPET水平リサイクル、ボトル争奪必至…57／プロセス化学とは
│　…118／人生100年時代へ　認知機能の研究進む…121／データ爆増、磁気テープ復権…144／
│　フードロス削減へ各社取り組み加速…163／ユニークPV（太陽電池）続々、用途無限に…216／
│　中堅・専門商社、商材やサービス提供に努力…230／物流業界に迫る「2024年問題」…232
└──────────────────────────────────────

人と化学の
調和

未来への
挑戦と創造

豊かさの
追求

Create for the future

オー・ジー株式会社
be original, be global

100TH
ANNIVERSARY

詳しくは
こちらを
ご覧ください

オー・ジー（株）は1923年に大阪合同（株）として発足以来、川上から川下まで幅広い化学品事業をグローバルに展開し続け、おかげさまで100周年を迎えます。

近年では、衣類用透湿防水フィルムや抗菌・抗ウイルス剤の新規開発と性能評価能力の増強、ディスプレイ向け高精密貼合等の事業を行い、時代に即した社会のニーズにお応えすべく誠実に取り組んでまいりました。

これからも化学をベースに、豊かな暮らしと持続可能な社会の実現を目指してまいります。

第1部

化学産業の概要

1．化学産業とは

　化学産業は一言で定義するのが難しい産業です。製品や用途が多岐にわたるため、解釈によって定義を拡大できるからです。本書では便宜上、日本標準産業分類（日本の統計の基本）の大分類【E．製造業】のなかの中分類【16．化学工業】、【18．プラスチック製品製造業】、【19．ゴム製品製造業】の3つを合わせて「化学産業」と定義します。このなかには別産業とみなされることの多い「医薬品工業」も含みます。

　化学産業は石油や天然ガス、石炭を原料として、合成樹脂（プラスチック）や合成繊維、合成ゴム、塗料、接着剤、化粧品など幅広い分野の製品を生み出しており、衣食住に加えて、自動車、エレクトロニクス、航空・宇宙、環境など私たちの生活と密接な関わりを持っています。

　また、化学産業は自然科学の1つである化学と密接な関係を保っており、基礎原料から最終製品まで広範な製品で構成されています（第2部参照）。

　製品を、そのユーザーにより区分すると、企業により原料として使用される製品（中間財＝素材）と、消費者により使用される製品（最終財＝消費製品）に分けられます。化学産業の製品は、①基礎化学品（石油化学品、ソーダ、樹脂原料など）、②汎用化学品（汎用樹脂、合成繊維、合成ゴムなど）、③機能性化学品（電子材料など）、④消費製品（化粧品、家庭用雑貨・消耗品、家庭用医薬品など）に区分されます。前三者はいずれも他の企業で原料・材料として使用されます。化学産業は消費者向けの成形品・最終製品よりも中間財（一次製品）が多く、産業内取引（B to B）の割合が大きい産業で、そのほとんどが化学産業内で消費されます。大手化学企業のほとんどは素材産業であり、消費製品を主力と

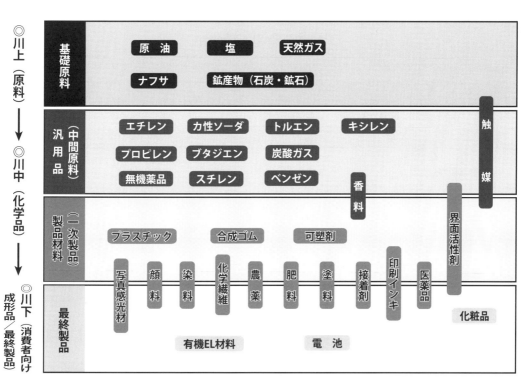

◎化学工業の原料から最終製品までの主な位置づけ

◎化学工業の付加価値額、出荷額、従業員数、研究費（2019年）

	付加価値額 （10億円）	出荷額 （10億円）	従業員数 （人）	研究費 （10億円）
広義の化学工業	17,577 （17.5％；1位）	45,552 （14.1％；2位）	950,302 （12.3％；3位）	2,646 （21.4％；2位）
【広義の内訳】 ◎化学工業 ＋ ◎プラスチック製品 ◎ゴム製品	計：17,577〔100％〕 ※化学工業 11,516〔65.5％〕 プラスチック製品 4,655〔26.5％〕 ゴム製品 1,406〔8.0％〕	計：45,552〔100％〕 ※化学工業 29,253〔64.2％〕 プラスチック製品 12,963〔28.5％〕 ゴム製品 3,336〔7.3％〕	計：950,302〔100％〕 ※化学工業 381,259〔40.1％〕 プラスチック製品 451,650〔47.5％〕 ゴム製品 117,393〔12.4％〕	計：2,646〔100％〕 ※化学工業 2,292〔18.5％〕 〔うち医薬品1,339〕 プラスチック製品 188〔1.5％〕 ゴム製品 166〔1.3％〕
（参考） 他産業	輸送用機械器具 16,759 （16.7％；2位） 食料品 10,325 （10.3％；3位）	輸送用機械器具 67,994 （21.1％；1位） 食料品 29,857 （9.3％；3位）	食料品 1,136,951 （14.7％；1位） 輸送用機械器具 1,064,560 （13.8％；2位）	輸送用機械器具 3,179 （25.7％；1位） 電子機械器具 1,318 （10.7％；3位）
製造業合計	100,235（100％）	322,533（100％）	7,717,646（100％）	12,371（100％）

〔注〕（　）は全製造業における順位と割合。
　　　付加価値＝生産額－原材料使用料等－製品出荷額に含まれる国内消費税等－減価償却費
資料：経済産業省『工業統計表　産業編』、総務省『科学技術研究調査』

◎製造業の業種別出荷額の推移

（単位：10億円）

業　　種	2017年	2018年	2019年	構成比率（％）
化　学　工　業	28,724	29,788	29,253	9.1
プラスチック製品	12,443	12,986	12,963	4.0
ゴ　ム　製　品	3,168	3,333	3,336	1.0
広義の化学工業合計	44,335	46,106	45,552	14.1
食　　料　　品	29,056	29,782	29,857	9.3
石油製品・石炭製品	13,287	15,016	13,844	4.5
鋼　　　　　鉄	17,556	18,652	17,748	5.5
非　鉄　金　属	9,762	10,229	9,614	3.0
金　属　製　品	15,199	15,822	15,965	4.9
一　般　機　械　器　具	－	－	－	－
はん用機械器具	11,780	12,345	12,162	3.8
生産用機械器具	20,521	22,048	20,853	6.5
業務用機械器具	6,927	6,887	6,753	2.1
電子部品・デバイス・電子回路	15,930	16,143	14,124	4.4
電気機械器具	17,259	18,790	18,229	5.7
情報通信機械器具	6,707	6,910	6,712	2.1
輸送用機械器具	68,263	70,091	67,994	21.1
そ　の　他	42,454	42,989	43,126	13.4
製　造　業　合　計	319,036	331,809	322,533	100.00

〔注〕従業者4人以上の事業所
資料：経済産業省『工業統計表　産業編』

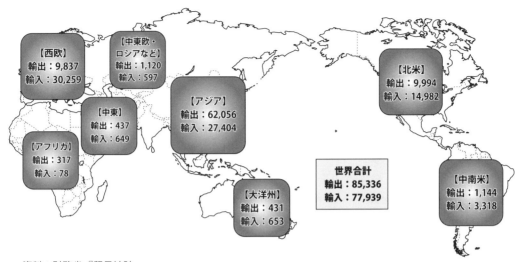

【西欧】
輸出：9,837
輸入：30,259

【中東欧・ロシアなど】
輸出：1,120
輸入：597

【中東】
輸出：437
輸入：649

【アフリカ】
輸出：317
輸入：78

【アジア】
輸出：62,056
輸入：27,404

【北米】
輸出：9,994
輸入：14,982

世界合計
輸出：85,336
輸入：77,939

【大洋州】
輸出：431
輸入：653

【中南米】
輸出：1,144
輸入：3,318

資料：財務省『貿易統計』
◎化学製品の地域別輸出入額（2020年）（単位：億円）

する大手企業は少数です。普段の生活で化学産業の存在を実感することがあまりないのは、このためです。

　化学産業の最大の特徴は1人当たりの付加価値生産性が非常に高いところにあります。2019年における年間の付加価値額は17兆円を超え、製造業全体の17.5％（1位）を占めます（2位は輸送用機械器具）。広義の化学工業の出荷額は45兆円超で、製造業全体の14.1％（2位）です（1位は輸送用機械器具）。就業者数は95万人超で全製造業の12.3％を占め、食料品、輸送用機械器具に次ぐ規模です。さきほど化学産業の特徴として付加価値生産性の高さを取り上げましたが、これを支えるのが高水準の研究開発投資です。開発費は年間2兆6,000億円に上り、製造業全体の21.4％（2位）にのぼることから、化学産業は「研究開発型」の基幹産業といえます（1位は輸送用機械器具）。2019年度の「研究費の製造業に占める割合」は21.4％となっています。輸出入額を見てみますと、化学製品の貿易収支（輸出額－輸入額）は、2020年は約7,397億円の黒字で推移しています。地域別にみると、アジアへの輸出が群を抜いています。

2．化学品管理の取り組み

　「化学品は安全か？」と問われたときに「イエス」と答えられるのは、化学品を正しく管理・使用しているときに限られます。化学品を研究したり、現場で取り扱ったりする人は、常にそのことを意識しなければなりません。では、どうすれば安全を確保できるでしょうか。

　まずは化学品規制に基づいて取り扱うことです。化学品は法律で取り扱いが規定され、対象となる物質も法律で指定されます。日本における化学品規制は、「人が身近な製品などを経由して摂取する化学物質の規制（製造・用途面からアプローチ＝労働安全衛生法、農薬取締法、食品衛生法、医薬品医療機器等法、毒物及び劇物取締法など）」と、「人が環境経由で影響を受ける化学物質の規制（環境面からアプローチ＝化学物質審査規制法、化学物質排出把握管理促進法、大気汚染防止法など）」に大別されます。このほかに、化学品を危険物として規制する消防法、貯蔵・輸出に関する船舶法や航空法などがあります。

化学品規制法のうち代表的なのが、1973年10月16日に公布された化学物質審査規制法（化審法）です。「人の健康を損なうおそれ又は動植物の生息若しくは生育に支障を及ぼすおそれがある化学物質による環境の汚染を防止するため、新規の化学物質の製造又は輸入に際し事前にその化学物質の性状に関して審査する制度を設けるとともに、その有する性状等に応じ、化学物質の製造、輸入、使用等について必要な規制を行うこと」を目的とします。

化審法では以下のように物質を分類しており、その分類に応じて製造、販売、使用を規制します。

［第一種特定化学物質］

難分解性かつ高蓄積性を示し、人や高次捕食動物への長期毒性を示す化学物質。製造・輸入は許可制で、必要不可欠用途以外の製造・輸入は禁止。2022年10月現在、34物質。

［第二種特定化学物質］

人や生活環境動植物への長期毒性を示す化学物質。製造・輸入（予定及び実績）数量、用途等の届出、環境汚染の状況によっては、製造予定数量等の変更が必要。2022年10月現在、23物質。

［優先評価化学物質］

人又は生活環境動植物への長期毒性のリスクが疑われており優先的に評価する必要がある化学物質。製造・輸入実績数量・詳細用途別出荷量等の届出が必要。情報伝達の努力義務あり。2011年4月の改正にともない新設された分類。2022年10月現在、218物質。

［監視化学物質］

難分解性かつ高蓄積性を示すが、人又は高次捕食動物に対する長期毒性が不明な化学物質。製造・輸入実績数量、詳細用途等の届出が必要。情報伝達の努力義務あり。2022年10月現在、41物質。

［一般化学物質］

既存化学物質名簿のうち、上記の化学物質を除いたもの。製造・輸入実績数量、用途等の届出が必要。

［新規化学物質］

白公示化学物質、第一種特定化学物質・第二種特定化学物質・監視化学物質・優先評価化学物質、既存化学物質名簿収載化学物質を除いた化学物質。

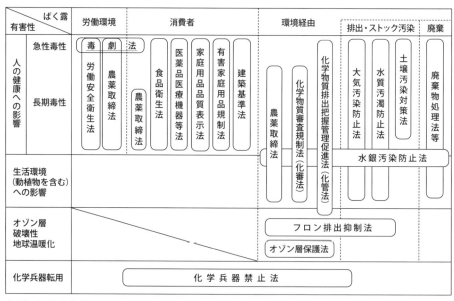

資料：経済産業省作成資料より

◎日本における化学品管理に係わる主な法規制体系

◎日本の主な化学品規制法

法 令 名	担 当 省 庁	制 定 年	概 要
化学物質審査規制法	厚生労働省、経済産業省、環境省	昭和48年（1973年）	新規化学物質の上市前届出、申出、登録、危険有害性情報の提供など
労働安全衛生法	厚生労働省	昭和47年（1972年）	化学物質の上市前届出、ラベルおよびＳＤＳによる危険有害性の通知
化学物質排出把握管理促進法	経済産業省、環境省	平成11年（1999年）	対象化学物質の表示、ＳＤＳ提供、排出量の届出
有害家庭用品規制法	厚生労働省	昭和48年（1973年）	上市前製品の検査、審査、監視、回収、品質管理など
毒物劇物取締法	厚生労働省	昭和25年（1950年）	毒物、劇物の登録、容器包装表示、ＳＤＳ、取り扱い注意
農 薬 取 締 法	農林水産省、環境省	昭和23年（1948年）	新規農薬の登録、ＳＤＳとラベルの表示
食 品 衛 生 法	厚生労働省（表示に関してのみ消費者庁）	昭和22年（1947年）	飲食により生ずる危害発生の防止
医薬品医療機器等法［旧 薬事法］	厚生労働省	平成26年（2014年）［昭和35年（1960年）］	医薬品、医薬部外品、化粧品、医療機器及び再生医療等製品の運用
建 築 基 準 法	国土交通省	昭和25年（1950年）	建築物に対する基準など
オゾン層保護法	経済産業省、環境省	昭和63年（1988年）	オゾン層の保護
大気汚染防止法	環境省	昭和43年（1968年）	大気汚染の防止
水質汚濁防止法	環境省	昭和45年（1970年）	公共用水域の水質汚濁の防止
土壌汚染対策法	環境省	平成14年（2002年）	土壌汚染の防止、人の健康被害の防止
廃棄物処理法等	環境省	昭和45年（1970年）	廃棄物の抑制と適正な処理、生活環境の保全と公衆衛生の向上
化学兵器禁止法	経済産業省	平成 7 年（1995年）	化学兵器の製造等の禁止・特定物質の製造等の規制
家庭用品品質表示法	消費者庁	昭和37年（1962年）	分類と表示
高圧ガス保安法	経済産業省	昭和26年（1951年）	表示とプラントなどの安全基準順守
消 防 法	総務省	昭和23年（1948年）	消防法分類、プラントなどの安全基準順守、表示
火薬類取締法	経済産業省	昭和25年（1950年）	火薬類の分類、登録、容器包装、表示
肥 料 取 締 法	農林水産省	昭和25年（1950年）	新規肥料の登録、ＳＤＳの提供
航空機爆発物輸送告示	国土交通省	昭和58年（1983年）	航空機で危険物を輸送する際にラベル表示等の実施
船 舶 安 全 法	国土交通省	昭和 8 年（1933年）	危険物を海運する際にＩＭＤＧコードの適用およびＳＤＳ・ラベル表示を実施
フロン排出抑制法	経済産業省	平成27年（2015年）	フロン類の製造から廃棄までライフサイクル全般に対して包括的な対策の実施

近年の国際的な化学物質管理の動きは、1992年の地球サミットでまとめられた環境と開発に関する行動計画「アジェンダ21」までさかのぼります。次いで2002年にWSSD（持続可能な開発に関する世界首脳会議）において「2020年までに、すべての化学物質を人の健康や環境への影響を最小化する方法で生産・利用する」という目標が合意され、その後、戦略・行動計画であるSAICM（国際的な化学物質管理に関する戦略的アプローチ）が採択されました。近年、日本、EU、米国は化審法やREACH、TSCAといった法規制の整備・見直しを進めており、中国、韓国、台湾も対応を急いでいます。

今後、この動きはASEAN（東南アジア諸国連合）を含め全世界に波及していくとみられます。

現在の規制の底流には、化学物質を正しく管理・運営することでリスクを回避しつつ、そのメリットを享受しようという考えがあり、ハザードベースの管理からリスクベースの管理へと転換が進んでいます。たとえハザードが高くとも曝露量を小さくすればリスクは小さくできますし、逆にハザードが低くとも曝露量が大きければリスクは増大します。

化学物質は製造から貯蔵、使用、廃棄、リサイクルまで、すべての工程に関連し、サプライチェーン全体に広がっています。リスクアセス

●化審法の歩み

1973年に制定された化審法は、一般工業化学物質の事前審査制度としては世界で最初のものです。制定後45年以上を経た化審法は、これまでに4回の大改正が行われています。ここでは制定から現在までの流れを簡単に紹介します。

（1）1973年制定

ポリ塩化ビフェニル（PCB）による環境汚染などをきっかけに制定されました。新規化学物質の事前審査制度が設けられるとともに、PCB類似の化学物質（難分解性、高蓄積性、長期毒性を有する物質）を特定化学物質（現　第一種特定化学物質）として規制されました。

（2）1986年改正

生物濃縮性は低いものの難分解性・長期毒性を有し、継続して摂取されると有害な物質（トリクロロエチレンなど）についても規制されることになり、指定化学物質（現　第二種監視化学物質）および第二種特定化学物質の制度が導入されました。

（3）2003年改正

動植物への影響に着目した審査・規制制度、や環境中への放出可能性を考慮した審査制度が導入されました。また、難分解性・高蓄積性を有する既存化学物質を第一種監視化学物質として指定されました。さらに環境中の放出可能性に着目した審査制度が導入されたほか、事業者が入手した有害性情報の報告が義務付けられました。

（4）2009年改正

WSSD（2002年）の取り決めを受けて、従来のハザードベースの評価から、曝露の要素を取り入れたリスクベースの評価へと転換しました。具体的には、既存化学物質を含むすべての化学物質について、一定数量以上を製造・輸入した事業者に、その数量等の届出が義務付けられました。上記届出をもとに、詳細な安全性評価の対象とすべき化学物質が優先評価化学物質として指定されます。また、ストックホルム条約との整合性を図るため、一部の規制が緩和され、厳格な管理のもとでエッセンシャルユースが認められるようになりました。

（5）2017年改正

審査特例制度（少量新規、低生産量新規）において、従来は全国数量上限が決められていましたが、これが環境排出量換算（製造量・輸入量と用途別の排出係数より求める）に改められました。従来は、数量上限を守るために国による数量調整が行われ、事業者のビジネス機会を制限する恐れがありましたが、改正により規制が緩和されました。また、新規化学物質のうち毒性が強いものについて、新たに特定一般化学物質が設定され、不用意な環境排出を防止する規制が設けられることになりました。

参考文献

北野大編著（2017）「なぜ」に答える　化学物質審査規制法のすべて、化学工業日報社

メントの実施は自社のリスク把握のみならず、取引先に対する信頼性・付加価値向上にもつながります。

化学物質の適正な管理を進めるため、2016年4月に製品含有化学物質の新たな情報伝達スキーム「chemSHERPA（ケムシェルパ）」がスタートし、サプライチェーンを通じた情報の共有化が進むことが期待されています。同年6月には改正労働安全衛生法が施行され、化学物質のリスクアセスメント義務化やラベル表示対象の拡大など規制が強化されています。しかし周知不足は否めません。化学物質を取り扱う現場は化学関連産業に限らず、食品製造、機械・器具製造、建設関連、商社、物流、病院、学校など多岐にわたります。義務化されたことをまだ知らない事業者も数多く、500万社にも及ぶとされる対象事業者にどう周知するかが大きな課題となっています。

3．安全への取り組み

日本のエチレンプラントの約6割は稼働40年以上を迎え、2025年には同様のケースが8割に達すると予測されています。また現場の技術者の高年齢化が進み、石油精製事業所における年齢構成は50歳以上が3割を占め、ノウハウの伝承や人材育成が課題とされます。一方で石油化学の国際競争は激化し、製品のライフサイクルが短期化したことで設備を常に稼働させなければならず、機動的な設備検査や改修が難しい状況にあります。こうした状況を背景に近年、化学プラントの事故が相次いでいます。事故による被害はもちろんのこと、サプライチェーン全体へ影響が及んでしまうことから、プラントでの安全対策は企業にとって最重要課題といえます。

化学プラントの安全確保においては法令を順守した対策だけでは不十分で、自主管理が重要です。自主管理による安全確保に必要なのがリスクマネジメントです。プラントのどこにどの程度の危険性があるのかをしっかりと把握し対策をとることが重要です。また、プラントで働く人たちの間で安全に関する意識が定着していなければいけません。こうした意識のことを安全文化といい、企業の安全活動のベースとなります。具体的には、組織統率、学習伝承、作業管理、相互理解、積極関与、資産管理、危険認識、動機付けの8項目を強化することが安全文化を創り出すもとになります。

安全文化は日本のプロセス産業の安全を支えてきた強みでした。しかし、プラントを熟知する団塊世代が引退しプラントの新設も少なくなったことで、若手がプロセスへの理解を深める機会が減少してしまいました。相次ぐ化学プラント事故の直接的な引き金は緊急装置誤作動や用役トラブル、非定常作業ですが、現場の安全意識や危険感性が低下したこと（安全文化の低下）も直接的な要因として考えられます。

安全の意識、知識、技術、技能が弱体化する一方で、企業の海外展開や運転管理にＡＩやデジタル技術を導入する、プラントのＤＸ（デジタルトランスフォーメーション）化が進展するなど新たな課題も浮上しています。

こうした社会変化、新たな動きに対応すべく2016年夏に安全工学グループが発足しました。安全工学会、保安力向上センター、総合安全工学研究所、災害情報センター、リスクセンス研究会の5機関が連携し、従来以上に広い視野に立った安全活動の創造を目指しています。安全は工学、社会学、心理学など様々な学問分野にまたがるだけに、広い視野が求められます。これまでそれぞれに安全工学の研究や普及、教育体系の構築、産業界の安全レベル評価と強化のための情報提供などを担ってきましたが、グループ化によって相互連携・補完が進み、効果的で効率的な保安活動につながると期待されます。まず注目されるのが従来になかった安全の

相談窓口機能です。安全に関する相談は窓口が分からず躊躇しやすいものでしたが、間口が広がることで多種多様な問い合わせへの対応が期待されます。

事故リスクを抑制するため、IoTやビッグデータなどを活用した産業保安のスマート化も進められています。配管外部を走行するロボットが腐食箇所を自動的に把握し、プラント内の運転データの相関性から早期に異常を検知する、ビッグデータから設備の腐食や事故を予測するといった取り組みがみられます。

こうした状況を踏まえ、自主保安の高度化を促進するため、経済産業省は産業保安のスマート化の検討に着手し、2017年度から新たな認証事業所制度をスタートしました。IoTやビッグデータの活用を進め、自主的に保安の高度化に取り組む事業所を「スーパー認定事業所」と認定するものです。付与されるインセンティブ（保安検査猶予期間の拡大、許可不要範囲の拡大）を活用すれば、設備を停止して実施する検査の回数が減り、機会損失を少なくすることで生産性が向上するという効果が生まれます。日本には高経年設備が多く、コスト面から新設は考えづらいものの、これを逆に膨大な保安データが蓄積されているとプラスに捉えることもできます。スマート保安で世界の先頭を走るのも決して不可能ではありません。

4．2021年の化学産業のまとめ

化学産業は大きな転換点を迎えています。金属、繊維など異業種との垣根を越えた製品開発によって革新的な高機能マテリアルを生み出す動きが加速しており、素材供給にとどまらないサービスやソリューションの提供、一般消費者に商品やサービスを売り込むBtoC系事業の拡充など、ビジネスモデル転換の動きも急激に進んでいます。こうした取り組みを日本経済の新たな成長に結び付けるためにも、未来の化学産業の姿を、より具体的かつ魅力に溢れたものとして打ち出す必要がありそうです。

化学産業の変革の動きは、国の産業政策にもみてとれます。経済産業省は2016年6月、製造産業局で素材を担当する化学、繊維、鉄鋼など6つの課を「素材産業課」「金属課」「生活製品課」の3課に再編しました。製造業の構造変化が進み、新素材開発など従来の業種概念に収まらない共通の政策課題が顕在化していることに対応するものです。業種横断的に素材産業全体を俯瞰した政策を打ち出し、既存の枠組みを越えた産業分野の融合を図り、競争力強化につなげる考えです。

欧米の化学産業では1980年代以降、大型合併や事業交換などの再編を繰り返しながら、大きな流れとしてライフサイエンス分野やアグリ分野への事業シフトが進んでいます。日本の化学産業各社は、環境・エネルギー、ライフサイエンス、情報通信技術（ICT）といった今後の成長分野に経営資源を積極的に投入する構えですが、どのビジネスが新たな収益の柱となるかは不明確です。またビッグデータと人工知能（AI）の融合といった新たな潮流への対応も、まだ定まっていません。

2021年は石油化学品、化学品の市場にとって波乱に満ちた1年でした。原油の高騰や堅調な需要を背景にナフサ市況が1トン当たり800ドルまで上昇したほか、米国における大寒波の発生やハリケーンの直撃、中国の電力制限など市況を押し上げる要因が断続的に浮上し、4次値上げ、5次値上げが打ち出される製品もありました。

2021年における原油や天然ガス、石炭など原燃料の著しい高騰は、化学製品全般の原料コストを押し上げただけでなく、物流やユーティリティーなどのコストにも影響しました。また、コロナ禍におけるロックダウンなどの行動制限や出入国規制は、労働者不足による生産低下を

招き、需給タイトに見舞われた製品も多くみられました。さらに、コンテナ不足による海上運賃の高騰、鋼材価格の上昇なども収益を圧迫する要因となりました。

世界的に製品需給に大きな影響を与えた出来事として、2月の米国の大寒波、8月の米国のハリケーン上陸、9月以降の中国における電力制限がありました。大寒波やハリケーンは石油化学プラントが集積する南部を直撃し、生産や物流に多大な混乱が生じました。中国の電力制限では稼働低下を余儀なくされた製品が多岐にわたる結果となりました。

原油の高騰などによって、2021年のナフサ市況は年初の1トン当たり500ドル弱から上昇し、10月から11月にかけて800ドルを超える局面もありました。国産ナフサ基準価格は1～3月が1キロリットル当たり3万8,800円、4～6月が4万7,700円、7～9月が5万3,500円、10月以降は6万円を上回るようになりました。高騰は一服したものの、12月下旬時点で1トン当たり700ドル前後の高値を維持しています。

国際市況の高騰で目を引いた製品として、ポリカーボネートやエポキシ樹脂の原料となるビスフェノールA（BPA）があります。BPAのアジア市況は設備トラブルや新規設備立ち上げの遅れ、定期修理（定修）の集中で供給が絞られた一方、需要が旺盛ななかで1トン当たり4,000ドル近くまで上昇しました。日本銀行がまとめている輸出物価指数をみると、2015年平均を100とした場合、2021年は200を上回る月が頻繁にありました（2020年平均は100以下）。

エポキシ樹脂の原料では、エピクロルヒドリンも高騰しました。2021年前半は欧米でフォースマジュール（不可抗力による供給不能、FM）が発生し、需給タイト化でアジア市況は1トン当たり2,500ドル前後まで上昇しました。その後調整局面を経て、電力制限で中国の稼働が落ちると2,800ドル程度まで反発しました。

汎用樹脂では、塩化ビニル樹脂（PVC）の騰勢が際立ちました。2月の大寒波の発生を受けて米国でFMが相次いだことから、需給は世界的に一段とタイト化し、米国では8月下旬のハリケーン「アイダ」の上陸もPVCの生産に影響しました。さらに、電力制限によって中国の稼働が下がると国際市況は上値を追い、日本のインド向け輸出価格は1トン当たり2,000ドルを突破しました。財務省『貿易統計』によると、10月の輸出金額は100億円に迫る規模に拡大しています。日本では2021年、各社から3回にわたって値上げが打ち出される異例の展開となりました。

2021年はカ性ソーダの市況も上向きました。年初のアジア市況は1トン当たり200ドルレベルの低水準でしたが、需要回復や定修などの影響で第2四半期に300ドル台に乗せました。本格的に上昇し始めたのは9月以降で、中国では電力制限によって電解プラントの稼働が低下し、輸出余力が削がれました。需給ひっ迫にともない、900ドルを超える局面もあったようです。こうしたなか、日本では9月末から値上げが続々と打ち出されています。

このほか、可塑剤、アルコール、酢酸、酢酸エチル、黄リン、メタノール、アンモニア、HCFC-142ｂなど急騰した製品は枚挙にいとまがなく、過去最高値を更新した製品も数多くみられました。

化学品の貿易についてもみていきましょう。化学品の貿易総額は2021年、過去最高を更新しました。日本化学品輸出入協会が財務省『貿易統計』をもとにまとめた2021年の実績（ＨＳコード28類から40類の合計）によると、化学品輸出額は、12兆5,509億円（前年比23.3％増）、化学品輸入額が11兆929億円（同23.2％増）と快走しています。この結果、化学品貿易総額は23兆6,438億円（同23.3％増）と大幅アップを記録しました。

2021年は新型コロナウイルス感染症（COVID-19）感染拡大のダメージから、各国経済が回復

基調をみせ、化学品の需要が伸びました。これに加えて、原料相場の高騰を背景に価格転嫁が進んだことによって、化学品の輸出・輸入を押し上げた形になったようです。

年間推移を細かくみると、輸出は1月に22.6％増と順調な伸びをみせ、その後もプラス成長を継続しました。4月は26.3％増、5月に33.8％増、6月に40.6％増、7月に35％増、8月に28.1％増と勢いは続いていきます。年末の11月は20.4％増、12月は15.4％増でした。

輸入をみると2021年1月はマイナスだったものの、2月と3月はプラス成長でした。4月以降も順調な伸びを示し、8月には57％増、9月が48.2％増と急増を遂げ、年末の11月に41％増、12月が38.9％増という快進撃をみせました。

2021年の化学品輸出を分野別にみると、構成比最大である、プラスチックおよび同製品（39類）は、22.1％増の高成長を示しました。プラスチック成形品は、幅広い需要に支えられ好調でした。

構成比2位の有機化学品（29類）は26.5％増と飛躍しています。有機化学品は全体の約70％がアジア向けで、中国向けが約30％、韓国が15％を占めています。台湾と東南アジア諸国連合（ASEAN）向けがそれぞれ約10％。欧州向けは17％でした。

構成比3位の各種化学工業生産品（38類）は、24.5％増と高成長を遂げました。主に半導体材料、ウエハー、エッチング材料など先端材料分野が好調に推移したことが要因とみられています。全体の約70％がアジア向けで、中国向けが35％増と伸長し、中国の成長が目立ちます。台湾向けが18％増、ASEAN向けも24％増と好調でした。また欧州向けも43％増と5割近い伸びを示しています。

構成比4位のゴムおよび同製品（40類）は27％増と伸びています。このほか構成比の高い精油・香料・化粧品等（33類）、染料・顔料・

ペイント等（32類）、界面活性剤、洗剤等（34類）、写真用または映画用材料（37類）は、いずれも2割前後の伸びを達成する健闘をみせています。

一方、化学品輸入をみると、品目および地域別とも、輸出と大きく事情が異なるようです。全体では11兆円を突破し、2割増を記録しました。構成比最大の医療用品（30類）は、全体の36％となる4兆832億円（同31.7％増）と急増しました。2021年は、COVID-19ワクチン輸入増などの要因がありますが、過去10年間をみても安定した様子をみせています。

また医療用品を地域別でみると欧州が全体の65％と圧倒的に強いようです。次に米国の20％で、欧米の大手製薬企業の強さが際立ちます。構成比2位のプラスチックおよび同製品は1兆9,050億円（同19.2％増）で、全体の8割近くがアジアからの輸入品です。トップの中国は6,383億円（同18.9％増）と増加がみられます。構成比3位の有機化学品は、1兆8,375億円（同7.7％増）と続きます。

2022年に入ると化学品貿易が一段と加速しました。2022年1～3月をみると輸出、輸入とも過去最高を記録した2021年を、大幅に上回るペースで進んでいます。

2022年は、化学品をめぐる旺盛な市場動向に加えて、原料相場の高騰と、それにともなう価格転嫁が進み、輸入と輸出金額を増加させています。

また2022年1月から、地域的包括的経済連携協定（RCEP）が発効しました。日本、中国の両国を含む東南アジア諸国を含め正式にスタートし、化学品などの関税が段階的に撤廃されます。TPPとは異なり、中国が含まれていることが特徴です。化学品商社などは、ビジネスの起爆剤になるとみて、事業拡大を目指す方針を掲げています。

第2部

分野別
化学産業

1　基礎原料

1.1　原　　料

　化学工業では多くの粗原料が使用されています。代表的に挙げられるのは、原油を精製して生産されるナフサ、塩、石炭、鉱石などですが、日本は資源小国のため、その多くを輸入品に依存しているのが現状です。原料価格は基本的に需給で決められ、国際市況が立っています。輸送コストや製造コストが高い日本の産業にとって産油国の中東、中国やASEANなど低コストで製造可能な国々との競争は比較劣位な状況にありますが、日本はプロセス制御、高付加価値誘導品の開発など技術力の高さで国際競争力を維持しています。

　資源の少ない日本にとって原料の安定確保は大きな課題です。一方で、設備の保安を徹底しトラブルなく安定して生産できる体制を整えることも重要です。

【石油（原油）】

　「石油」は明治時代にできた言葉で、古くは『日本書紀』に "燃ゆる水" "燃ゆる土" と記されています。石油が近代産業となったのは、1859年に米・ペンシルバニア州でエドウィン・ドレークが機械を使って井戸を掘り、産油〔当時、1日当たり35バーレル（約5.6kL）〕をみたことに始まります。

　石油は「天然にできた燃える鉱物油（原油と天然ガソリン）とその製品」の総称であり、日本と中国では「石油」、英国と米国では「ペトロリアム」（Petroleum）と表し、そこから天然に産する油とそれを精製してできる油を区別して、前者を「原油」（Crude Oil）、後者を「石油製品」（Petroleum Products）と呼んでいます。化学的にみると、多数の似通った（炭素と水素がいろいろの割合で結びついた）分子式を持つ液状炭化水素の混合物をいいます。

　炭化水素は炭素と水素の結びつきが実に様々で、一番簡単なのは炭素1に水素4の割合で結びついたメタンです。続いて炭素2に水素6のエタン、炭素3に水素8のプロパン、炭素4に水素10のブタンなどがあり、これらは常温常圧では気体です。また、炭素数が5〜15まではガソリン、灯油、軽油、重油などの液体、16〜40ぐらいまではアスファルト、パラフィンなどのように固体となります。これら炭化水素のうち、液体のものを狭義の「石油」と呼び、気体のプロパン、ブタンや固体のアスファルト、パラフィンなど親類筋にあたるものを含めて「石油類」と呼んでいます。

　昨今の原油市場に大きな影響を与えているも

のがあります。ロシアによるウクライナ侵攻です。

2021年末以降侵攻の可能性が浮上し、以降は西側諸国との対立にともなう制裁の報復措置としてロシアが原油を含むエネルギー供給を絞るとの懸念が強まり、2022年初めから原油が高騰しました。外交交渉で解決するとの見方もありましたが、結果的にロシアは2月23日、ウクライナへの侵攻を開始することになりました。当初、制裁はエネルギー分野に及ばないと思われていましたが、3月初めに米国が石油を含めロシア産エネルギーの禁輸を発表すると、米国原油の指標となるＷＴＩ（West Texas Intermediate）は1バーレル当たり120ドル台後半まで上昇しました。その後もロシアの原油供給が日量300万バーレル減少するとの国際エネルギー機関（ＩＥＡ）の見通しに加え、原油が高騰しても需要はすぐに減退しないとの意見も多数みられました。さらに中国は、ゼロコロナ政策により早晩、新型コロナウイルス感染症（COVID-19）を封じ込め、経済の回復とともに需要が持ち直すとの見方もありました。この結果、需給の引き締まり感が継続し、原油価格は7月頃まで110ドルを中心としたボックス圏で

推移し高止まりが続きました。

しかし、欧州をはじめ西側諸国へのロシア産原油の供給は減少しましたが、中国やインドなどが積極的に輸入したため、実際には供給量の減少は20万バーレル程度にとどまっています。とくにインドは1月の輸入量はほぼゼロでしたが、直近は70万〜80万バーレルに増やしています。また中国の感染拡大も収まっておらず、政府の景気刺激策の効果も限定的で、下期以降の経済回復も見込めない状況にあります。

供給面では石油輸出国機構（OPEC）とロシアなどで構成するOPECプラスは、2021年7月の増産（減産幅の縮小）合意以降2022年6月まで日量約40万バーレルずつ増産しました。7月、8月は9月分を先取りし約65万バーレル増産、9月はバイデン米大統領自ら中東を訪問し増産を求めた米国に配慮し10万バーレルの増産がなされました。OPECプラスメンバーのロシアにも配慮しつつ、さらなる増産が難しい加盟国にも増産を割り当てているため増産の実効性は乏しいのが実状です。

10月以降もOPECプラスは増産には慎重で減産も匂わすなど、原油価格の下支えに動く可能性も出ています。当初2023年は供給不足の予想でしたが、世界経済の先行きが不透明ななか、需要の減退もあり需給がバランスする予想に修正されています。

【ナ　フ　サ】

原油の常圧蒸留で得られるガソリンの沸点範囲約25〜200℃前後にあたる留分で、"粗製ガソリン"とも呼ばれています。ナフサ留分はさらに軽質ナフサ（沸点約25〜100℃）と重質ナフサ（同約80〜200℃）に分けられます。石油化学工業の基礎原料となるエチレン、プロピレンはナフサを分解して製造されます。日本における石油精製能力はナフサ必要量を満たすことができず、国産ナフサを超える量を海外から輸

◎石油化学用ナフサ価格推移　（単位：円／kL）

	国産価格	輸入価格
2020年		
1−3月	44,800	42,810
4−6月	25,000	22,971
7−9月	30,200	28,180
10−12月	31,300	29,338
2021年		
1−3月	38,800	36,813
4−6月	47,700	45,744
7−9月	53,500	51,503
10−12月	60,700	58,666
2022年		
1−3月	64,600	62,623
4−6月	86,100	84,053
7−9月	81,400	79,410

資料：財務省『貿易統計』

入しています。

ナフサは原油価格とともに市況が上昇、ロシアのウクライナ侵攻直後の2022年3月7日に1トン当たり1,158ドルとピークに達しました。しかしその後は、あまりの高騰に石油化学誘導品がついてこれず、ナフサは供給過剰の状態が続きました。国産ナフサ標準価格は2020年第2四半期(2Q)から8四半期連続で上昇、2022年第2四半期は原油高騰を受け1キロリットル当たり8万6,100円と過去最高値を記録しました。しかし、今後は下落する見通しとのことです。第3四半期は円安が一段と進んだこともあって下落幅は少ないようですが、7万9,000円前後になり、さらに第4四半期は現状6万8,500円前後にまで下がると予想されています。

【工業用塩】

塩の世界の生産量は約2億8,000万トンで、生産方法別では岩塩などを原料とした塩が3分の2、天日塩など、海水を原料とした塩が3分の1という割合です。ソーダ工業は、電解ソーダ工業(カ性ソーダ、塩素、水素を製造)およびソーダ灰工業(合成ソーダ灰を製造)とからなりますが、双方とも塩を出発原料としており、その塩のほぼ100%を輸入に依存しています。日本で消費される塩は800万トン弱で、このうちソーダ工業用は約75%に当たります。他の工業用が約23%で、家庭や飲食店で使用される食塩は全体のわずか2%しかありません。一方、国産塩は海水をイオン交換膜で濃縮して、蒸発・結晶化したもので、消費量の約12%が生産されています。

ソーダ工業用塩の価格は2023年以降、上昇する公算が高まっています。海運市況が前契約更改期に比べて高値水準にあり、今後も同程度で推移する展望が強まるほか、アジアの貿易需給バランスも中国やインドの国内需給ひっ迫などを背景にタイト化しやすいと考えられている

からです。これらの要因は、2022年秋から始まる2023年以降の工業用塩の価格交渉に反映されるとみられています。

◎塩の輸入量、金額

	輸入量 (単位：トン)	輸入金額 (単位：1,000円)
2019年	7,583,032	35,236,687
2020年	7,061,178	31,631,772
2021年	7,467,198	36,456,900

資料：財務省『貿易統計』

【石　　炭】

石炭は石油、天然ガスなどとともに化石燃料の1つとして知られています。古代ギリシャの紀元前4世紀の記録には鍛冶屋の燃料として使用されていたと記されており、中国では3世紀の書物に石炭という言葉が出てきます。蒸気機関の燃料として18世紀の産業革命を推進し、化学原料としても利用されるようになりましたが、19世紀後半以降に石油の産業化が進むと、発熱量、輸送面、貯蔵面などで優れる石油に取って代わられるようになりました。しかし20世紀後半の二度にわたる石油危機の影響や、埋蔵量の多い中国で石炭火力発電所の増設が進んだことから、2000年以降の世界的な石炭消費量は急増しています。

日本でも最も安価な化石燃料として注目されています。発電効率や CO_2 発生の面で懸念がありましたが、技術開発の進展でこれらの課題は改善されています。加えて世界中に偏りなく分布しているため、石油のように政情不安が価格高騰のリスクにはなりません。総合資源エネルギー調査会の発電コスト検証ワーキンググループの2014年モデルプラント試算結果によると、日本で1kWの発電を行う場合のコストを比較すると、石炭(12.3円)は、液化天然ガス(13.7円)、石油(30.6〜43.4円)と比べて安価です。

燃料のほかに、鉄鋼原料としての用途もあります。また、鉄鋼会社が高炉に使用するコークスを作る過程で副生するコールタールを原料に様々な化学品が生産されています。

日本は1964年以来、世界最大の石炭輸入国として長くその地位を保ってきましたが、その地位は低下しつつあります。国内生産で内需を賄ってきた中国とインドが、消費量の増加を受け輸入を拡大しているためです。日本企業は従来、安定調達を重視し、主導権を握って石炭サプライヤーと長期固定価格で契約してきましたが、輸入国としての地位低下から、価格交渉の主導権を失いつつあります。

2　汎　用　品

2. 1　石油化学①（オレフィンとその誘導品）

　ナフサを原料としたエチレンやプロピレン、ブタジエン（オレフィン）から様々な誘導品（元の化学品から化学反応で新たに作られる化学品のことを指します。「〜の誘導品」という言い方をする）を生産するのが、日本における従来型の石油化学産業でした。近年その石油化学産業に大きな変化が起こっています。製造業の海外移転や景気低迷を受けて内需が減るなか、石化企業に原料を供給する石油精製企業の国内再編のほか、石化企業のエチレンセンター（ナフサなどからエチレンを生産する工場）再編も本格化してきました。

　世界の石油化学産業は2015年から活況が続いていましたが、ここにきて踊り場を迎えています。中国における環境規制の厳格化により、基準を満たさない現地品が淘汰され、日本をはじめ海外の設備の稼働率が向上した一方で、米中貿易摩擦、中国経済低迷の影響で2018年夏以降、高水準で推移していた市況が下落しマージンが縮小したため、2018年度の主要各社の石化事業の利益は大きく落ち込みました。2019年度も好材料は見当たらず、米シェール由来品の世界市場への浸透が本格化するなか、筋肉質への体質転換を進めてきた各社の取り組みの真価が問われることになります。

　石油精製業界では、2017年4月のJXTGホールディングス発足に続き、2019年4月には出光興産と昭和シェル石油が経営を統合しました。これにより国内燃料油シェア5割超を持つJXTG、独立路線を選択したコスモを含めた大手3社体制へと移行したことになります。JXTGホールディングスは2020年6月にENEOSホールディングスに改称し、20年に及ぶ再編・統合劇の総仕上げとしました。

　今、石油化学業界は新たな課題に直面しています。それがカーボンニュートラル（CN）です。この局面を迎え、再生可能エネルギーにも恵まれない日本勢は劣勢に立たされているように一見映ります。それでも、化石原料を低減・転換したり、二酸化炭素（CO_2）の有効利用など新たなプロセスを開発できれば、老朽化設備を刷新し、化学立国として再び競争力を取り戻す機会にもなり得る可能性は大いにあります。関係各社とも基礎化学品事業を社会生活に欠かせないエッセンシャルインダストリーと位置づけ、次代のあるべき姿を模索しながら構造転換を急いでいます。

　2022年度の石化業界の特徴の一つが部門名称の変更です。住友化学は4月1日付で、石油化学部門を「エッセンシャルケミカルズ部門」

【主要生産品目】 ≪主要用途≫

エチレン (EL)			
ポリエチレン (LDPE, HDPE, LLDPE)			フィルム、ラミネート、成形品、電線被覆、パイプ
二塩化エチレン (EDC)	塩化ビニル樹脂 (PVC)		パイプ、フィルム、レザー、成形品
酸化エチレン (エチレンオキサイド：EO)	エチレングリコール (EG)		ポリエステル繊維、不凍液、PET樹脂
	酢 酸	酢酸エチル (ポバール：PVA)	アセテート、染色助剤、塗料、印刷インキ、接着剤、医薬品原料などの溶剤、原料
アセトアルデヒド (ALD)		ポリビニルアルコール	ビニロン
その他	合成ブタノール		可塑剤、溶剤

プロピレン (PL)		
ポリプロピレン (PP)		フィルム、成形品、合成繊維
アクリロニトリル (AN)		アクリル繊維、合成繊維 (ABS)、合成ゴム (NBR)、炭素繊維
酸化プロピレン (プロピレンオキサイド：PO)	ポリプロピレングリコール (PPG)	ポリウレタン
オクタノール		可塑剤 (DOP, DBP)
アクリル酸、アクリル酸エステル		アクリル樹脂
ブタノール		可塑剤 (DOP, DBP)、溶剤
アセトン	ビスフェノールA (BPA)	ポリカーボネート (PC)、エポキシ樹脂
イソプロピルアルコール (IPA)	メタクリル酸メチル (MMA)	メタクリル樹脂 (PMMA)、アセテート溶剤
その他		

B-B留分		
ブタジエン	合成ゴム (SBR, BR, CR, NBR)	タイヤ、履き物、工業用品
その他	メチルエチルケトン (MEK)、メタクリル酸エチル (MMA)	

ベンゼン (BZ)		
スチレンモノマー (SM)	ポリスチレン (PS)、ABS樹脂	電機、工業用品、包装・容器
	合成ゴム (SBR)	タイヤ、履き物
		ポリエステル樹脂
シクロヘキサン	カプロラクタム (CPL)	ナイロン繊維・樹脂
フェノール (PH)	フェノール樹脂、ビスフェノールA (BPA)、アニリン	ポリカーボネート樹脂、エポキシ樹脂
アルキルベンゼン		合成洗剤
ニトロベンゼン	アニリン	メチレンジフェニルジイソシアネート (MDI)	ポリウレタン
その他		

トルエン (TL)		
		溶剤
トルイレンジイソシアネート (TDI)		ポリウレタン
その他		

キシレン (XL)		
		溶剤
オルソキシレン	無水フタル酸	ポリエステル樹脂、可塑剤 (DOP, DBP)
パラキシレン (PX)	テレフタル酸	テレフタル酸ジメチル	ポリエステル繊維、PET樹脂
その他		高純度テレフタル酸 (PTA)	ポリエステル繊維、PET樹脂

◎主要石油化学製品の主要用途

へ改称しました。また、三井化学も4月の組織改編にともなって部門名を「基盤素材」から「ベーシック＆グリーン・マテリアルズ」に変更しました。旭化成は3カ年の新中期経営計画の始動に合わせ、マテリアル領域を再編し、石化・基礎化学品事業は「環境ソリューション事業本部」に組み込まれました。

こうした動きにはいずれも、エチレン、プロピレンをはじめとした各種基礎化学品が、車の

軽量化やフードロスの削減、衛生面の観点からの感染症予防などで人びとの暮らしや生活を支えるエッセンシャルインダストリーであるとともに、リサイクルやCO₂の有効活用といった化学産業ならではのイノベーションを通じて社会全体のCN達成に貢献していくとの思いが込められています。

各社を取り巻く事業環境に目を移すと、2021年度、国内の石化産業は原油・ナフサの

◎エチレンの生産能力（2021年12月現在）

（単位：1,000トン／年）

会 社 名	工　場	定 修 年	スキップ年
出 光 興 産	千葉／周南	997	1,101
Ｅ Ｎ Ｅ Ｏ Ｓ	川崎	895	983
昭 和 電 工	大分	618	694
東 ソ ー	四日市	493	527
丸善石油化学	千葉	480	525
京葉エチレン	千葉	690	768
三 井 化 学	市原	553	612
（大阪石油化学）	大阪	455	500
三菱ケミカル	鹿島	485	564
三菱ケミカル旭化成エチレン	水島	496	567
合　　　計		6,162	6,841

資料：経済産業省、工場別は化学工業日報社調べ
※2021年7月、ENEOSは東燃化学の設備を承継した。

◎オレフィンの需給実績

（単位：トン）

		2019年	2020年	2021年
エチレン	生産量	6,417,851	5,943,366	6,348,690
	輸出量	763,062	710,875	679,780
	輸入量	71,364	89,056	79,806
プロピレン	生産量	5,503,736	4,997,840	5,235,343
	輸出量	894,630	766,357	566,056
	輸入量	47,181	40,221	111,759
ブタジエン※	生産量	887,621	783,299	852,955
	輸出量	34,993	101,377	25,413
	輸入量	29,977	11,362	49,200

資料：経済産業省『生産動態統計』、財務省『貿易統計』　　　　　　　　※ブタジエン輸出量にはイソプレンも含む

価格高騰に連動して海外市況が大きく値上がりし、世界経済回復にともない需要回復も進んだことから、各社とも好業績を謳歌しました。三井化学の基盤素材事業のコア営業利益はビスフェノールAなどの市況上昇で前期比3.8倍の751億円を確保しました。三菱ケミカルグループも原油・ナフサ価格の上昇でメチルメタクリレート（MMA）やポリオレフィンなどの石化製品の利益が大幅に拡大し、6.5倍の1,022億円に膨らみました。2022年4月まで、好不況の目安となる90％を23カ月連続で超えたナフサクラッカーの稼働率が好調の象徴だったといえ

るでしょう。

　ただ、物流の混乱や半導体不足が続くなか、ウクライナ情勢にともなう原材料やエネルギー価格の高騰、急速に進む円安なども相まって、潮目の変化はあざやかです。多くの企業が石化製品の市況要因が剥落することから2022年度は減益を見込み、高稼働を維持してきたクラッカー稼働率も5月、6月と2カ月連続で90％台を割り込みました。7月こそ90.1％と3カ月ぶりに9割台を回復したものの、川下の樹脂出荷は弱含み、7月は主要4樹脂の出荷量がすべて前年同月割れとなるなど本格回復にはまだ時間

◎エチレン系製品の輸出入推移（エチレン換算）

（単位：1,000トン，%）

	輸出 A	輸入 B	バランス A−B	生産 C	内需 D＝C＋B−A	輸出比率 A／C	輸入比率 B／D
2019年	2,510.6	800.0	1,710.7	6,417.9	4,707.3	39.1	17.0
2020年	2,524.2	721.4	1,802.7	5,943.4	4,140.6	42.5	17.4
2021年	2,437.7	725.8	1,711.8	6,348.7	4,636.8	38.4	15.7

〔注〕対象製品はエチレン（原単位1.0），LDPE（1.0），HDPE（1.04），EVA（0.93），SM・PS・発泡PS（0.29），ABS（0.17），PVC（0.5），エチルベンゼン（0.27），EDC（0.29），VCM（0.49），EG・DEG（0.66），酢酸エチル（0.69），酢酸ビニルモノマー（0.37）の16品目
資料：石油化学工業協会

がかかるとみられています。

　石化産業の競争力強化に向けては、昭和電工が今春の大規模定修でコンプレッサーの更新など省エネ、生産の効率化に向けた投資を実施しました。丸善石油化学も今春、親会社との共同事業であるプロピレンの精留設備を完工し、副生プロピレンなどのポリマーグレード転換へ向けた体制を整えるなど、各社とも不断の努力を積み重ねています。

　CNに向けては、出光興産の基礎化学品部門が「バイオ原料化による化学品供給」と「資源システム確立」をテーマに掲げるように、原料転換やリサイクルなどサーキュラーエコノミー（CE）を見据えた取り組みを活発化させています。

　原・燃料転換では、三井化学が他に先がけてバイオマスナフサ由来の製品拡大を図り、大阪工場ではISCC PLUS認証を取得してアジア初のバイオマスフェノールや日本初のバイオマスポリプロピレンを出荷しました。ENEOSは、三菱商事や日本触媒と連携し、2024年度をめどにバイオ原料を使ったエチレン誘導品の製造・販売プロジェクトを始める考えとのことです。

　また、グリーンイノベーション（GI）基金を活用し、オフガスを用いてきたナフサ分解炉の熱源をアンモニア専焼に切り替える取り組みも緒に就きました。三井化学を主体に丸善石油化学や東洋エンジニアリングなどが参画するもので、2026年度までの第1フェーズで三井の大

阪工場に1万トン規模のナフサ分解炉の試験炉を設け、2027年度から2030年度の第2フェーズでは同工場と丸善石油の千葉工場に数万トン規模の実証炉を設け性能確認する計画です。

　また、リサイクルプラスチックブランド「Meguri」を立ち上げるなど会社を挙げてCEの形成に貢献しようとするのが住友化学です。今秋に稼働を予定する愛媛工場のアクリル樹脂（PMMA）のケミカルリサイクル（CR）プロジェクトは「Meguri」の第一号と位置づけられています。GI基金においても廃プラの直接分解によるオレフィン製造などCR技術に関する4テーマが採択されています。他方、三菱ケミカルグループはENEOSと廃プラを油化するCRについて2023年度の運転開始を目標に設備を建設しています。処理能力2万トンと、商業ベースでは国内最大規模になる見込みのようです。

　石化業界が大きな転換点を迎えるなか、三菱ケミカルグループは、業界再編を主導することで「基礎学品産業の持続可能性を追求する」というスタンスを取っています。2023年度をめどに、まずは同社が先行してカーブアウトを進め、志を同じくするパートナーとの連携を模索していくとのことです。

　コンビナート各所で設備の老朽化が進み、需要が減少傾向にあるなかで、総合化学企業中心に再編の必要性については一定の理解を示す声もあり、今後は具体的なスキームがどう醸成されていくかに注目が集まっています。落としど

◎酸化エチレン、エチレングリコールの需給実績

(単位：トン)

		2019年	2020年	2021年
酸化エチレン (エチレンオキサイド)	生産量	906,548	806,695	836,793
	輸出量	5	5	4
	輸入量	7	6	4
エチレングリコール	生産量	686,890	587,554	535,224
	輸出量	320,425	259,724	184,579
	輸入量	3,909	4,229	4,535

資料：経済産業省『生産動態統計』、財務省『貿易統計』

ころをみつけるのは一筋縄ではいきませんが、他方でコンビナートのCN化は1社単独では対応に限界があります。このため、グリーン化をキーワードにした地域単位での連携が進むなかで、各社とも業界のあるべき姿を模索していくことになりそうです。

【酸化エチレン(エチレンオキサイド；EO)】

エチレンを空気または酸素と接触反応させ酸化エチレンを得る酸素法が現在の製法の主流です。原料エチレンは高純度であることが必要で、エチレン100部から125部以上の酸化エチレンが得られます。この方法は三井化学、三菱ケミカル、丸善石油化学(自社技術もあり)がＳＤ社およびシェル社から技術を導入し、日本触媒は自社技術により工業化しています。

〔用　途〕有機合成原料(エチレングリコール，エタノールアミン，アルキルエーテル，エチレンカーボネートなど)、界面活性剤、有機

◎酸化エチレンの設備能力 (2022年10月)

(単位：1,000トン／年)

社　名	技　術	能力
日 本 触 媒	自　社	324
丸善石油化学	Ｓ　Ｄ	115
	シェル	82
三 井 化 学	シェル	100
三菱ケミカル	シェル	300
合　計		921

資料：化学工業日報社調べ

合成顔料、くん蒸消毒、殺菌剤

【エチレングリコール(EG)】

エチレングリコールの原料は酸化エチレンと水です。製法には、酸化エチレン法、オキシラン(ハルコン)法、UCC法(研究開発中)があります。

〔用　途〕ポリエステル繊維原料、不凍液、グリセリンの代用、溶剤(酢酸ビニル系樹脂)、耐寒潤滑油、有機合成(染料,香料,化粧品,ラッカー)、電解コンデンサー用ペースト、乾燥防止剤(にかわ)、医薬品、不凍ダイナマイト、界面活性剤、不飽和ポリエステル

【塩化ビニルモノマー(VCM)】

塩化ビニルの原料となる高圧ガスです。塩化ビニルメーカーは二塩化エチレン(EDC)を購入、分解して塩ビモノマーと副生塩酸にし、その副生塩酸とアセチレンからまた塩ビモノマーを作ります。

〔用　途〕ポリ塩化ビニル、塩化ビニルー酢酸ビニル共重合体、塩化ビニリデンー塩化ビニル共重合体の合成

【酢酸ビニルモノマー(酢ビ：VAM)】

アセチレンまたはアセトアルデヒドを原料として製造されていましたが、しだいにエチレン

◎塩化ビニルモノマーの生産能力（2021年末）

（単位：1,000トン／年）

社　名	能　力
鹿島塩ビモノマー	600
カ　ネ　カ	540
京葉モノマー	200
ト ク ヤ マ	330
東　ソ　ー	1,150
合　　計	2,820

資料：経済産業省

◎塩化ビニルモノマーの需給実績

（単位：トン）

	2019年	2020年	2021年
生産量	2,704,862	2,669,625	2,759,543
消費量、出荷量	2,691,534	2,667,745	2,709,802
PVC用	1,717,315	1,623,034	1,606,185
その他用	74,202	73,646	71,204
輸出用	900,017	971,065	1,032,413

資料：塩ビ工業・環境協会

◎酢酸ビニルモノマーの設備能力（2022年10月）

（単位：1,000トン／年）

社　名	立　地	能　力
ク　ラ　レ	岡山	150
三菱ケミカル	水島	180
日本酢ビ・ポバール	堺	150
昭 和 電 工	大分	175
合　　計		655

資料：化学工業日報社調べ

◎酢酸ビニルモノマーの需給実績

（単位：トン）

	2019年	2020年	2021年
生産量	605,521	515,813	588,311
輸出量	87,144	66,578	94,889
輸入量	4	172	15

資料：財務省『貿易統計』、酢ビ・ポバール工業会

を原料とする製法に取って代わられました。製造法としてICI法（液相法）、バイエル法（気相法）、ND法（気相法）がありますが、現在ではほとんどがバイエル法で、一部ND法が採用されています。気相法は、触媒としてパラジウム金属触媒、酢酸パラジウム触媒を用い、固定層（化学反応に使う粒子の層）で175〜200℃、0.5〜1MPaの圧力をかけた（大気圧は約0.1MPa）条件下、エチレン、酢酸、酸素の混合ガスを吹き込み反応させます。

〔**用途**〕酢酸ビニル樹脂用モノマー、エチレン、スチレン、アクリレート、メタクリレートなどとの共重合用モノマー、ポリビニルアルコール、接着剤、エチレン・酢ビコポリマー、合成繊維、ガムベース

【アセトン】

製法として、塩化パラジウム－塩化銅系触媒溶液、空気（酸素）およびプロピレンを混合反応させるワッカー法、プロピレンとベンゼンを反応させるキュメン法、蒸留によって91%イソ

プロピルアルコール（IPA）を気化して反応器に送り脱水素反応させるIPA法などがあります。

〔**用途**〕メチルメタクリレート（MMA、アクリル樹脂の原料）、メチルイソブチルケトン（MIBK）などのアセトン系溶剤、ビスフェノールAの原料、酢酸繊維素、硝酸繊維素の溶剤、油脂、ワックス、ラッカー、ワニス、ゴム、ボンベ詰めのアセチレンなどの溶剤

◎アセトンの需給実績

（単位：トン）

	2019年	2020年	2021年
生産量	458,635	397,723	443,921
輸出量	25,273	36,934	33,992
輸入量	6,014	20,933	39,404

資料：経済産業省『生産動態統計』、財務省『貿易統計』

◎アセトンの設備能力（2022年10月）

（単位：1,000トン／年）

社　名	立地	能力
＜キュメン法＞		
三 井 化 学	市原	114
	大阪	120
三菱ケミカル	鹿島	152
＜サイメン／レゾルシン法＞		
三 井 化 学	岩国	38
住 友 化 学	大分	12
	千葉	20
合　　計		456

資料：化学工業日報社調べ

2. 2　石油化学② （芳香族炭化水素とその誘導品）

　芳香族炭化水素は6個の炭素原子が正六角形に結合した「ベンゼン環」を持っているのが特徴です。特に炭素数が6のベンゼン（Benzene）、7のトルエン（Toluene）、8のキシレン（Xylene）については英表記の頭文字をとって "BTX" と呼ばれています。

　BTXはかつて鉄鋼用コークス炉から副生する粗軽油やコールタールを精製分離して生産されていましたが、現在は製油所の改質装置を通じてオクタン価を高めたガソリン留分や、ナフサを熱分解してエチレンやプロピレンを作るときに副生する分解ガソリンから抽出されたものが主流です。

【ベンゼン】

　炭素が正六角形に結合した形をしています。無色透明の液体で、独特の匂いがします。

　〔用　途〕純ベンゼン＝合成原料として染料、合成ゴム、合成洗剤、有機顔料、有機ゴム薬品、医薬品、香料、合成繊維（ナイロン）、合成樹脂（ポリスチレン、フェノール、ポリエステル）、食品（コハク酸、ズルチン）、農薬（2,4-D、クロルピクリンなど）、可塑剤、写真薬品、爆薬（ピクリン酸）、防虫剤（パラジクロロベンゼン）、防腐剤（PCP）、絶縁油（PCD）、熱媒

　溶剤級ベンゼン＝塗料、農薬、医薬品など一般溶剤、油脂、抽出剤、石油精製など、その他アルコール変性用

【トルエン】

　ベンゼンにCH₃が1つ結合した形をしています。ベンゼンと同様の匂いがする無色透明の液体です。

　〔用　途〕染料、香料、火薬（TNT）、有機顔料、合成クレゾール、甘味料、漂白剤、TDI（トリレンジイソシアネート、ポリウレタン原料）、

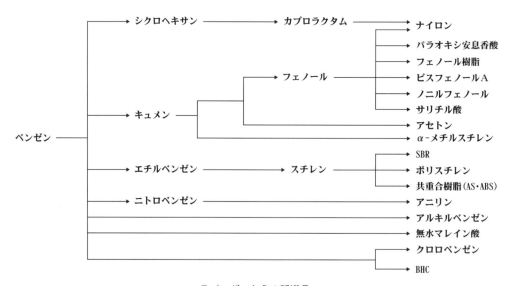

◎ベンゼンからの誘導品

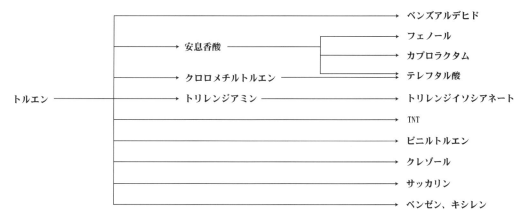

◎トルエンからの誘導品

テレフタル酸(第2ヘンケル法)、合成繊維、可塑剤などの合成原料、ベンゼン原料(脱アルキル法)、ベンゼンおよびキシレン原料(不均化法)、石油精製、医薬品、塗料・インキ溶剤

【キ シ レ ン】

ベンゼンにCH₃が2つ結合した形をしてい

◎パラキシレンの需給実積

（単位：トン）

	2019年	2020年	2021年
生産量	3,272,900	2,329,512	2,328,216
販売量	4,048,683	3,040,686	2,930,382
輸出量	3,028,981	2,114,964	2,059,070
輸入量	54,497	40,850	48,157

資料：経済産業省『生産動態統計』、財務省『貿易統計』

ます。p-キシレン(パラキシレン，PX)、o-キシレン(オルソキシレン)、m-キシレン(メタキシレン)およびエチルベンゼン(EB、原油やナフサなどから得られたエチレンとベンゼンを化学反応させる)の混合物であって混合キシレンと

◎パラキシレンの生産能力（2021年12月）
（単位：1,000トン／年）

社　名	能　力
出 光 興 産	479
ENEOS	1,772
鹿 島 石 油	178
水 島 パラキシレン	320
鹿 島 アロマティックス	522
合　　計	3,271

資料：経済産業省

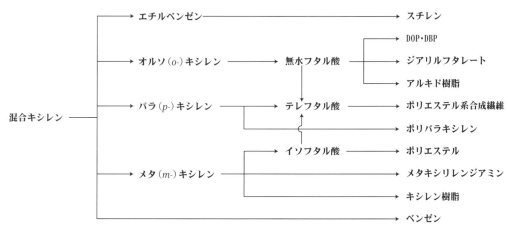

◎キシレンからの誘導品

呼ばれる無色の液体です。

〔用途〕分離により＝*p*-キシレン、*o*-キシレン、*m*-キシレン、エチルベンゼン

CH₃を分離して＝ベンゼン

合成原料として＝染料、有機顔料、香料（人造じゃ香）、可塑剤、医薬品(VB2)

溶剤として＝塗料、農薬、医薬品など一般溶剤、石油精製溶剤

以下はBTXから作られる代表的な誘導品です。

【高純度テレフタル酸（PTA）】

白色結晶または粉末です。ポリエステル繊維、PETボトルなどの原料としてアジアでの需要が拡大しています。パラキシレンを原料に酸化反応を経て粗テレフタル酸を製造し、分離・精製によって高純度化（99.9％以上）した後、ポリエステル原料とされます。

〔用途〕ポリエステル繊維（テトロン）、ポリエステルフィルム（ルミラー、ダイアホイル）、

◎芳香族炭化水素（BTX）の生産能力（2021年12月）

（単位：1,000トン／年）

	ベンゼン	トルエン	キシレン	合　計
ＥＮＥＯＳ	1,629	1,359	3,690	6,678
大阪国際石油精製	72		230	302
鹿 島 石 油			277	277
鹿島アロマティックス	234		522	756
出 光 興 産	549	130	859	1,538
コスモ松山石油	91	32	48	171
コ ス モ 石 油			300	300
丸 善 石 油 化 学	395	138	72	605
Ｃ Ｍ ア ロ マ			270	270
太 陽 石 油	300		700	1,000
東 亜 石 油	14			14
昭和四日市石油	190		520	710
西 部 石 油	68		244	312
三 菱 ケ ミ カ ル	370	62	33	465
富 士 石 油	175		310	485
三 井 化 学	145	101	63	309
大 阪 石 油 化 学	130	70	60	260
NSスチレンモノマー	205	71	42	318
日鉄ケミカル＆マテリアル	76	12		88
ＪＦＥケミカル	225	45	17	287
東 ソ ー	154	65	32	251
合　　　計	5,022	2,085	8,289	15,396

資料：経済産業省

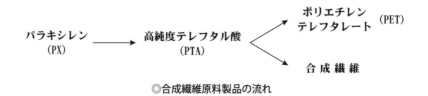

◎合成繊維原料製品の流れ

◎高純度テレフタル酸の輸出入量

（単位：トン）

	2019年	2020年	2021年
輸出量	30,472	31,212	13,998
輸入量	87,767	79,353	74,735

資料：財務省『貿易統計』

PETボトル、エンプラ（ポリアリレート）の原料

【フェノール（PH）】

ベンゼン環にヒドロキシ基（−OH）が結合した芳香族系の化合物で、白色結晶塊状（完全に純粋でないものは淡紅色）です。大気中から水分を吸収して液化します。特異臭、腐食性があり、有毒です。かつて石炭からコールタールを作る過程で副生したことから、「石炭酸」と呼ばれていました。工業的製法はキュメン法とタール法があり、日本のメーカーは主にキュメン法を採用しています。プロピレンにベンゼンを付加したキュメンを生成し、これを酸化したあと、硫酸で分解するとフェノールとアセトンが生成するという方法です。さらにフェノールとアセトンを反応させてビスフェノールA（BPA）を生産します。BPAはポリカーボネート（PC）樹脂、エポキシ樹脂の原料として加工されます。このため、PC樹脂の需要がフェノールおよびBPAの生産と供給を決める構造となっています。

〔用　途〕消毒剤、歯科用（局部麻酔剤）、ピクリン酸、サリチル酸、フェナセチン、染料中間物の製造、合成樹脂（ベークライト）および可塑剤、2,4-PA原料、合成香料、ビスフェノールA、アニリン、2,6-キシレノール（PPO樹脂原料）、農薬、安定剤、界面活性剤

【ビスフェノールA（BPA）】

白色の結晶性粉末フレークまたは粒状品で、かすかなフェノール臭があります。脂肪族または芳香族のケトン、あるいはアルデヒドの1分子とフェノール類の2分子の縮合で得られます。

〔用　途〕ポリカーボネート樹脂、エポキシ樹脂、100％フェノール樹脂、可塑性ポリエステル、酸化防止剤、塩化ビニル安定剤、エンプ

◎フェノールの設備能力（2022年10月）

（単位：1,000トン／年）

社　名	立　地	能　力
三 井 化 学	市原	190
	大阪	200
三菱ケミカル	鹿島	280
合　計		670

資料：化学工業日報社調べ

◎ビスフェノールAの輸出入量

（単位：トン）

	2019年	2020年	2021年
輸　出　量	159,757	181,200	144,046
輸　入　量	34,289	36,157	43,961

資料：財務省『貿易統計』

◎フェノール、ビスフェノールAの需給実績

（単位：トン）

		2019年	2020年	2021年
フェノール	生産量	637,116	551,689	617,697
	販売量	377,752	378,645	370,324
ビスフェノールA	生産量	459,497	416,535	447,496
	販売量	407,978	411,867	396,046

資料：経済産業省『生産動態統計』

◎ビスフェノールAの設備能力（2022年10月）

（単位：1,000トン／年）

社　名	立　地	能　力
三 井 化 学	大阪	65
日鉄ケミカル＆マテリアル	戸畑	100
出 光 興 産	千葉	81
三菱ケミカル	鹿島	100
	黒崎	120
合　計		466

資料：化学工業日報社調べ

ラ(ポリサルホン、ビスマレイミドトリアジン、ポリアリレート)

【スチレンモノマー(SM)】

　無色の液体。酸化鉄を主体とした触媒を使用し、エチルベンゼンから水素を取り除く製法などで製造されます。

◎スチレンモノマーの生産能力（2021年12月）

（単位：1,000トン／年）

社　名	能　力
旭 化 成	372
出 光 興 産	550
NSスチレンモノマー	437
太 陽 石 油	335
デ ン カ	270
合　計	1,964

資料：経済産業省

〔用　途〕ポリスチレン樹脂、合成ゴム、不飽和ポリエステル樹脂、AS樹脂、ABS樹脂、イオン交換樹脂、合成樹脂塗料

【シクロヘキサン】

　刺激臭があり変質しやすい無色の液体です。製法としては、石油のなかに含まれるものを分留して得る方法、ベンゼンと水素とをニッケル触媒の存在下で反応させる方法があります。蒸留による精製が困難なため、ほとんどはベンゼンの水素化によって得られます。

　〔用　途〕カプロラクタム、アジピン酸、有機溶剤(セルロース、エーテル、ワックス、レジン、ゴム、油脂)、ペイントおよびワニスのはく離剤

◎シクロヘキサンの設備能力（2021年末）

（単位：1,000トン／年）

社　名	立　地	能　力
日鉄ケミカル＆マテリアル	広畑	36
出 光 興 産	徳山	125
	千葉	115
ENEOS	知多	220
関 東 電 化 工 業	水島	18
合　　計		514

資料：化学工業日報社調べ

◎スチレンモノマーの需給実績

（単位：トン）

	2019年	2020年	2021年
国内需要計	1,455,103	1,283,116	1,422,313
輸 出 量	586,273	602,888	546,278
出 荷 計	2,041,376	1,886,004	1,968,591
生 産 量	2,025,645	1,875,808	1,948,474

資料：日本スチレン工業会

【カプロラクタム（CPL）】

　わずかな臭気がある白色粉末で、空気中の水分を吸収し水溶液になります。ナイロン-6を原料として衣服などの繊維向けと、自動車部品などに使われるエンプラ向けに大別されます。ベンゼンを出発原料に、シクロヘキサンを経由し、CPLとなります。肥料の原料となる硫酸アンモニウム（硫安）が副生物として生じるプロセスと、生じないプロセス（住友化学が事業化）の2通りがあります。

〔**用　途**〕合成繊維、樹脂用原料（ナイロン-6）

◎シクロヘキサン、カプロラクタムの需給実績
（単位：トン）

	2019年	2020年	2021年
シクロヘキサン			
生産量	240,169	196,938	217,224
販売量	243,461	192,197	218,411
輸出量	48,503	10,724	9,373
カプロラクタム			
生産量	199,505	184,056	214,229
販売量	81,948	87,543	84,512
輸出量	94,866	98,418	88,813

資料：経済産業省『生産動態統計』、財務省『貿易統計』

◎カプロラクタムの設備能力（2022年10月）
（単位：1,000トン／年）

社　名	立　地	能　力
Ｕ　Ｂ　Ｅ	宇部	90
住　友　化　学	新居浜	85
東　　レ	東海	100
合　計		275

資料：化学工業日報社調べ

【トリレンジイソシアネート（TDI）】

　2,4-TDIと2,6-TDIの混合物異性体があり、いずれも常温では刺激臭のある無色の液体です。トルエンから中間体のトリレンジアミンを合成し、この中間体とホスゲンを反応させて製造され、軟らかく復元性のある軟質ウレタンフォームの原料として主に使用されます。軟質ウレタンフォームは軽量という基本性能に加えて、クッション性、耐久性、衝撃吸収性、耐薬品性、吸音性などの特徴があり、成形や加工の自由度も高いため、日用品から工業製品、産業資材まで、様々な用途に活用されます。最近は、特に自動車を中心として高弾性フォームの需要が伸長しています。また家庭用ソファー、ベッド、マットレス、座布団などに用いられています。

〔**用　途**〕ポリウレタン原料（軟質フォーム、硬質フォーム、塗料、接着剤、繊維処理剤、ゴムなど）

◎トリレンジイソシアネートの生産能力
（2022年10月）
（単位：1,000トン／年）

社　名	能　力
三　井　化　学	120
東　ソ　ー	25
合　計	145

資料：化学工業日報社調べ

【ジフェニルメタンジイソシアネート（MDI）】

　白色から微黄色の固体。ベンゼンと硫酸からできるアニリンにホルマリンを反応させて中間体のメチレンジアニリン（MDA）を作り、ホスゲンを反応させて製造します。精製純度によって、冷蔵庫や建材（断熱材）などの一般の硬質フォームに用いるポリメリックMDI（クルード

◎ジフェニルメタンジイソシアネートの生産能力
（2022年10月）
（単位：1,000トン／年）

社　名	能　力
東　ソ　ー	400
住化コベストロウレタン	70
合　計	470

資料：化学工業日報社調べ

◎芳香族炭化水素（BTX）の生産量
（単位：トン）

	2019年	2020年	2021年
ベンゼン	3,689,622	3,245,237	3,424,520
トルエン	1,706,390	1,450,530	1,530,492
キシレン	6,596,549	5,195,360	4,983,161
合　計	11,992,561	9,891,127	9,938,173

資料：経済産業省『生産動態統計』

MDI）と、靴底やスパンデックス、合成皮革、エラストマー、塗料、接着剤向けなどのモノメリックMDI（ピュアMDI）に分かれます。全体のおよそ75％がポリメリックMDIの需要といわれています。MDIから作られた硬質フォームは断熱、保冷材料として車両、船舶、冷凍機器、電気冷蔵庫、ショーケース、自動販売機、保温・保冷工事用、重油タンク、パイプなどに利用されます。

〔用　途〕接着剤、塗料、スパンデックス繊維、合成皮革用、ウレタンエラストマーなどの原料、吸音材料（スタジオなどの音響調整、防音）

BTX（ベンゼン、トルエン、キシレン）の2021年の日本の需要（輸出を含む）が1,000万トン台に回復しました。2020年はコロナ禍における経済活動の停滞や中国を中心としたパラキシレン（PX）の大規模新設が影響し、前年比22％減と著しく低下していましたが、2021年は需要が2019年並みに戻った誘導品もあり、6％増の1,014万9,000トンとなりました。今後もPXの新増設が中国で計画されていることなどから、BTXの需要は大きな伸びは見込めず、1,000万トンレベルで推移する見通しです。

日本芳香族工業会によると、BTXの需要は2017年の1,341万6,000トンが過去最高で、内需だけで1,000万トンを超えていたとのことです。2018年は減少したとはいえ、1,300万トン台を維持していましたが、2019年から中国におけるPXの新増設の影響が出始めました。2020年はコロナ禍が需要減退因に加わり、

内需は前年比23％減の701万2,000トン、輸出は19％減の252万7,000トン、合計で22％減の953万9,000トンと大幅に落ち込み、24年ぶりに1,000万トンを割り込みました。

また、経済産業省のまとめによれば、国内生産能力は2020年末時点でベンゼンが前年末比4,000トン減の542万4,000トン、トルエンが1,000トン減の237万1,000トン、キシレンが13万9,000トン減の852万8,000トンとなっていました。

2021年のBTX需要は、昨春の段階で内需が前年比4％増の727万2,000トン、輸出が前年並みの253万5,000トン、合計で3％増の980万7,000トンの見込みでしたが、内需は10％増の768万8,000トン、輸出は3％減の246万1,000トン、合計で6％増の1,014万9,000トンと当初の予想から34万2,000トン上振れる結果となりました。

ベンゼンの内需のうちスチレンモノマー（SM）向けは4％増の155万9,000トンで、2022年は定修の規模差などが影響して10％減少すると予想されています。フェノール／キュメン向けは18％増の81万1,000トンとなり、2022年以降は横ばいで推移する見通しです。シクロヘキサン／ヘキセン向けは11％増の34万トンで、今年は一部設備の停止が計画されています。ジフェニルメタンジイソシアネート（MDI）／アニリン向けは12％増の32万トンで、2022年以降はこの水準が続く見込みです。無水マレイン酸向けは17％増の7万トンとなり、今後も堅調に推移していく見込みです。

SMの誘導品はポリスチレンやアクリロニトリル・ブタジエン・スチレン（ABS）、合成ゴムなどがあり、中国では2020年から2021年にかけて大規模な新増設が行われました。そのため2021年は輸入が急減し、日本の輸出にも影響しています。フェノールの誘導品にはビスフェノールA（BPA）やフェノール樹脂などがあり、BPAはポリカーボネートやエポキシ樹脂の原料となります。シクロヘキサンの誘導品はナイロン原料のカプロラクタムやアジピン酸などがあります。

ベンゼンの輸出は14％減の36万2,000トンで、回復した内需に優先的に供給され、減少したとみられています。仕向け先別では米国が9％減の12万8,000トン、台湾が25％減の11万8,000トン、中国が23％増の8万6,000トンなどとなっています。2022年は42万トンの見通しですが、海外におけるPX併産ベンゼンの拡大もあって、2019年以前の水準への回復は難しいとみられています。

トルエンの内需は、13％増の100万8,000トンで、不均化／脱アルキル向けは7％増の41万8,000トンと増加に転じたものの、中国などのPX新設の影響で2019年比では10万トン以上減少したままの状態です。溶剤向けは塗料やインキなどの生産が安定しているなか3％増の20万5,000トンで、今後は21万トン前後で推移する見通しです。ウレタン原料のトリレンジイソシアネート（TDI）向けは13％増の8万5,000トンとなりました。「その他」の用途はガソリン向けが多く、32％増の30万トンとなっています。TDIは、東ソーが2023年4月をめどに年産2万5,000トンの設備を停止することを発表しています。

なお、トルエンの輸出は30％増の50万8,000トンで、90％近くが韓国向けとなっています。

キシレンの内需は7％増の348万3,000トンとなりました。このうちPX関連の異性化向けは7％増の327万3,000トンと回復はしました

が、2019年のレベル（446万9,000トン）とは大きな乖離がみられます。

キシレンの輸出は7％減の159万1,000トンで、中国を中心としたＰＸ新設備の本格稼働が響きました。仕向け先別では韓国が14％減の82万2,000トン、中国が2％減の45万4,000トン、台湾が11％増の31万トンなどとなりました。

ベンゼンの末端製品には自動車、家電、建材、衣料など日常生活に欠かせないものが多く、世界需要は年間5,000万トンレベルに拡大しています。2021年は年初から中国で耐久消費財の生産が軒並み2019年を上回る水準まで拡大しました。第2四半期はアジアで定修が集中し、米国では2月の大寒波の影響で停止していた誘導品の設備が再稼働し始めました。5月には欧州で複数の大型設備でトラブルが起きたため供給不足となり、平常時とは逆に米国から欧州に輸出されたことで米国の需給が一段とタイト化しました。こうしたなか、アジア市況は5月に4年ぶりに1トン当たり1,000ドル台に乗せ、ナフサとの価格スプレッドが400ドルを上回る局面もありました。

中国のベンゼンの輸入は3年ぶりに過去最多を更新し、2021年は300万トン近くに達しました。発地別では韓国が圧倒的に多いようです。また、2019年第4四半期に恒逸の新規設備が立ち上がったブルネイのシェアが一気に拡大しています。

ポリエステルの原料であるPXは、中国を中心に新増設が盛んに行われています。2019年には日量40万バーレルの処理能力を持つ製油所をベースとした恒力石化の年産450万トン、浙江石化の400万トンの巨大プラントが稼働を開始しました。2020年は富海の100万トン、SINOCHEM泉州の80万トン、2021年は浙江石化の250万トンが加わり、2022年以降も多くの計画が打ち出されています。

中国のPXの輸入は2018年に1,600万トン近

くに達していましたが、国内生産の拡大によって1,300万トン台まで減少しています。

2020年末時点での日本のPXの生産能力は5社合計で366万1,000トンで、生産は2017年の346万9,000トンから4年連続で減少し、2021年は前年比3%減の232万8,000トンとなっています。輸出は3%減の205万9,000トンで、中国向けが3%減の164万5,000トン、台湾向けが2%増の39万9,000トン、韓国向けが48%増の1万5,000トンなどというデータが出ています。

三井化学は今月、2023年8月をめどにPXの誘導品である高純度テレフタル酸（PTA）の国内生産から撤退すると発表しました。岩国大竹工場内にある年産能力40万トンプラントを停止し、その後はタイの拠点から輸入し、国内での販売体制は維持するとのことです。

中国では、国内生産の拡大にともないPTAのトレードフローが急激に変化しています。輸入は2011年に500万トン以上ありましたが、昨年は前年比約9割減少して10万トンを切りました。一方、輸出は3倍以上となり、200万トンを超えました。

ポリエステル繊維など最終製品の2021年の世界需要は、総じて回復傾向となりました。足元はCOVID-19の感染動向やウクライナ情勢など不安定な要素はありながら、2022年も最終製品の需要は堅調に推移するとみられています。

一方、日本のBTXの需要は海外におけるPXやSMの新増設の影響が今後も続き、輸出の伸びが抑制されていく見通しです。また、燃料油の需要が減退するなかで将来的には製油所の稼働調整が行われる可能性が高く、BTXの生産にも影響してくるとみられています。

直近ではロシアのウクライナ侵攻を引き金に原油が一段高となり、ナフサは1トン当たり1,000ドル超に急騰しました。石化製品の市況も上昇しているが、スプレッドは縮小しており、クラッカーで減産が行われる可能性があります。また、ロシアのナフサ輸出が滞るリスクも十分考えられます。

2．3　ソーダ工業製品

　ソーダ工業は電解ソーダ工業とソーダ灰工業とからなり、製品は大きくカ性ソーダ、塩素、水素、ソーダ灰に分けられます。電解ソーダ工業は電気分解によりカ性ソーダ、塩素、水素を製造し、ソーダ灰工業は炭酸ガスやアンモニアガスを反応させて合成ソーダ灰を製造します。双方とも塩を出発原料としており、その塩はほぼ輸入で賄われています（内需の見通し、輸入実績については1.1「原料」の【工業用塩】を参照）。

【カ性ソーダ】

　カ性ソーダとは「水酸化ナトリウム（NaOH）」のことで、水溶液は非常に強いアルカリ性を示します。酸との中和反応や、溶解が難しい物質を溶かしたり、他の金属元素や化合物と反応させて有用な化学物質、化学薬品を製造したりする際に用いられ、紙・パルプ、化学工業、有機・石油化学、水処理・廃水処理、非鉄金属、電気・電子、医薬など幅広い分野で、原料、副原料、反応剤として使われています。

　カ性ソーダ工業は"電解ソーダ工業"や"クロルアルカリ工業"とも呼ばれ、塩を水に溶かし、電気分解する製法がとられています。電解法の製法には、イオン交換膜法、アスベストを使った隔膜法、水銀法などがありますが、隔膜法、水銀法は環境面で懸念があります。日本ではすべてのメーカーが世界に先駆けて、安全で高品質、高効率生産が可能なイオン交換膜法に転換していて、生産技術で世界のトップを走っています。

　塩を水に溶かし電気分解すると、カ性ソーダ、塩素、水素が一定の比率（質量比1：0.886：0.025）で得られます。塩素は塩化ビニル（塩ビ）原料などの塩素系製品の原料に使われるほか、その3割は液体塩素、塩酸、次亜塩素酸ソーダ、高度さらし粉などの製造に利用されています。カ性ソーダとは需要分野が異なり、しかもそれぞれに需要の増減があるため、常にカ性ソーダと塩素の需給バランスを考慮に入れて生産するという特徴があります。このことから、バランス産業と呼ばれることがあるほか、事業コストの4割を電力料金が占める構造からエネルギー多消費産業ともいわれています。経営に大きく影響する電力情勢への対応が求められており、各社がエネルギー原単位に優れる電解設備の導入に取り組んでいます。1997年以降、環境対策などでイオン交換膜法に置き換わった日本の電解工場は現在、設備の老朽化にともなう更新のタイミングに差し掛かっており、ゼロギャップ方式やガス拡散電極法といった最新設備の導入が進められています。ゼロギャップ方式では約10％のエネルギー原単位の効率化に成功している企業があり、またガス拡散電極法では電力使用量を3分の2程度まで抑制できるなど、エネルギー効率化のための技術が進歩しています。また、国内電解工場の約65％は自家発電を保有しており、石炭や天然ガスを輸入に頼る日本にとって、原油安による資源価格の低下はコスト削減の一助となります。

　現在、カ性ソーダは回復基調にあります。多岐にわたり化学品の製造に関わっているため、コロナ禍からの経済回復にともない、需要が上向いていることに加えて、リチウムイオン二次電池（LiB）向けなどの新規用途が立ち上がって

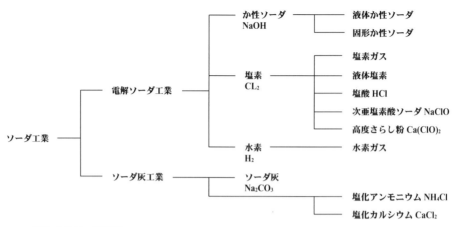

```
                                            ┌─── 液体か性ソーダ
                            か性ソーダ ──────┤
                            NaOH             └─── 固形か性ソーダ

                                             ┌─── 塩素ガス
                                             ├─── 液体塩素
            電解ソーダ工業 ─┤ 塩素 ─────────┼─── 塩酸 HCl
                            │ CL₂            ├─── 次亜塩素酸ソーダ NaClO
ソーダ工業 ─┤              │                └─── 高度さらし粉 Ca(ClO)₂
            │              │
            │              └─ 水素 ──────────── 水素ガス
            │                 H₂
            │
            └ ソーダ灰工業 ─── ソーダ灰 ─┐
                                Na₂CO₃     ├─── 塩化アンモニウム NH₄Cl
                                           └─── 塩化カルシウム CaCl₂
```

資料：日本ソーダ工業会

◎ソーダ工業の概略図

きました。ただ、需給は天災や環境規制による生産トラブルからタイト感が強まっています。また、カ性ソーダなどのソーダ工業製品の競争力の要である電力コストは上昇の一途を辿っており、製品の安定供給のための価格転嫁が急務となっている状態です。

　日本ソーダ工業会は、2021年のカ性ソーダの需要について、414万2,457トンの前年比4,5％増とCOVID-19感染拡大による産業界の低迷で落ち込んだ2020年からプラスに転じたというデータを出しています。4月頃から経済回復に連動し、増加傾向を示し、コロナ禍前の水準まで回復をみせました。主要用途先の紙・パルプ向けが6.1％、有機・石油化学向けが11.1％など軒並み増加したほか半導体、積層セラミックコンデンサーなどの電機・電子向けが13.6％、医薬向けが15.7％、鉄鋼向けが13.2％といずれも2ケタ成長をみせました。また、紙・パルプ、紙おむつなどで使う高吸水性樹脂に次ぐ3番目の大型需要になりつつある車載用LiBの正極材向けもカ性ソーダ需要を牽引しました。

　海外需要も復調しています。新興国を中心に紙・パルプや化学工業、アルミナなど既存用途が安定した伸びをみせているようです。また、数年前からカ性ソーダの用途先として注目を浴びているのが車載用LiB向けです。車載LiB用正極材にはリチウム、ニッケル、コバルト、アルミニウムが使用されますが、走行距離を長くする正極材として、エネルギー密度の高いニッケルの比率を増やすハイニッケルの開発が主流となっており、ハイニッケルと相性が良いとされるリチウム化合物である水酸化リチウムの製造にカ性ソーダが使用されます。

　ニッケルの埋蔵量が世界全体の4分の1を占めるインドネシアでは韓国や中国の電池メーカー、米電気自動車（ＥＶ）大手のテスラによる電池製造拠点などへの投資が活発化しています。また、同国は2020年にニッケル禁輸措置を実施し、リチウム化合物などの製錬ビジネスを強化しているほか、2021年には、国営のEV電池の生産拠点を設立するなどニッケル生産から製錬、EV向け電池製造、EV生産の新規プロジェクトを計画しています。

　LiBのニッケル系以外の正極材または電解質で使われるリチウム化合物の炭酸リチウムは、世界のリチウム生産の約5割を占めるオーストラリアのリチウム鉱石を中国が精製し、製造しています。ただ、環境規制が厳しくなっている中国では精製工程で発生する廃棄物問題から炭酸リチウムの生産が減ってくる可能性があり、代替としてオーストラリアではリチウム化合物の精製技術開発が進んでいるようです。インドネシアやオーストラリアの両国では、これま

でのカ性ソーダのアルミナ向け需要に加えて、LiB関連用途が新たな需要先として期待されています。

このような需要動向に対して、2021年は天災や環境規制などから供給量が不足し、タイト感が強まった一年となりました。カ性ソーダの

◎カ性ソーダの需要内訳

（単位：トン）

	2019年	2020年	2021年
紙・パルプ	271,154	236,877	251,404
化学繊維	61,484	58,173	61,444
染色整理	44,707	42,898	42,501
アルミナ	21,761	19,431	22,252
食　品	80,261	77,050	78,642
石油精製	22,917	20,107	21,227
セロハン	9,697	12,645	12,259
化学工業	1,839,326	1,703,247	1,782,546
無機薬品	407,150	377,465	399,207
硫酸ナトリウム	12,471	10,947	12,857
亜硫酸ソーダ	13,028	11,796	12,689
ケイ酸ソーダ	28,844	30,405	37,915
次亜塩素酸ソーダ	130,126	123,856	128,393
その他	222,681	200,461	207,353
有機・石油化学	388,498	357,144	396,753
染料・中間物	74,090	63,766	67,216
せっけん・洗剤	40,304	38,720	40,737
電解ソーダ	49,083	48,912	53,727
カプロラクタム	11,048	10,045	10,531
プラスチック	162,441	160,651	169,206
重　曹	55,698	56,764	61,236
高度さらし粉	5,143	4,890	3,901
その他	645,871	584,890	580,032
非鉄金属	80,281	71,867	76,298
電機・電子	62,452	61,110	69,441
医　薬	25,869	25,895	29,962
鉄　鋼	39,733	40,630	46,003
ガラス	4,074	3,847	3,773
タール	514	496	553
農　薬	18,764	18,585	19,784
電　力	29,787	28,137	30,384
上下水道	42,791	40,828	43,336
水・廃水処理	162,807	166,559	181,092
そ の 他	382,728	387,412	403,492
内　需　計	3,201,107	3,015,794	3,176,393
輸　　　出	824,650	946,471	966,064
需　要　計	4,025,757	3,962,265	4,142,457

資料：日本ソーダ工業会

需給は電解プラントで併産する塩素に直結する塩化ビニル（PVC）樹脂の生産に大きく関わってきます。

PVC樹脂は2020年末から経済回復にともなう各国のインフラ投資の活性化から需要が増加しました。一方、カ性ソーダの需要は2021年初頭では回復しておらず需給は余剰気味の状態でした。その後、米国で2月に発生した大寒波による停電で電解プラントが停止し、カ性ソーダが減産に追い込まれることになりました。また、世界規模でワクチン接種が進行したことなどで経済活動が復活し、カ性ソーダ需要が回復してきたことから世界需給が絞まってきたようです。

さらに、5月から日本（AGC、東ソー）や韓国（LGケミカル、ロッテケミカル）、台湾（フォルモサプラスチックス）のカ性ソーダメーカーの定修が相次ぎ、アジアへの輸出余力が低下し、需給はタイト気味となりました。そして、7月に発生した米国のハリケーンにより電解プラントが停止し、米カ性ソーダメーカーがフォースマジュールを宣言し、南アフリカ向けの輸出減少をアジア地域などからの供給でカバーしたことでアジアでの需給がタイト化しました。秋口には中国で省エネ目標に達していない地区の電解プラントに改善要求が打ち出され、電力制限から多くの設備が停止し、タイト感が増す形となりました。

こうした需給動向を背景にアジア市況は月を追うごとに上昇しました。2021年のアジア市況は年初1トン当たり200ドル弱で推移しましたが、大寒波や定修などによる供給減で5月に300ドルを突破し、8月末には400ドル弱まで上がりました。その後、中国の電力制限による供給不足から600ドルまで急騰し、11月初めには900ドル前半で高止まりしました。

2022年に入ってもアジア需給のひっ迫は緩和されていません。カ性ソーダの需要はコロナ禍から順調に回復しており、LiB向けの需要は

本格的な立ち上がりが予想されています。ただ、供給サイドは2021年末に中国の長江沿いの港でコロナ対策が再び強化され、東南アジア市場では中国からの供給が絞られ、日本や韓国、台湾も輸出余力がない状況にあります。また、韓国ではハンファ・ソリューションが2025年に年産27万トンのカ性ソーダプラントを立ち上げる計画がありますが、同国で需要の伸びが期待されるLiBの正極材とアルミニウム製造向けであり、カ性ソーダの供給不足を解消するには不十分といえます。

このためアジア市況も高水準にありますが、カ性ソーダメーカーにとって生命線である石炭など原燃料価格が急騰しており、安定供給のための事業採算是正には価格改定が急務となっています。とくに電解プラントの電力コストに影響する石炭輸入価格が2021年初に比べて、4倍以上に跳ね上がり、加えて物流費用が上昇し、各社の事業収益を圧迫しており、2021年9月以降、価格修正を打ち出しました。

ただ、中国における石炭生産の抑制や、ロシア・ウクライナ問題に端を発した石油などのエネルギーコストの上昇はカ性ソーダ工業に大きな影響を及ぼすことは間違いなく、依然として需給・価格とも不透明な状況にあります。

【塩　　素】

空気より重い、刺激臭のある気体です。反応性が強く他の物質と結びつきやすいため、自然界では単体で存在せず、塩化ナトリウム、塩化カリウムなどとして存在しています。殺菌剤や漂白剤として使われるほか、塩化ビニル樹脂やウレタン樹脂、エポキシ樹脂、合成ゴムなどの製造や各種溶剤の製造にも用いられます。

【水　　素】

無色、無味、無臭。空気の比重を1とすると水素の比重は0.069で、最も軽い気体です（2.4「産業ガス」の【水素】参照）。

【ソーダ灰】

ソーダ灰（炭酸ナトリウム）は、板ガラスやガラスびんなどガラス製品の原料として使われているほか、ケイ酸ソーダなどの無機薬品や油脂製品の製造で使用されています。また、その中間製品は顔料、医薬、合成洗剤、接着剤、土壌強化剤、皮革、メッキなどさまざまな産業や生活関連製品でも活用されており、非常に幅広い用途の製品だといえます。

ソーダ灰（炭酸ナトリウム）の国内需要は、板ガラスやガラスびんなどガラス製品が約半分を占めることからガラス製品の生産動向に左右されます。また、洗剤や無機薬品、食品添加剤、染料、医薬品などの各種産業で使われています。

2021年はガラス製品の生産が復調したことからソーダ灰の需要も回復しました。2021年の板ガラス生産は自動車や住宅着工数の持ち直しで前年比8.2％増と2年ぶりにプラス成長に転じました。また、ガラスびんの出荷量は下半期の10月以降はCOVID-19の感染者の減少にともない比較的安定し、前年並みを維持しました。飲料や食料用は家庭内消費や海外向け需要が好調に推移しましたが、外食産業の不振から酒類向けのびんは落ち込みました。

洗剤向けは、洗濯洗剤市場が外出自粛などで安定した成長をみせたものの、ソーダ灰が原料の粉洗剤は、すすぎ回数を減らして家事の時短につながる液体洗剤に押されて前年割れとなりました。

ソーダ灰の国内市場規模は国内唯一の供給メーカーであるトクヤマの生産量（年間20万トン）と海外からの輸入を合わせたものですが、2021年ソーダ灰の輸入量は天然・合成品合わせて、25万2,687トンと前年比4.5％の増加となりました。

天然ソーダ灰は主に米国で産出されるトロナ鉱石から焼成・精製されます。2021年の輸入はほぼ米国からで21万6,034トン（前年比12.5％増）となりました。天然ソーダ灰は合成品に比べて、製造工程がシンプルなためコストは安価で、板ガラスメーカーなどが大量に消費します。

　また、工業原料鉱物の埋蔵量が豊富なトルコでも天然ソーダ灰が生産され、日本へ輸出されています。その背景として、供給や価格の不安定な中国の合成ソーダ灰の代替でトルコ品が流入していると推測されます。トルコはここ数年、大増産を行っていますが、2021年はコロナ禍における海運コンテナ不足に加え、3月にエジプトのスエズ運河でコンテナ船座礁事故が起こったことで、トルコ産のソーダ灰が入手困難になったと思われます。

　一方、工業塩からつくられる合成ソーダ灰の輸入は中国品が3万5,846トン（前年比5.9％減）となっておりますが、中国品は年々、減少傾向にあるようです。近年の環境規制による化学品工場の操業率低下はソーダ灰も同様であり、冬には大手メーカーのプラントが停止したことも供給減少に拍車をかけました。このため、中国のソーダ灰メーカーは国際市況の上昇を背景に安定した伸びをみせる内需を優先し、輸出を絞っているといいます。また、2021年はコンテナ不足も中国品の入手難に輪をかける結果となりました。

　2022年のソーダ灰の内需はガラスびんや板ガラスなどの復調から回復傾向が鮮明になってくることが予想されます。ただ、世界需要も新興国を中心に増加し、需給がタイト化する兆しをみせており、日本のソーダ灰市場に波及する可能性が出てきました。

　中国は内需優先策を維持する見通しです。中国のソーダ灰市場は自動車や建材などの板ガラス向けに加え、太陽光パネル向けが急増しています。また、中国市況は旧正月明けから上昇していることから旺盛な内需に対応し、輸出を減らすことが予想されています。また、米国は東南アジアや南米などへの輸出国ですが、新興国ではガラス製品向けが高い成長をみせているほかリチウムイオン二次電池のリチウム金属の原料となる炭酸リチウム用途が増加しているようです。こうした旺盛な海外のソーダ灰需要により需給はひっ迫し、市況も上昇傾向にあります。

　国内市場はトクヤマ品と輸入品で需給バランスが取れていますが、輸入品の減少から国内需給もタイト化する危機感が増しているようです。輸入品の海外市況高騰を理由に、トクヤマは製品の安定供給を維持するために、原燃料の高騰による製造コストや、物流費などの上昇分の転嫁をユーザーに求めています。

　日本のソーダ工業の原料として使われる塩はほぼ輸入品で賄われています。日本ソーダ工業会がまとめた2020年のソーダ工業用原料塩の需要は711万360トン（前年比15.6％増）となりました。また、輸入品は2020年が601万997トンと前年比5.5％減となりました。カ性ソーダなど国内ソーダ製品の低迷から輸入量も減ったようです。

　メキシコとオーストラリアが2大輸入国の構造は変わらず、インドも含めて前年割れしました。また、中国品がスポットで輸入されましたが、同国はソーダ工業の進展から内需を優先しており、限定的と思われます。

2.4 産業ガス

　産業ガスは、空気から分離する酸素、窒素、アルゴンが主力です（エアセパレートガス）。圧縮した空気を約10℃まで冷却し、低温で固化する水分と二酸化炭素を吸着除去した後、熱交換器でマイナス200℃近くまで冷却（液化）し、精留塔でそれぞれの沸点の差を利用して分離精製します。大口需要家である製鉄所などには、酸素パイプラインで供給するオンサイトプラントが併設されているケースが多く、小口の需要に対しては、液化して高圧タンクに詰めて出荷されています。このほか、製鉄所などの副生ガスを回収して生産する炭酸ガス、天然ガスから取り出すヘリウムなどがあります。産業ガス業界は日本全体の電力使用量の約1％を占め、売上高当たりの使用量が全製造業平均の約30倍にも上ります。電力多消費型産業であり、エネルギー価格や景気の動向に大きく影響されます。

　以下、主な工業用ガスの概要を解説します。

◎主な産業ガスの販売量

（単位：k㎥）

	2019年	2020年	2021年
酸　素	1,873,472	1,664,046	1,908,077
窒　素	5,144,339	4,951,396	5,201,097
アルゴン	246,915	224,240	231,464

資料：日本産業・医療ガス協会

【酸　　素】

　強い支燃性と酸化力が特徴です。この性質から、鉄鋼業における炉での吹き込み（銑鉄から炭素などの不純物を酸化反応で除去する）や、溶断・溶接、ロケットの推進剤、化学工業における酸化反応などに利用されます。需要は化学工業と鉄鋼業で6割近くを占め、医療用にも使われています。

【窒　　素】

　常温では化学的に不活性であるため、菓子類の袋に酸化防止目的で封入したり、修理などで操業停止中の化学プラントの内部に注入したりします。また、液化するとマイナス196℃にもなり、冷凍食品の製造や超電導装置などに使用されます。不活性という特徴から半導体製造に欠かせないガスであり、全需要の2割近くがエレクトロニクス向けです。化学工業の原料などとしても用いられ、約4割を占めます。

【アルゴン】

　空気中には0.9％しか含まれていません。高温高圧下でもまったく化学反応を起こさないため幅広い用途に使われ、半導体製造や鉄鋼などの雰囲気ガス、半導体基板のシリコーンウエハーの製造、溶接、金属精錬などに利用されます。超高純度シリコン単結晶の製造や製鋼、製錬などの高温高圧下での工程で酸化・窒化を嫌う場合や、窒素の不活性では不十分な場合にアルゴンが用いられます。

【炭酸ガス】

　二酸化炭素のことを指します。アンモニア合成工業の副生ガス、製鉄所の副生ガス、重油脱硫用水素プラントの副生ガスとして生産され、

ドライアイス、液化炭酸ガスとして、溶接や金属加工などのほか、冷却、炭酸飲料や消火剤、殺虫剤の製造に利用されます。

【ヘリウム】

化学的に不活性、不燃性のガスで、他の元素、化合物とは結合しません。不活性で空気よりも軽いという特徴を利用して、飛行船やアドバルーンの充填ガスとしてよく知られています。半導体・液晶パネルの製造では主にCVD（化学気相成長法；半導体基板に化学反応で薄い膜を作ること）工程後の冷却ガスとして使われているほか、リニアモーターカーやMRI（医療用核磁気共鳴断層撮影装置）の超電導磁石などにも利用されます。ヘリウムガスは光ファイバー製造用の雰囲気ガスとしての用途がメインでしたが、需要一巡や海外移転によって大幅に減少しました。それを埋め合わせてきた半導体・液晶製造用途も近年は苦しくなっています。液体ヘリウムはMRI用途が7割を占めますが、こちらも成長には陰りがあります。

ヘリウムは、天然ガス田から採取して生産されていますが、ヘリウムを含む井戸はわずかで、生産は米国、アルジェリア、ポーランド、ロシアなど一部の地域に限られており、日本は全量を輸入に依存しています。

【水　　素】

無色、無味、無臭の気体で、最も軽いガスです。石油化学工業においては、誘導品を作る際に反応剤として使われます。アンモニア、塩酸などの原料として使用されるほか、産業ガス分野でもアルゴン精製用として利用されています。光ファイバー製造のための水素炎や半導体製造時のキャリアガスのほか、人工衛星打ち上げ用ロケットエンジンの燃料としても利用されています。今後は燃料電池車（ＦＣＶ）向けの水素ステーションでの需要拡大が期待されます。

産業ガスの主要製品であるエアセパレートガス（酸素・窒素・アルゴン）の2021年度販売量は、メイン用途の鉄鋼業と化学工業の回復を背景にいずれもプラス成長となりました。

日本産業・医療ガス協会の調べによると、2021年度の酸素の販売量は16億9,309万立方メートルで、前年度比17.5％増でした。鉄鋼業向けは6億6,897万立方メートルの同38.4％増と急回復し、化学工業向けも4億4,852万立方メートルの同7.2％増と好調でした。2022年度の4〜6月は前年同期比0.6％増と堅調です。

窒素の2021年度販売量は45億9,516万立方メートルの前年度比5.9％増でした。業種別では、最大の化学工業が18億2,782万立方メートルの同5％増と堅調で、電気機械器具製造業は2019年度の落ち込みから一転し、2020年度は

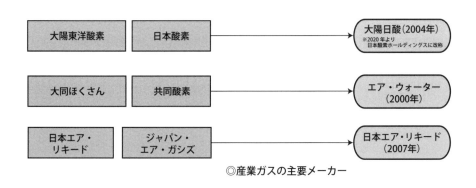

◎産業ガスの主要メーカー

大きく伸びましたが、2021年度も10億6,920万立方メートルの同1.1％増と需要を維持しています。2022年度は、4〜6月で前年同期比1.7％減とほぼ横ばいの動きです。

アルゴンの2021年度販売量は2億1,020万立方メートルの前年度比6％増という実績でした。用途別にみると、輸送用機器具製造業と機械器具製造業以外は伸びており、鉄鋼業が5,089万立方メートルの同2.8％増、電気機械器具製造業が5,385万立方メートルの同10.9％増などとなっています。2022年度の4〜6月は前年同期比0.7％減で推移しています。

2022年度の各ガス需要は好調だった前年度並みの堅調さを示していますが、エネルギーコストの上昇が響いており、メーカーの利益は減少傾向となっています。

それ以外のガスについても見ていきましょう。圧縮水素とヘリウムの2021年（1〜12月）の販売・出荷は、ともに3年ぶりのプラスとなりました。

同協会の調べによると、2021年の圧縮水素出荷量は7,709万立方メートルの前年比7％増でした。用途別ではすべて増加していますが、弱電向けは2,209万立方メートルの同12.6％増、金属向けが1,823万立方メートルの同1.8％増、化学向けは同1,521万立方メートルの同13.5％増となりました。

一方、ヘリウムの2021年販売量は933万立方メートルの同3.4％増でした。内訳をみると、ヘリウムガスが666万立方メートルの同6.7％減でしたが、液体ヘリウムは267万立方メートルの同41.6％増と急増しました。

ヘリウムガスは用途別構成比で光ファイバーが13％に縮小する一方、半導体が23％に増えており、最大用途は半導体に入れ替わっています。

液体ヘリウムは、医療用のMRI（磁気共鳴画像診断装置）の需要が構成比で7割以上を占めていましたが、2021年の統計ではこれが52％に縮小し、数％だったその他が24％に急増しています。MRI用途はヘリウムの追加充填を不要とするなどの取り組みが進んでいるため、詳細は不明ですが、需要の増加分はその他にカウントされている可能性が高いようです。

また、炭酸ガスについても併せて見ていきます。液化炭酸ガスは、需要全体の半分近くが溶接向け（炭酸ガスシールドアーク溶接）であり、そのほかでは炭酸飲料向け（ビール、コーラなど）と冷却向けが大きく、この3大用途で全需要の8割を占めています。

2021年度の工場出荷量は69万1,007トンで前年度比2.4％増という結果でした。溶接は大口ユーザーである造船向けが減少傾向で、今後も低調に推移する可能性が高いとみられます。飲料分野は炭酸飲料が堅調ですが、ドライアイスなどの冷却向けは通販需要の好調で冷凍食品宅配向けが伸びている模様です。

炭酸ガスは、先にも述べたとおり製油所やアンモニア工業の副生ガスが原料ですが、これら大本のプラントの統廃合が進んでいることに加え、定期修理の長期化や老朽化にともなうトラブルが頻繁にあり、需給は恒常的にひっ迫しています。2022年度の4〜7月は前年同期比9.3％増と、足元は好調です。現在、新設備の建設に入っているメーカーもあるので、需給の緩和は一定に進むとみられています。

●混乱続く天然ガス市場　欧州とアジアがLNG争奪戦

世界の天然ガス・液化天然ガス（LNG）市場は今後も混乱が続く見通しです。欧州は昨秋以降の天然ガス需給ひっ迫に、ロシアによるウクライナ侵攻が追い打ちをかけ、ロシアからのパイプライン（PL）供給が不安定となり、LNGの調達に力を入れています。また、LNG市場の大きいアジアも電力需給のひっ迫に加え経済活動の回復で製造業向け需要が増加している模様です。冬場に向け欧州やアジア諸国でLNG確保の動きが強まる見通しですが、米国での火災事故に加え、サハリン2権益の動向も不透明ななか、供給が絞られ、争奪戦がさらに激化、市況も強含みで推移する見通しです。

欧州はロシアからPLで供給されるロシア産天然ガスへ多く依存していますが、厳冬だった2020～2021年冬期は暖房需要が増加、その後も風況が悪く発電量が伸びなかった風力の代替で天然ガス火力向けが増加しました。秋以降はPL供給の流量が減少し需給がひっ迫し、2021年12月に欧州の天然ガス指標価格であるオランダTTFは過去最高の1メガワット時当たり184ユーロを付けました。さらに2022年2月のロシアによるウクライナ侵攻が追い打ちをかけ、3月7日には335ユーロと史上最高値を大幅に更新しました。

3月下旬には100ユーロ台まで下がり、気温の上昇とともに天然ガスが不需要期に入ったことなどから、しばらく需給も市況も落ち着いていましたが、6月半ば以降はロシアと欧州を結ぶ3つのPLの1つ、ノルドストリーム1の流量が低下し始め再び供給不安が生じました。

7月下旬にはタービンの年次メンテナンスで一時供給が停止、その後40％に回復しましたが、足元も別の設備のメンテナンスに入るとして20％まで下がっています。

◆LNGもタイト　市況は強含み◆

一方、LNGは日韓台中などアジアが大きな市場で、2021年は春や秋の不需要期から韓国や中国が早めにLNG玉の確保に動き、年間を通じてタイトな状況が続きました。とくに中国は2021年、日本を抜き世界最大のLNG輸入国となりました。

LNG市況もロシアのウクライナ侵攻直後に急騰した後は落ち着きを取り戻しましたが、足元は冬場に向けた在庫の積み上げが十分ではないとの見方が強まり、LNG取引が活発化し、市況も強含んでいます。

欧州は天然ガス需給のひっ迫を受け、LNGの調達を大幅に拡大しています。LNG供給国である米国の輸出をみると、2021年秋ごろまでは日本や韓国などアジア諸国中心に供給されていましたが、12月以降は急速に欧州向けの比率が高まりました。LNGのスポット価格は通常、市場の大きいアジア価格が欧州価格より高いものですが、このころから欧州価格にプレミアムが付きアジア価格との逆転現象が発生、一時、世界のLNG運搬船が欧州に集中しました。

◆欧州とアジアLNG争奪戦に◆

2022～2023年冬に向けた調達では、欧州とアジアがLNGをめぐり玉を取り合う争奪戦が激化していくとみられています。

アジア勢のうち、中国は、昨年結果的に在庫が積み上がったことに加え、今春のロックダウンの影響で製造業向け需要が落ちたこともありスポット調達は減少しています。一方、日韓台は今年の夏が予想以上に暑く電力需要が増加していること、直近はCOVID-19感染拡大が懸念されるものの、経済の回復が進み製造業向けの需要も堅調に推移し在庫の消化が進んでおり、買いが活発化しています。

欧州では当面、天然ガス不足に備え、LNGの調達拡大が進みますが綱渡りの状況が続きます。欧州の2022年LNG輸入量は過去最高の1億1,300万トンと1億トンを突破する見通しで、米国からの輸入比率は2021年の29％から53％と過半に高まることが予想されます。ロシアのPLを通じた欧州向け天然ガス供給量は例年1億2,100万トン前後と、世界のスポットLNGの流通量1億1,400万トンに肩を並べる規模で、これがすべてLNGに置き換わるとしたら、奪い合いになるのは必至です。

欧州のLNG調達拡大における課題は受け入れ設備の不足で、イギリス、スペイン以外に受け入れ余力がほとんどない状況です。現状受け入れ設備を持たないドイツなどが積極的に天然ガス洋上貯蔵・再ガス化設備（FSRU）の調達を進めていますが、完成には1～2年を要し短期的には貢献しない模様です。

2.5 化学肥料・硫酸

【化学肥料】

植物の栄養素で重要なのは "窒素"、"リン"、"カリウム"で、「肥料三要素」と呼ばれています。これら無機養分は土壌中に不足しやすいため、農作物を作る際には、土壌に補充する必要があります。無機養分を化学的に処理し、加工したものを化成肥料といい、単一の物質からなる肥料を単肥、2つ以上からなるものを複合肥料と呼びます。複合肥料のうち、肥料成分が30%以上のものを高度化成肥料、それ以下のものを普通化成肥料といいます。

世界の人口が77億人に達し、2050年には97億人を超えるとされるなか、食料需要の拡大を受けて肥料の需要も中長期的に右肩上がりで推移すると予想されます。地球上の農地は限られており、増え続ける世界人口を養うには、単位面積当たりの収量を増やす必要があります。食料の確保にとって、肥料はなくてはならない存在です。作物の収穫とともに土壌から失われる成分は、肥料によって補わなければなりません。

適切な施肥により農産物の品質が向上し、それを摂取する人間の健康も改善されるのです。

肥料の革新は世界的な課題です。国際連合食糧農業機関（FAO）は、持続的な穀物生産に向けたガイドブックのなかで、推進すべき技術革新の1つとして肥料を挙げています。背景には、従来品が土壌の特性に合わず十分に機能していない現実（特にアフリカなど貧困地域）や、施肥の20〜80％が植物に取り込まれることなく環境に流出しており、環境負荷を十分に抑えることができていないとの認識があります。

FAOは、土地に与えるのではなく、直接植物に照準を定めた肥料を求めています。肥料の利用率向上が、土壌回復や、農業システムの再生と持続性の向上、環境中への窒素酸化物の排出削減、生態系の健全化につながるとし、技術革新への期待を高めています。

米バーチャル肥料研究所によると、植物生理学の分野では、植物が微量要素を含む十数種の肥料成分を吸収する際の拮抗や相乗作用が明らかとなってきています。また土壌と吸収の関係についても、ピーエイチ（pH）による影響以上

◎化学肥料の需給実績

（単位：トン）

	2019肥料年度			2020肥料年度			2021肥料年度		
	生産量	出荷量	輸出量	生産量	出荷量	輸出量	生産量	出荷量	輸出量
高度化成肥料	960,927	761,004	20,224	921,298	804,452	19,578	944,290	830,136	20,607
普通化成肥料	177,671	172,332	1,195	174,014	180,364	1,377	166,496	174,028	1,664
ＮＫ化成肥料	27,178	25,254	—	24,783	25,422	—	23,359	24,672	—
過リン酸石灰	74,909	31,576	—	82,433	29,543	—	85,297	31,707	—
苦土過リン酸石灰	22,767	10,324	80	22,776	11,256	110	19,458	10,833	180
重過リン酸石灰	6,469	786	—	5,036	582	—	6,776	430	—

〔注〕年次は肥料年度。高度肥料はコーティング複合を含む。
資料：日本肥料アンモニア協会

のことが分かってきており、これらを応用することで、肥料の利用効率向上が期待されています。作物や地域ごとに適切な成分構成を開発するばかりでなく、発芽を助ける種子コーティング肥料や、葉茎への散布、吸収されやすいナノカプセル型などのアイデアも提示されており、従来の肥料の概念を超えた「再設計」が求められています。

日本では、政府が目標に掲げた「農家の所得倍増」へ向けて、肥料業界の取り組みに拍車がかかり、適正施肥、省力化などとともに、生産への投資が進んでいます。企業統合などにより合理化が進んでいますが、農業を成長産業へ転換するには、生産コストの圧縮ばかりでなく、農産物の付加価値向上もまた重要です。

政府が農家の所得倍増を目標に掲げた背景には、日本の農業の衰退に歯止めがかからない実態があります。2016年3月に公表された「農林業センサス」では、5年前に比べ農家数は215万5,000戸と14.7％減少し、販売農家の農業就業人口は209万7,000人と19.5％減少しました。農業就業人口の平均年齢は66.4歳で、65歳以上が占める割合は63.5％にもなります。

経済産業省『生産動態統計』によると、高度化成肥料の2019年の出荷金額は511億9,400万円（前年比4.1％減）と、6年連続で前年実績を割り込みました。

全国農業協同組合連合会（JA全農）は2017年から、銘柄集約や購買方式の転換（農家からの事前予約注文を積み上げ、肥料メーカーと価格交渉を行う。集中購買）を進めており、肥料価格の引き下げ、高度化成肥料の金額ベースの落ち込み幅が広がっている状況です。政府も2017年に農業競争力強化支援法を施行し、肥料の価格引き下げを後押ししています。国は肥料を「事業再編促進対象事業」と位置付けており、その将来の在り方と、事業再編による合理化や生産性向上の目標設定に関する事項などを指針として定めることになっています。

「食料・農業・農村白書」によると2016年現在、肥料生産業者数は、国への登録・届出業者が2,400あるほか、都道府県への登録肥料（化学的方法で生産されない有機質肥料など）のみを生産している業者が約500あり、国への登録・届出肥料業者のうち生産量が5,000トン以下の小規模な業者が93％を占める構図となっています。また肥料の登録銘柄数は近年ほぼ一貫して増加しており、現在は約2万銘柄とされます。主要な肥料メーカーにおける1銘柄当たりの生産量は、規模が大きいメーカーでも約300〜900トンにとどまり、コスト高につながっていると考えられます。銘柄数の削減を前提に業界の再編が求められることになりますが、業界ではこれまでにも再編が繰り返されており、最近では2015年に片倉チッカリンとコープケミカルが合併し、片倉コープアグリが誕生しました。

一方で肥料の多様化は、品質向上に向けた農家の研究努力の結果という側面があることも忘れてはなりません。銘柄数を減らした結果、農産物の品質が落ちてしまっては、目的とする競争力強化に逆行する結果につながります。

肥料をめぐる大きな流れとして、養液栽培システム（土壌以外の固形培地や水中に根を張らせ、生育に必要な肥料成分と水を液体肥料の形で与えて栽培する）の拡大が挙げられます。新規参入企業や新規就農者などへの普及が期待されるほか、東南アジアや中国など土耕栽培が難しい砂漠や高気温地帯などでの導入が見込まれています。

また近年、新しい肥料として注目されているのが「バイオ肥料」です。窒素は空気中に大量に存在するものの、一般に反応性の高い他の窒素化合物に変換（固定）しなければ植物は利用できません。ただしマメ科植物は例外で、根粒菌（窒素分子を固定する能力を持つ）と共生することで大気中の窒素を栄養分として摂取しています。こうした作用を他の植物でも可能とする微

生物が、バイオ肥料と呼ばれています。日本はこの分野の研究を促進するうえでカギとなる、植物と相互作用する膨大な微生物を効率的に分離・培養・選抜する技術で先行しています。食料増産と環境保全を両立できる手法として世界的に関心が高まっており、大きな経済効果も期待できます。

　無人ヘリコプターの活用にも焦点が当てられています。2014年に産業用無人ヘリコプターの重量規制が100kgから150kgへと緩和されたことで積載が増え、施肥方法としての可能性が広がったためです。しかし従来型の肥料では十分な量を積載することができず、散布機内での目詰まり防止への配慮も必要です。少ない量で効く高成分型の無人ヘリコプター向け肥料の開発への取り組みがすでに始まっています。

　肥料は製造コストの約6割を原材料費が占め、その大半を輸入で賄っている国内肥料価格は、肥料原料の国際市況の影響を大きく受けます。特に、日本が全量を輸入しているリン鉱石、塩化カリは今後も世界的な需要拡大が見込まれる一方で、賦存地域の偏在性が高くなっています。将来の供給不足の懸念が常にくすぶっており、この先、再び2008年のように国際市況が急騰しないとも限りません。このため日本としては、新たな輸入相手国を開拓するとともに、国内では未利用資源（鶏糞焼却灰など）を用いた肥料の製造、リン酸・カリ成分を抑えた肥料の製造、下水汚泥などからのリン回収などの技術の確立・普及が必要とされています。また、複数社が共同で実施する原料調達や輸送・保管も肥料産業のコスト競争力強化につながる有力な手段です。

　各メーカーは、機能性を有しコストパフォーマンスに優れた独自の製品や技術の普及にも注力しています。代表的なものとして、肥料の表面を樹脂などでコーティングし、肥効を長期にわたり持続させるコーティング肥料、家畜糞など安価に調達できる原料を用いた有機質肥料、

肥料の三要素（窒素・リン・カリウム）に鉄やマンガンなどを配合した微量要素肥料が挙げられます。

　肥料は農業生産に不可欠な資材で、日本の農業の発展のためにも官民が一体となって知恵を出し合い、肥料産業の継続的な発展に力を注ぐことが求められます。

【硫　　酸】

　硫酸は世界で最も生産、消費されている化学品で、2021年度の世界需要量は、コロナ禍から回復し2億8,300万トンと前年度比4％増加しました。国内需要も6.4％増となり、カプロラクタム（CPL）向けや酸化チタン向けなどが2ケタ伸長しました。2022年度の内需はリン酸肥料向けが目減りする見通しなことに加え、紙・パルプ向けのユーザーによる生産拠点の統合・再編があるため、横ばいもしくは微減を見込んでいます。ただ海外をみると、露ウクライナ侵攻を機に硫黄などの供給が世界的に不安定となっており、川下製品である硫酸の引き合いも各国で強まっているようです。そのため硫酸の輸出量は伸長するとみられています。

　硫酸は石油や銅、亜鉛などから副生されており、非鉄金属の製錬ガスおよび硫化鉱、天然ガス・石油精製の回収硫黄が主な資源ソースとなっています。世界的には、回収硫黄出によるものが全体の6割強を占め、製錬ガス出が3割、硫化鉱由来では約1割といわれています。

　非鉄製錬および天然ガス生産、石油精製のそれぞれの稼働率で生産量が変動しており、ここ数年、中東など諸外国で非鉄・石油ガス双方ともに能力が拡大していることから、硫酸の世界生産量も需要量も各国の農業政策動向などに合わせて肥料用途を中心に年々伸長している模様です。

　硫酸の消費量は、2016年度で2億6,900万トン、2017年度で前年度比2％増の2億7,500万

トン、2018年度は同1％増の2億7,800万トンと着実に伸長してきました。しかしCOVID-19の流行が始まってから状況は一変しました。2019年度はコロナ禍が化学・工業関連に影響を及ぼし2億7,600万トンで前年度比微減で推移し、2020年度に至っては1.5％減の2億7,200万トンにシュリンクしました。2021年度はコロナ禍から回復し、2億8,300万トンで4％増加がみられました。2022年度も引き続き成長軌道に乗って3.9％増の2億9,400万トンと、年度ごとに1,100万トンずつ、年率で3〜4％ずつ着実に増えていくと予測されています。

このなかでも世界生産・消費量の半分を占める中国では、電気自動車（EV）の普及政策やハイテク産業の開発推進にともなう電子部材の需要増を背景に、国策として銅製錬の工場を増やし続けています。そのため、製錬ガス出の硫酸供給が増え続けており、2018〜2019年にかけて輸入国から輸出国に転じたとみられています。足元では、露ウクライナ侵攻による影響や、ロックダウンにともなう物流停滞で銅原鉱調達に課題があり、また肥料などの用途における自国内の硫酸需要増などにより、2022年度の硫酸供給は不足気味傾向と予想されているものの、2023年度以降は中長期的にみて硫酸生産は着実に増えるとみられています。

国内の硫酸供給は世界の生産動向とは異なり、製錬ガス出が全体の約8割、回収硫黄出によるものが約2割となっています。毎月40万〜50万トンの生産量から月30万トン程度を内需へ、残りを海外市場に振り向けることで国内の需給バランスを保つ構造であることが特徴といえます。

硫酸協会の統計（確報）によると、2021年度の硫酸内需は前年度比6.4％増の325万1,000トンとなりました。COVID-19流行以前の2019年度実績328万トンには届かなかったものの、コロナ禍で沈んだ2020年度実績と比べると着実に回復しています。生産量は、製錬ガス出メー

カーによる大型定修などが昨秋に重なったことに加え、一部企業のプラントトラブルなどにより2.7％減りました。

需要の内訳をみると、肥料用はリン酸肥料および硫安向けともに回復し、3.9％増の25万4,000トン、工業用も299万7,000トンで6.6％増加しました。主力先のうちCPL向けは10.9％、酸化チタン向けは20.5％、フッ化水素酸向けは26.2％、紙・パルプ向けは12.6％増と、それぞれ2ケタペースでの回復ぶりをみせました。

生産量は604万6,000トンで2.7％の減少がみられました。2年に一度、秋に訪れる製錬ガス出の大手2社の定修が同時期に重なり、他社も立て続けに定修で減産したため、2021年11月単月でみると生産量が半減しました。加えて、一部企業のプラントトラブルを起こしたことが響いたとみられます。

輸出量は276万1,000トンで、14.1％減りました。昨秋の大手企業による定修が重なったことを受け、国内供給が不足しないようにするため海外へ振り向ける量が抑えられたようです。この影響で期末在庫数量は14.4％増の27万トンとなりました。

財務省『貿易統計』によれば、2021年度（2021年4月〜2022年3月）の硫酸輸出量は、前年比14.1％減の276万1,200トンとなりました。その輸出先は、日系企業がリーチングプロジェクトを進めるフィリピン、チリ向けが引き続き台頭しています。前年度まで実績がなかったサウジアラビアやアルゼンチンなどの遠隔地にまで輸出先が広まっており、多様化が進んでいるようです。

主な輸出先をみると、日系企業がかかわっているニッケル製錬の大型プロジェクトが実施されているフィリピン向けが117万5,400トンで同11.7％減少しました。同プロジェクトで昨年下期にプラントトラブルが起きたため、硫酸消費量が一時縮小したとみられます。同じく日

系企業による銅製錬プロジェクトが進められているチリ向けは、南米域内での硫酸生産量が不振なこともあって、17.8％増加し30万トンとなりました。

また、昨年度まで実績のなかったサウジアラビア向けが3万8,900トン、アルゼンチンが1万8,300トン輸出されており、硫酸の世界最需要国の中国向け実績を上回りました。

その中国の輸出量は、今年度8,000トンで前年度実績から3割近く減りました。2010年度は年約50万トンも輸出されていましたが、同国内では製錬ガス出・回収硫黄出の設備を立て続けに増強しました。これにより同国が輸入国から輸出国に転じた2018年度以降は国内からの輸出量が顕著に減少しており、2021年度はコロナ禍などの影響も相まって一段とシュリンクしたようです。

2022年度の国内硫酸生産量は、製錬ガス出をみると昨年度のような複数の大手メーカーによる大規模定修の実施予定がないことに加え、他の主要企業も定修が一巡しているため、各社とも稼働は安定推移する見通しです。そのため、今年度と同様に大規模定修が実施されなかった2020年度実績並みの生産量になると見る向きが多くみられます。

需要をみると、COVID-19流行以前の2019年度並みの数量までの回復を期待したいところですが、2022年度も昨年度と同様先行き不透明感が強く、厳しい環境になるとみられています。とくにリン酸肥料向けや紙・パルプ向けは、ユーザー側の統合、再編が進むため、消費量が目減りすると予想されています。また露ウクライナ侵攻にともなう物価高が今後消費の冷え込みにつながるとみられているため、下期の工業向け需要の先行きもなかなか読むことが難しい状態です。

ただ、SDGs（持続可能な開発目標）の一環として各国で進められているEV普及政策などにより、リチウムイオン二次電池の部材向けや半導体関連の試薬向けなどは、順調に推移するとみられています。こうした背景から、今年度の内需は全体的に前年度比横ばいか、数％の微減になると予測されています。

一方海外をみると、今年2月から始まった露ウクライナ侵攻を機に、ロシアで大量生産されていた石油・天然ガスからの回収硫黄の供給が激減しました。隣国カザフスタンからの回収硫黄供給も黒海からの出荷が滞っているため、硫黄の不足感から国際市況が高騰し、足元も品薄は解消されておらず高値で推移しています。さらに同侵攻にともなう食糧危機および穀物市況の高騰にともなう世界的な肥料需要増も相まって、原料として使われる硫黄および川下の硫酸の引き合いが各国で強まっています。

こうした背景から今年度の硫酸輸出は、日系企業が進めるチリ・フィリピンでのリーチング向けへ安定的に供給される一方で、昨年度と同様に他の諸外国にも多く振り分けられると予想されています。

●水素技術、大競争時代に

現在、CO_2フリー水素をめぐって巨大市場が形成されつつあります。新エネルギー・産業技術総合開発機構（NEDO）のグリーンイノベーション（GI）基金事業や法整備などを通じて、日本政府が水素導入の拡大と供給コスト低減を後押ししており、海外をみても、ウクライナ情勢を受けて欧州各国ではエネルギーの脱ロシア依存に向けて水素製造の基盤構築にこれまで以上に注力しています。こうしたなか、日本の化学業界では、旭化成が水電解装置による水素製造で社会実装を図るなど、各社がパートナー企業・団体を巻き込みながらグローバルで新規開拓を図っています。開発競争が激化しており、まさに水素の戦国時代の様相を呈しているといえるでしょう。

◆CO_2フリー水素普及本腰◆

2050年のカーボンニュートラルの実現に向けて、日本政府はCO_2フリー水素の普及に本腰を入れています。グリーン成長戦略では、水素（アンモニアなども水素換算）の年間導入量で現在の年間200万トン、1ノルマル立方メートル（0.0899キログラム）につき100円から、2030年には最大300万トン、同30円、2050年には2,000万トン、同20円が目標で、将来的に水素の供給コストを化石燃料と同水準にまで低減させる方針を打ち出しています。2021年10月に閣議決定された第6次エネルギー基本計画では、2030年の電源構成のうち1％程度を水素・アンモニアとする目標を掲げました。

法整備にも着手しており、改正JOGMEC（石油天然ガス・金属鉱物資源機構）法では、JOGMECの業務に国内外の水素・アンモニア製造に関する出資や債務保証が追加され、事業者に向けてプラント建設など大規模投資へのリスク低減を担えるようになります。また、エネルギーを消費する需要家に向けては、改正省エネ法で工場やビルなどを保有するエネルギー多消費者に対して非化石エネルギーへの転換を促すことになります。

グリーン水素は、太陽光や風力発電といった再生可能エネルギーで生じる余剰電力から製造しますが、そこに不可欠なのが水電解装置です。日本でもNEDOの支援事業で社会実装に向けた実証が進んでいますが、先行しているのは海外です。EUでは累計40ギガワット、南米のチリでは25ギガワット分の導入目標を掲げています。昨今では、ウクライナ情勢を受け、欧州各国でエネルギー安全保障という枠組みで水電解の普及にさらに重点を置き、2030年目標でEUでは再エネ由来水素の年間生産量1,000万トン、英国では低炭素水素製造能力を10ギガワットに倍増させました。

豪州や中東地域など、風況や日照などの条件が揃ったグリーン水素製造のコストが低い地域もあるなかで、日本では現状、再生可能エネルギーが他の電源と比べてコストが高い状態にあります。平野部が少ないという地理的な問題もコスト抑制が難しい要因の一つです。こうしたなかでも各社はGI基金を活用し、パートナー企業も巻き込みながら水素の社会実装に向けた検証を重ねている段階にあります。日本での地産地消に加え、再エネのコストが低い海外で現地企業と提携しつつ独自の水素製造技術を訴求し、ビジネスチャンスをうかがっています。

◆アルカリ型装置の実証急ぐ◆

現時点で日本で最大級の水電解装置は、旭化成が福島水素エネルギー研究フィールド（FH2R、福島県浪江町）で実証を進めてきた10メガワット級のアルカリ型水電解装置です。同社は、2022年4月に発表した新中期経営計画で、水素関連事業を次の成長を牽引する事業の一つに位置づけています。国内で水素製造基盤を確立しつつ、アルカリ型水電解装置のコストを2030年までに1キロワット当たり5.2万円と現状比で6割強引き下げる目標を掲げています。また、先行する海外市場でもシェア獲得を狙っています。

具体的な実証プロジェクトとして、水電解装置で製造した水素を原料に用いた、日揮のアンモニアプラントを組み合わせた統合制御システムの開発について協議が進められています。また、アルカリ水電解システムの大型化・モジュール化に向け、パイロット設備を稼働させたうえで、2027年からはモジュールを連結させた40メガワット規模の大型装置で実証する計画も進んでいます。

2. 6 無機薬品

【無機薬品】

「無機」は「有機」に対する概念です。もともとは生物由来の物質が「有機」と定義されたのに対して、鉱物などに由来するそれ以外の物質は「無機」と定義されました。現在では、由来に関係なく炭素化合物を含むものを有機物と

いい、その他を無機物とします（ただし炭化物、シアン化物など単純なものは無機物とすることがあります）。元素周期表に載っている元素のうち、炭素を除いた元素はすべて無機化学の領域です。元素は酸化状態などで多様多彩な構造・物性・反応性を持っており、まったく新しい構造を持った化合物の開発が期待できます。

無機薬品はプラスチックや塗料、印刷インキ、

◎無機薬品の需給実績（2021年度）

（単位：トン）

	生産量	出荷量	主 な 需 要
酸 化 亜 鉛	55,049	55,953	ゴム、塗料、陶磁器、電線、医薬、ガラス、顔料、絵具・印刷インキ、電池、フェライト・バリスターなど
亜 酸 化 銅	4,967	4,971	塗料
アルミニウム化合物	919,838	918,467	製紙、水道、排水、印刷インキ、焼みょうばんなど
ポリ塩化アルミニウム	592,768	592,128	浄水、排水
塩 化 亜 鉛	19,763	19,628	メッキ、乾電池、有機化学、活性炭、はんだなど
塩化ビニル安定剤	31,857	31,730	塩化ビニル
過 酸 化 水 素	188,249	189,790	紙・パルプ、繊維、食品、工業薬品など
活 性 炭	47,761	46,060	浄水、下水排水処理、精糖、でんぷん糖、工業薬品、医薬、アミノ酸など
金 属 石 け ん	14,413	14,256	プラスチック、シェルモールド、焼結、顔料など
ク ロ ム 塩 類	6,222	6,131	皮革、顔料、染料・染色、金属表面処理など
ケイ酸ナトリウム	342,199	342,655	土建、無水ケイ酸、合成洗剤、紙・パルプ、鋳物、窯業、繊維、溶接棒、接着剤、石けんなど
酸 化 チ タ ン	188,205	187,648	塗料、化合繊のつや消し、印刷インキ、化粧品など
酸 化 第 二 鉄	72,149	79,341	磁性材料
炭酸ストロンチウム	1,087	1,215	管球ガラス、フェライトなど
バ リ ウ ム 塩 類	18,196	18,204	顔料、金属表面処理、カ性ソーダ、コンデンサー、ガラス加工、印刷インキ、塗料、ゴムなど
ふ っ 素 化 合 物	236,991	237,045	フルオロカーボン、表面処理、ガラス加工など
りん及びりん化合物*	69,273	69,889	マッチ、青銅、金属表面処理、医薬、農薬など
硫化ナトリウム	30,886	30,609	反応用、皮革、排水処理など
モリブデン・バナジウム	3,159	3,083	特殊鋼、真空管、合成鋼、炭素鋼、超合金など
そ の 他	3,362	3,080	
合 計	2,846,793	2,852,281	

〔注〕 *塩化リンを除く。
資料：日本無機薬品協会

◎無機薬品の輸出入実績

	2019年度	2020年度	2021年度	伸び率（%）
＜輸出＞				
数量（トン）	196,156	207,542	242,066	16.6
金額（100万円）	75,046	71,402	91,241	27.8
＜輸入＞				
数量（トン）	470,900	414,262	461,533	11.4
金額（100万円）	88,580	74,749	109,840	47.0

資料：財務省『貿易統計』

紙・パルプ、土木・建築、水処理など広範な分野で古くから利用されている基礎素材で、近年はデジタル家電、IT関連分野、次世代エネルギー分野などで新規用途が相次ぎ開発されています。先端産業分野では半導体製造用に塩酸、硝酸、硫酸などの強酸、フッ化水素酸、フッ化アンモニウム溶液、過酸化水素水の高純度薬品が使われていましたが、近年は高純度化やナノスケールの微細化、微粒子化技術などによって新しい領域が開拓され、"古くて新しい材料"として改めて注目を集めています。

塩ビ安定剤は大きくバリウム・亜鉛系、カルシウム・亜鉛系、硬質塩ビ用のスズ系に分けられ、塩ビ樹脂に1～3％程度の割合で添加し、熱分解や紫外線劣化を防ぐために用いられます。塩ビ樹脂の需要は、いわゆる塩ビバッシングで落ち込んだ時期もありましたが、機能性が見直され、自動車業界では内装素材に採用するメーカーが増えてきています。公共投資やインフラ関連の需要も、増加基調で推移するとみられ、塩ビ安定剤も同様の動きをたどると予想されます。

硫酸バンド（硫酸アルミニウム）とポリ塩化アルミニウム（PAC）は、アルミ系の凝集剤として製紙プロセス用水や、工場排水処理、下水処理、工業用水、上水の浄化などに用いられます。PACは上水処理用途を中心とする官需と工場排水処理の民需が半々で、需要は比較的安定しており、年による需要のばらつきは上水処理用途における天候の影響によるものです（豪雨や台風による水質の濁りなど）。

過酸化水素は、最大用途の紙・パルプの漂白向けをはじめ、ナイロン6原料のカプロラクタム向け、半導体・ウエハーの洗浄、食品の殺菌などに用いられます。日本国内の出荷量は2007年度に過去最高の24万トンを記録後は年々低下しています。需要量のおよそ半数を占める紙・パルプ漂白向けは、国内の紙需要に比例して縮小しており、主力だった繊維の漂白向けも国内繊維産業の衰退とともに大きく縮小しています。一方で揮発性有機化合物（VOC）に汚染された土壌浄化の原位置浄化向けなどに採用が広がっており、環境関連用途のさらなる市場拡大が期待されます。

ケイ酸ナトリウムは、土壌硬化安定剤などの土木建築向け、タイヤの摩擦係数向上などに用いる無水ケイ酸（ホワイトカーボン）向け、パルプ漂白や古紙脱墨などの紙・パルプ向けが三大用途です。

炭酸ストロンチウムはフラットパネルディスプレイのガラス向けに採用され、薄型テレビ需要が増加しているほか、電気二重層キャパシターの電極材料などの電材関連、太陽電池やリチウムイオン二次電池など新エネルギー関連、排ガス浄化や半導体製造向けクリーニングガスなどに用途を広げています。

電子関連ではチタン酸バリウムがチップ型積層コンデンサーの材料で使用されているのをは

じめ、高純度炭酸バリウムがセラミックコンデンサーや半導体セラミックスなど電子セラミック材料用途に利用され、スマートフォンなどの携帯情報端末やデジタル家電の普及拡大にともない需要を伸ばしています。

白色顔料が主力の酸化チタンは光触媒でも脚光を浴びています。アナターゼ型酸化チタンは透明かつ電気を通すという特性から、透明導電膜として発光素子や液晶、プラズマディスプレイの電極材料への開発も進展しました。また、肌に優しい特性が評価され、化粧品分野でも採用が拡大しています。

板状硫酸バリウムは高性能ファンデーションなど基礎化粧品、メイクアップ化粧品の素材として高く評価され、化粧品メーカーの採用が増えています。超微粒酸化チタンはUVカット（紫外線遮蔽）効果が高く、UVカット化粧品向けに需要が増加しています。

このほか無機材料は触媒科学、次世代先端材料、ハイブリッド材料などを研究開発の重要なターゲット・戦略的テーマとして掲げており、開発動向から目が離せません。メーカーには市場構造の変化に対応した事業戦略、高付加価値製品の開発・展開を一層強化することが求められています。

日本無機薬品工業会がまとめた2020年度の無機薬品需給実績によると、生産は前期比5.7％減の271万2,624トン、出荷は同4.0％減の273万9.514トンと3期連続の減少となりました。COVID-19感染拡大で、自動車産業をはじめとした経済活動の停滞が影響したとみられます。

2020年度の無機薬品出荷量を四半期ごとに見ると、4～6月期が前年同期比5.9％減、7～9月期が同7.7％減、10～12月期が同3.8％減となりましたが1～3月期は同1.5％増と、わずかながらも増加に転じています。

品目別では大半が前年を下回っており、硫酸アルミニウム、ケイ酸ナトリウム、酸化チタン、フッ素化合物など量的に多いものが引き続き減少しました。酸化亜鉛、塩化亜鉛、硫化ナトリウムなど8品目は2ケタの減少となったようです。増加したのは亜酸化銅、酸化第二鉄、りんおよびりん化合物の3品目のみとなりました。

また2020年度の無機薬品の輸出入状況を見ると、輸出量は同5.8％増の20万7,542トン、輸出額は同4.9％減の714億200万円となりました。

品目別（数量）では過酸化水素、酸化チタン、鉄の酸化物および水酸化物などが増加したものの、酸化亜鉛、フッ化水素酸、フッ化ナトリウムなどが減少しました。輸出先は中国、韓国、米国の順で、この3国で全体の約6割以上を占めています。以下、台湾、インドネシア、タイ、イギリス、マレーシア、インド、シンガポールの順で続いています。

【ヨ ウ 素】

ヨウ素は1811年、フランスの化学者ベルナール・クールトアが発見しました。海藻灰から硝石を製造する過程で、海藻灰に酸を加えると刺激臭のある気体が発生することに着目し、その気体を冷やすと黒紫色の液体になることを発見したのです。その2年後にはフランスの化学者ジョゼフ・ルイ・ゲイ＝リュサックが新しい元素であることを確認しました。瓶に入れておくと紫色の気体が立ちこめることから、ギリシャ語の紫（iodestos）にちなんで「iode」と命名されました。日本語のヨウ素（ヨード）はドイツ語

◎ヨウ素の需給実績

（単位：トン、100万円）

	2019年	2020年	2021年
生 産 量	9,122	8,876	9,221
販 売 量	6,137	5,721	6,244
販 売 金 額	14,094	14,997	17,632
輸 出 量	5,014	4,862	5,066
輸 入 量	97	237	121

資料：経済産業省『生産動態統計』、財務省『貿易統計』

の「jod（ヨード）」に由来します。

　有機合成の中間体および触媒、医薬品、保健薬、殺菌剤、家畜飼料添加剤、有機化合物安定剤、染料、写真製版、農薬、希有金属の製錬、分析用試薬など幅広く利用され、近年は色素増感型太陽電池やレーザー光線など先端領域でも新規需要が創出され注目を集めています。人工的に造られる放射性ヨウ素^{131}Iは診断治療、内科放射治療、薄層膜厚測定、送水管の欠陥検査、油田の検出、化学分析のトレーサーなど生物学、医学、バイオテクノロジーでの利用が盛んです。

　血管造影剤は1990年代に入って急速に需要を拡大し、今ではヨウ素需要の2割強を占める最大用途になっています。1990年代末以降はフラットパネルディスプレイの普及で液晶偏光板向けが急速に拡大し、需要全体の1割強となり、また工業触媒や殺菌剤、医薬品用途がそれぞれ10〜12％程度を占めています。血管造影剤や液晶向けは、世界的に需要拡大が見込まれています。新興国や途上国での生活水準向上にともないこれらの製品分野が拡大し、特に中国やインド、東南アジアでは急速に伸びると期待されています。

　世界のヨウ素生産量3万1,000トン（2014年）のうち約9割をチリと日本が占め（チリが2万トン、日本が1万トン弱）、チリでは硝石から、日本では天然ガスとともに汲み出されるかん水から抽出し生産しています。資源小国といわれる日本において、ヨウ素は世界に誇れる貴重な天然資源の1つであり、主要生産基地としての役割を担っていますが、地下から汲み上げられるかん水を利用していることから、主力産地である千葉県の地盤沈下対策に対応する必要があり、生産活動が大きく制約されます。このため国内の生産量はほぼ横ばいで推移しており、需要増にはリサイクル率の向上や輸入などで対応しています。

　一方、硝石から抽出するチリの生産量は制約が少なく着実に拡大すると見込まれています。

チリ産のヨウ素はほぼ全世界に供給され、今後の世界需要の伸びの大半をチリ産が占めると予測されています。日本の商社もチリ産に着目しており、一部はチリのメーカーに資本参加するなど供給力の確保に努めています。内外の条件を勘案して資本参加や買収などについて検討している商社もあり、今後、日本の商社によるヨウ素取扱量は拡大していくと考えられます。

　原料としての供給だけではなく、高付加価値品としてヨウ素を展開する産学官の取り組みも進んでいます。千葉大学と千葉県が共同申請した「千葉ヨウ素資源イノベーションセンター」（CIRIC）は2016年度の文部科学省の「地域科学技術実証拠点整備事業」に採択され、この研究施設が2018年夏に開設されています。次世代太陽電池のペロブスカイト太陽電池用ヨウ素化鉛の安定供給、導電性に優れた有機薄膜の創製、放射性ヨウ素薬剤によるがん診断・治療の新展開、有機ヨウ素化合物を利用した高機能ポリマー創生などをテーマとした研究のほか、かん水からのヨウ素抽出効率の改善とヨウ素リサイクル率向上など、共通基盤の確立を目指しています。

【カーボンブラック】

　カーボンブラックは、直径3〜500nmの炭素微粒子です。粒子の大きさなどを制御することによって炭素微粒子の基本特性を効果的に発現することができ、ゴムや樹脂に配合すると材料の補強・強化、導電性や紫外線防止効果の付

◎カーボンブラックの需給実績

（単位：トン）

	2019年	2020年	2021年
ゴム用生産量	548,713	442,676	535,880
非ゴム用生産量	32,198	28,933	33,063
合　計	580,911	471,609	568,943
輸　出　量	52,921	47,418	62,271
輸　入　量	156,739	125,300	150,678

資料：カーボンブラック協会、財務省『貿易統計』

与が可能です。さらに熱に安定であるため、樹脂やフィルムに配合すると強い着色力で黒色の着色ができるなどの特徴を持っています。カーボンブラックという名称は、天然ガスを原料とした製法が導入された19世紀終盤から使われるようになったもので、それ以前はランプのススから採る製法から"ランプブラック"、さらにその前は欧州で"スート"、日本では"松煙"と呼ばれていました。

カーボンブラックは、大きくハードカーボンとソフトカーボンに分けられます。ハードカーボンではSAF（超耐摩耗性）、ISAF（準超耐摩耗性）、HAF（高耐摩耗性）、ソフトカーボンではFEF（良押出性）、GPF（汎用性）、SRF（中補強性）、FT（微粒熱分解）などの品種があります。自動車タイヤ、高圧ホースなどゴム補強分野、新聞などの印刷インキ、インクジェットトナー、車のバンパーや電線被膜など加熱成形を必要とする樹脂製品のほか、磁気メディア、半導体部品など電子機器、導電性部材、紫外線劣化防止分野など幅広い用途で利用されています。特にゴム製品分野が需要の約9割（四輪自動車タイヤ、二輪車用タイヤ向けが約7割）、残りも自動車向けの機能ゴム部品用途が多く、全体として自動車産業の動向に大きく左右されます。非ゴム用途に使われるカーボンブラックは大きくカラー用と呼ばれ、塗料やインキ、プラスチック着色用の黒色顔料となったり、電子材料などの特殊用途に使用されたりします。

工業的製法はいくつかありますが、主流は「オイルファーネス法」です。原料の芳香族炭化水素油を高温耐火物の炉内で、燃料と空気の燃焼熱により連続的に熱分解し、カーボンブラックを生成します。原料に天然ガスを使用した「ガスファーネス法」は、微粒径カーボンブラックの生産に向いている製法です。

国内のカーボンブラック需要は、最大用途である自動車タイヤ生産の好調さを背景に急回復をみせ、各メーカーの生産設備はどこもほぼフ

◎自動車タイヤの生産量

（単位：1,000本）

	生産量
2019年	146,545
2020年	120,824
2021年	137,509

資料：日本自動車タイヤ協会

◎カーボンブラックの設備能力（2022年10月）

（単位：1,000トン／年）

社　名	工場	能力
東海カーボン	若　松	52
	知　多	104
	石　巻	46
キャボットジャパン	千　葉	95
	下　関	41
三菱ケミカル	黒　崎	12
	四日市	90
旭カーボン	新　潟	90
日鉄ケミカル&マテリアル	戸　畑	48
日鉄カーボン	田　原	73
デ　ン　カ[*1]	大牟田	22
ラ　イ　オ　ン[*2]	四日市	3.5

〔注〕 [*1]アセチレンブラック
　　　 [*2]導電カーボンブラック
資料：化学工業日報社調べ

ル稼働という状態になっています。同時に原料事情はタイト化しており、調達に苦労する状況も続いている現状です。これについては、原料元の構造的な問題もからんでおり、長期的な取り組みが必要になってくると考えられています。また、業界全体の課題としてカーボンニュートラルへの対応がクローズアップされてきており、2022年2月にカーボンブラック協会が取り組み方針を発表しています。

カーボンブラック需要は、先ほども触れましたがゴム用と非ゴム用の比率がざっと9対1の割りあいです。ゴム用の中では自動車タイヤ向けが7割、非タイヤも自動車向けの機能ゴム部品用途が多くを占めます。このため、カーボンブラック需要全体の動きは、自動車および自動車タイヤ産業の動向にリンクしたかたちとなります。経済産業省『生産動態統計』によると、2021年の自動車生産は全車種合計で

784万6,958台の前年比2.7％減でした。内訳をみると、乗用車は4.9％減ですが、トラックは11.2％増、バスが5.5％増、輸出も2.1％増と伸びています。タイヤは、市販用（リプレース用）が好調で、トラック・バスや建設車両向けなどの大型のタイヤが成長しています。日本自動車タイヤ協会のまとめによれば、2021年の自動車タイヤ・チューブゴム量（生産）は、101万4,734トンの同17.5％増となっています。

カーボンブラック協会が調べた、会員外メーカーの出荷および輸入を含む国内総需要の推移によると、2021年の総需要は71万2,307トンで、同15.6％増と急速なV字回復を果たしました。内訳では、タイヤ用が同17.4％増、一般ゴム用は同7.4％増で、ゴム用合計は60万7660トンの同15％増でした。非ゴム用も同17.2％増と伸び、内需全体は65万4,785トンの同15.1％増と大きく伸びました。

一方、同協会の会員メーカーの生産・出荷実績では、2021年生産はゴム用が53万5,880トン（同21.1％増）、非ゴム用その他が3万3,063トン（同14.3％増）のトータル56万8.943トン（同20.6％増）という実績でした。出荷量はゴム用53万4,961トン（同19.6％増）、非ゴム用その他が3万2,972トン（同18.8％増）のトータル56万7,933トン（同19.6％増）となっています。ゴム用の国内内訳は、タイヤ向けが40万6,754トン（同22.9％増）、一般ゴム向けが11万652トン（同8％増）と報告されています。

財務省『貿易統計』によると、カーボンブラック輸出は過去最高の6万2,278トン（同31.3％増）を記録しました。輸出先は、中国（1万6,057トン、同16％増）とタイ（1万6,279トン、同34.5％増）が多く、インドネシア向けも6,149トンの同69.4％増と急拡大しています。ただ、月ごとに輸出量の推移をみると、2021年10月以降は前年同月実績を下回る展開となっています。

一方の輸入は、15万678トンの同20.3％増

とこちらも大きく伸びました。韓国からの輸入が4万3,284トンの同57.2％増とさらに拡大したほか、タイからも4万1,980トンの同12.1％増と回復しました。このところ減少していた中国からも4万204トンの同8.2％増と伸びています。ただ、中国からの輸入はピークの2014年には約9万6,000トンあったため、当時の状況には及んでいません。

カーボンブラック協会調べによる毎年の生産量と、財務省『貿易統計』による輸出量・輸入量の推移をみると、1990年代後半から増加してきた輸入が、東日本大震災後は頭打ちになり、2010年代後半からは輸入のマイナスを補って国内生産が伸びるという傾向を示したことがわかります。2019年と2020年は2年連続で厳しい状況でしたが、2021年は生産、輸出、輸入のすべてが拡大し、急回復を示したことになります。国内のタイヤメーカーも足元では全力運転だといわれ需要は好調ですが、国内でカーボンブラック生産をこれ以上増やすのは難しくなっているとされます。東日本大震災以後、国内の生産能力全体がいくらか縮小したという理由もあり、現時点が需給の最大バランスに近いとみることもできるでしょう。

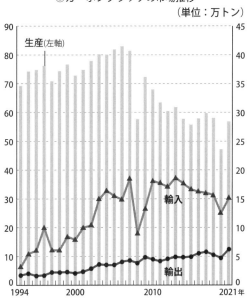

◎カーボンブラックの市場推移
（単位：万トン）

今後は、ロシアとウクライナの紛争などの地政学的なリスクが需要に影響する可能性もあります。ロシアは世界第2位のカーボンブラック輸出大国であり、欧州を中心に年間74万トンほどの製品を輸出しています。経済制裁でこの取引がストップすると、需給がひっ迫することも考えられます。一方で、欧州経済の自動車関連市場がすでに悪化しつつあるとの観測もあるため、カーボンブラック需要が一定に減少するという流れになるかもしれません。

カーボンブラックは、石炭化学プロセスや原油精製で排出される利用価値の低い重質油を利用し、価値を生み出すという意味で循環型社会の維持に貢献する製品です。また、メーカー各社も生産性向上や燃焼エネルギーの有効活用といった努力を払い、環境負荷低減を図ってきました。そのうえで2022年2月、カーボンブラック協会は「2050年カーボンニュートラル実現に向けた取り組み方針」を打ち出しています。

このなかで、脱炭素の潮流に対応して、「カーボンブラック業界がいかにして持続可能な社会の実現に貢献できるかを自問しながら、顧客や関係者らと連携して、カーボンニュートラルという新たな目標へ歩み出す」と宣言しました。具体的な施策としては、二酸化炭素（CO_2）排出削減の対象範囲をサプライチェーン排出量のスコープ1とスコープ2に定め、生産活動におけるCO_2排出の発生源を、原料使用、燃料使用、購入した電力・蒸気などの使用にともなうものと規定しました。そのうえで、CO_2排出削減のための方策として、カーボンニュートラルな代替原料の利用、プロセスの合理化（収率向上・廃棄物削減を含む）、省エネ（電力・熱利用の効率化）、設備の燃料転換（燃料の低炭素化、脱炭素化）と電力化、化石燃料に依存しないエネルギー源の活用、CO_2回収・再利用、クレジット利用などを掲げました。

これらの取り組みは実際にすでに進んでいるものもありますが、さらに大がかりに達成するためには革新的なイノベーションが必要であり、研究開発投資のコストやリスクを考えると、一企業での個別対応は困難であるとも指摘しています。それと併せて国に対する政策支援の要望も付記しました。脱炭素化につながる革新的技術開発への財政的支援に加え、企業が脱炭素に取り組むための適切なインセンティブとなる仕組みや、多額のコストを社会全体で負担する仕組みの構築などの項目をあげています。

とくに原料事情は、カーボンニュートラルを抜きにしても厳しくなっています。カーボンブラック原料は、石炭系はコールタールを蒸留したクレオソート油類、石油系は原油留分のうち最も重質なFCCボトム油がベースですが、どちらも潤沢に供給されているとはいいがたいものがあります。コールタールは鉄鋼生産時に高炉から出てくる副生物で、世界的に高炉から電炉への転換が進んでいるとともに、電炉用の黒鉛電極もコールタールが原料であり、カーボンブラックに回る原料油供給がタイトになっています。石油系も、米国で軽質のシェールオイルの利用が進んだことで、カーボンブラックに適した重質油の供給が減少しました。重油を使用していた船舶燃料油の硫黄分規制が強化されたことによってディーゼル油への転換が急速に進み、カーボンブラックに適した重質油の需要が減退の一途をたどっています。

石炭系も石油系も、原料油はカーボンブラックのために生産されているものではなく、それ自体の価値が低いことがつらいところで、外部環境に左右されてしまいます。今後、調達が楽になるという見通しはほぼありません。カーボンニュートラルへの取り組みにからめて、原料問題の解決策を模索することができるかがポイントの一つになってくるのかもしれません。

●取り組み進むPET水平リサイクル、ボトル争奪必至

マテリアルリサイクル（MR）への適性の高さから、「リサイクルの優等生」として知られてきたPETボトル―。かねて各種のカスケード利用が盛んでしたが、飲料大手は環境配慮への取り組みをより消費者に明示しやすい「ボトルtoボトル（BtoB）」の実現を目指す方針を相次いで打ち出し始めました。その裏面で使用ずみボトルの「奪い合い」への懸念が高まる一方、有効利用率の拡大に向けてあらゆる業界が取り組みを加速させています。

◆BtoB比率まだ16%◆

飲料大手がサステナブル戦略を続々と打ち出すなか、PETボトルの「サステナブル化」は一大テーマと位置づけられています。脱炭素化に貢献するバイオPETの導入なども含まれますが、やはり外せない目玉施策はBtoBリサイクルです。資源循環ニーズの高まりだけでなく、直近では各社が対応に苦慮する原燃料価格の高騰なども動因となり、この動きはさらに加速するとみられています。

日本ではBtoBリサイクルの比率は15.7%にとどまるものの、カスケードリサイクルや海外輸出などを含めると全体のリサイクル率は88.5%と高い水準にあります。これまで約30年かけて（1）家庭系ごみとしての自治体・容リルート（容器包装リサイクル法に則った処理ルート）回収（2）駅やビル内での事業系回収―の2系統が社会インフラとして形成されてきた成果と言えるものです。

「欧州と異なってデポジット制度がないにもかかわらず、世界のなかでも圧倒的な高さ」（業界関係者）というのが共通認識で、この国情をどう生かすかが今後問われることになるでしょう。

◆再生工場新設ラッシュ◆

国内における指定PETボトルの販売量は年間約60万トンで推移するなか、すでに回収率は90%台と安定しています。回収量は（1）と（2）で約30万トンずつで、自治体回収品の行き先は、容リルートが約20万トン、残り10万トンが自治体の独自入札によってリサイクラーに売却されます。

こうしたなかで、国内でBtoBリサイクルを実行できるリサイクラーは事実上、協栄産業、遠東石塚グリーンペット、日本環境設計の3社に限られています。直近では飲料大手や小売り業とタッグを組んだ再生工場の新増設が相次いでおり、これまでは工場の立地が東日本に偏っていましたが、西日本にも手を広げる動きが目立っています。

協栄産業は昨秋以降、合弁会社の協栄J&T環境（三重県津市）でフレーク工場とペレット製造ラインを稼働させました。同社にはセブン&アイ・ホールディングスが共同出資しており、小売り業の注力度の高さが垣間見えます。遠東石塚は今後、兵庫県姫路市で新プラントの稼働を予定しています。両社が東日本に持つ既存プラントと合わせると、その処理能力は「現状の1.5倍近い45万トン／年以上となるのではないか」（関係者）とみられています。さらに日本環境設計が子会社のペットリファインテクノロジー（川崎市）で保有する2万トン／年あまりのキャパシティーを加えると、現状のボトル生産・回収量の母数と比べてもかなりの規模といえます。

◆再生PET需要急上昇◆

再生PETのニーズが加速度的に高まり各社が回収・処理体制を着々と強化するなか、使用ずみボトルが奪い合いになるのは明らかです。関係者は「飲料メーカーや小売り業は数値目標を公表した以上、何としてもBtoB向けを確保しにくるだろう」と強調します。「飲料メーカーなどの要請を背景として入札水準が高値になっていくとしたら、これまでカスケード利用を下支えしてきた中小リサイクラーはどうなるのか」と危機感をあらわにしました。

足元の落札単価は、原料高の影響なども相まって急激に高騰しています。中国・東南アジアなどへの使用ずみボトルの輸出が減って域内利用のパイが若干増えたとはいえ、こうした先行き不透明な要因が収まらないなかで新たな環境対応ニーズが立ち上がると、需給ギャップがさらに広がる恐れが出てきます。カスケードの延長上であってもスポーツ用ユニフォームやプライベートブランドの衣料品などで再生PET需要が高まっており、市場を俯瞰した視点から環境施策を考える必要性が増しています。

3 製品材料

3.1 プラスチックス① （熱可塑性樹脂、熱硬化性樹脂）

多数の原子からなる巨大な分子は高分子と呼ばれ、天然に産するもの（天然高分子）、人工的に作られるもの（合成高分子）、天然高分子から化学的に誘導されるもの（半合成高分子）があります。合成樹脂、合成ゴム、合成繊維などは合成高分子に分類されます。これらは原料となる分子（モノマー）を鎖状につなげること（重合）で作られ、できた高分子はポリマーと呼ばれます。合成樹脂には熱を加えると軟らかくなる熱可塑性樹脂と、硬くなる熱硬化性樹脂があります。以下では代表的な合成樹脂を紹介します。

〔熱可塑性樹脂〕

【ポリエチレン（PE）】

ポリエチレンは、石油の留分であるナフサや天然ガス、LPGなどをクラッキングして得たエチレンを重合して得られる炭化水素の高分子物質で、最もポピュラーな熱可塑性樹脂です。水より軽く、溶融加工により容易にフィルム、管、中空容器、成形品などの製品を生産できます。また、防湿、耐水、耐寒性、耐薬品性、電気絶縁性に優れ、加えて安全衛生性に優れるため包装、物流、産業資材として幅広く使用されています。分子構造および性状から、以下の3種類に大別されます。

［高密度ポリエチレン（HDPE）］

密度が0.942以上のポリエチレンで、硬いことから硬質ポリエチレンとも呼ばれます。用途はコンテナー、パレット、日用雑貨、工業部品、液体洗剤容器、灯油缶、ショッピングバッグ、レジ袋、ロープ、クロス、シート、パイプ、電線被覆、鋼管被覆などが挙げられます。

［低密度ポリエチレン（LDPE）］

密度が0.910以上0.930未満のポリエチレンで、軟らかい性質を持つことから軟質ポリエチレンとも呼ばれます。用途は半分がフィルムで、ラップフィルムやラミネート包装の内張りフィルムなど食品包装に多く使われています。また、加工紙、パイプ、電線被覆、各種成形品などにも幅広く利用されています。

［直鎖状低密度ポリエチレン（LLDPE）］

密度0.94以下の低密度ポリエチレンです。特性は低密度ポリエチレンに近く、使いやすい樹脂になっています。農業用、食品包装フィルム、大型タンク、ストレッチフィルム、重包装袋など幅広い用途を持っています。

ポリエチレンの生産量は、前年比10.5％増の228億8,066トンとなりました。このうちHDPEは80万8,382トン（同9.4％増）、LDPEは

◎ポリエチレンの需給実績

（単位：トン、100万円）

		2019年	2020年	2021年
生 産 量	LDPE	1,455,463	1,330,831	1,479,684
	HDPE	828,890	738,545	808,382
生 産 額	LDPE	257,586	231,604	256,476
	HDPE	125,552	116,440	119,239
輸 出 量	LDPE	210,456	263,122	259,400
	HDPE	152,864	162,363	191,287
輸 入 量	LDPE	94,893	45,339	38,758
	HDPE	209,807	176,250	176,226

資料：経済産業省『生産動態統計』、財務省『貿易統計』

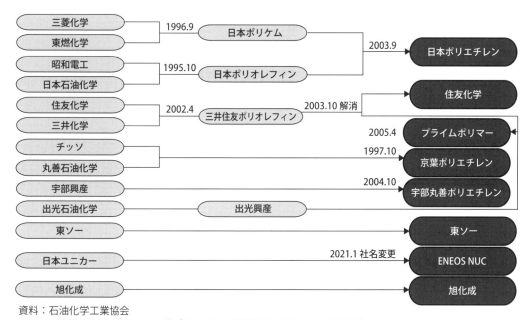

資料：石油化学工業協会

◎ポリエチレン事業統合（2022年4月現在）

147万9,684トン（同11.1％増）でした。LDPEの国内販売量は147万1,602トン（同7.2％増）でした。

　エチレンは2022年1月下旬に1トン当たり900ドル強とやや下がりましたが2月以降には上昇しました。その後、ロシアによるウクライナ侵攻の影響もあり4月上旬には1,400ドル強とピークに達しました。それ以降は誘導品がその高騰を許容できず下落し、中国のゼロコロナ政策でロックダウンによる国内物流が停滞した影響なども加わり下がり続ける形となり、足下は800ドル強まで落ち込んでいます。供給側も韓国や東南アジアのクラッカーから減産が徐々に広がり、多くは稼働率80％台、中には70％台まで稼働を落とす設備もあります。今後は中国を中心とした需要の回復次第ですが、一方で世界的な景気減速が需要をさらに押し下げる懸念もあり、先行きの市況回復は不透明です。

　大手商社によると、世界のエチレン設備は過去3年で1,200万〜1,700万トン新増設されました。対して世界のエチレン需要は700万〜800万トンの増加にとどまり、供給の増加幅が圧倒的に大きいようです。2022年は合計550万トン規模の設備が立ち上がる予定で、2023〜2024年も中国を中心に新増設が計画されており、需給バランスの改善が期待しにくい状況が

◎LDPEの生産能力（2021年末）

（単位：1,000トン／年）

社　名	LD専用設備	HD,LL併産設備	合　計
日本ポリエチレン	557 (271)	0	557 (271)
プライムポリマー	85 (85)	98 (11)	183 (96)
三井・ダウポリケミカル	185	0	185
日本エボリュー	300 (300)	0	300 (300)
住　友　化　学	305 (133)	0	305 (133)
東　ソ　ー	183 (31)	0	183 (31)
ENEOS NUC	159	110 (63)	269 (63)
宇部丸善ポリエチレン	173 (50)	0	173 (50)
旭　化　成	120	0	120
合　　計	2,067 (871)	208 (74)	2,275 (945)

〔注〕（　）内はLLDPE。
資料：経済産業省

◎HDPEの生産能力（2021年末）

（単位：1,000トン／年）

社　名	HD専用設備	HD,LL併産設備	合　計
日本ポリエチレン	423	0	423
プライムポリマー	116	98	214
三　井　化　学	6	0	6
JNC石油化学	66	0	66
東　ソ　ー	125	0	125
ENEOS NUC	0	110	110
旭　化　成	116	0	116
丸善石油化学	111	0	111
合　　計	963	208	1.171

資料：経済産業省

続きます。ただ、全世界の設備能力約2億トンに対し、新増設は550万トンと全体の2.75%にとどまっています。このことから、現在の稼働率であれば需要の回復にともない市況が回復すれば吸収できるとの見方もあります。

【ポリプロピレン（PP）】

ポリプロピレンは、プロピレン分子が立体的に規則正しく配列した結晶性の高分子物質であるため融点が高く、強度、その他の諸性能も非常に優れています（水より軽く，繊維としても非常に強い，耐薬品性も優秀）。加えて、成形加工しやすいため、日用品から工業品まで広い分野で使用されています。

プロピレンの特性はポリエチレン、塩化ビニル樹脂、ポリスチレンなど汎用樹脂のなかで最高の耐熱性（130〜165℃）を示すほか、軽量、耐薬品性、加工性に優れるなどが挙げられます。

用途は極めて幅広く、自動車部品をはじめ、洗濯機、冷蔵庫などの家電、住宅設備、医療容器・器具、コンテナ、パレット、洗剤容器・キャップ、飲料容器、ボトルキャップ、食品カップ、食品用フィルム・シート、包装用フィルム、産業用フィルム・シート、繊維、発泡製品などで利用されています。産業別比率は食品包装40%、自動車部品30%、トイレタリーなど20%、一般産業向け10%と推定されます。リサイクル性などの観点から自動車バンパーや家電でもポリプロピレンの採用が拡大しており、世界的にも需要は増加傾向にあります。

◎ポリプロピレンの生産能力（2021年12月）
（単位：1,000トン／年）

社　　名	能力
日本ポリプロ	845
住　友　化　学	307
プライムポリマー	973
徳山ポリプロ	200
サンアロマー	408
合　　計	2,733

資料：経済産業省

◎ポリプロピレンの需給実績
（単位：トン）

	2019年	2020年	2021年
生産量	2,439,862	2,246,815	2,463,136
輸出量	292,741	363,772	401,274
輸入量	107,592	82,016	103,854

資料：経済産業省『生産動態統計』、財務省『貿易統計』

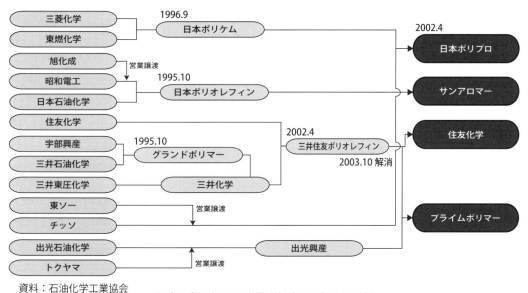

資料：石油化学工業協会

◎ポリプロピレンの事業統合（2022年4月現在）

【ポリスチレン（PS）】

ポリスチレンはナフサを原料に、ベンゼンとエチレンからエチルベンゼンを作り、脱水素してスチレンモノマー（SM）とし、これを重合して製造するプラスチックを指します。これに気泡を含ませたものが、発泡スチロールとしてよく知られるものです。ポリスチレンは高周波電流の絶縁性が極めてよいのでラジオ、テレビ、各種通信機器のケースおよび内部絶縁体に多く用いられるほか、耐衝撃性のあるものとしてポリブタジエンとグラフト重合した耐衝撃性ポリスチレンもあり、耐水性がよいのと相まって電気工業製品、家具建材、一般日用品雑貨の分野に広く用いられています。PSには、透明度が高いうえ、硬く、成形性に優れる汎用ポリスチレン（GPPS）と、ゴム成分を加えた乳白色の耐衝撃性ポリスチレン（HIPS）の２種類があります。GPPSは食品包装や使い捨てコップ、弁当や惣菜用ケース、お菓子の袋など幅広い分野で用いられています。一方、HIPSはテレビやエアコンなどの家電製品、複写機やコピー機などのOA機器、玩具などに用いられます。

【塩化ビニル樹脂（PVC）】

塩化ビニル樹脂（PVC）は汎用樹脂のなかでも性能、価格、リサイクル性と非常にバランスのとれた汎用樹脂です。PVCの出発原料は塩とエチレンで、電解ソーダ工業でカ性ソーダとともに発生する塩素とエチレンを反応させ、中間体の二塩化エチレン（EDC）を作り、これを熱分解すると塩化ビニルモノマー（VCM）が製造されます。塩化ビニル樹脂はこのモノマーを原料に懸濁重合法で合成するのが一般的な製法です。ポリ塩化ビニル製品は、原料プラスチックに安定剤、可塑剤、着色剤などの各種添加剤を加えて混練し、カレンダー、押出、射出などの加工法を適用して製造され、添加剤の添加混練は成形加工工場で行うのが一般的ですが、あらかじめ添加剤を配合した成形材料（コンパウンド）でも出荷されます。これは電線用など軟質コンパウンドが主体です。また、化学的に安定で、難燃性、耐久性、耐油性、耐薬品性、機械的強度にも優れています。軟質から硬質まで樹脂の設計自由度が大きく、加工性、成形性、寸法精度にも優れるのが特徴で、住宅・建築、自

◎ポリスチレンの生産能力（2021年12月）

（単位：1,000トン／年）

社　名	能力
PSジャパン	315
東洋スチレン	330
Ｄ　Ｉ　Ｃ	216
合　計	861

資料：経済産業省

◎ポリスチレンの需給実績

（単位：トン）

	2019年	2020年	2021年
生産量	706,554	659,467	717,682
輸出量	45,918	49,459	67,058

資料：日本スチレン工業会

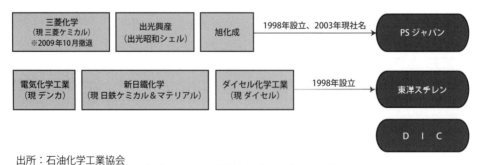

出所：石油化学工業協会　　◎ポリスチレン事業統合（2022年4月現在）

動車、家電、食品包装など非常に広い分野で使用されています。代表的な硬質塩ビパイプをはじめ、家庭の壁紙、床材からサッシ、雨樋、ガスケット、サイジング、カーペットパッキング、自動車の内装、外装サイドモールド、アンダーコートなどの部材、冷蔵庫、洗濯機、掃除機などのハウジングや構造部品、食品包装フィルム、乾電池のシュリンクフィルム、医療用チューブ、かばん、文房具、玩具など、周りを見渡せばほとんどのものに使われています。

現在、PVCの輸出価格が過去最高水準に達しています。2021年の輸出額は、11月末までのペースからみると937億円台に乗るとみられ、2020年の実績に比べて4割高となっています。

過去、PVC輸出額は2007年に929億6,400万円を記録したことがありますが、この水準を14年ぶりに更新する公算です。背景には国際的なPVC不足が挙げられ、主因となっているのは主力の中国が環境規制対応で自国消費分を賄えずに国際調達を続けている点のようです。アジア向けPVC価格は2021年10月以降、ピークアウトがみられるものの2022年1月積み価格は1,300ドル台となっており当面、高価格帯で推移するとみられています。

PVCの国際価格はポストコロナの反動増もあり、2021年のPVC需給はタイト基調で推移しました。従来はトン当たり800ドル前後での取引価格でしたが、北米およびインド・中国市場での旺盛なインフラ需要にリードされて高値が続いています。台湾PVCサプライヤーの提示する指標価格は、最大の需要国であるインド向けで11月に2,100ドルに達しましたが、12月に

◎塩化ビニル樹脂の生産能力（2021年12月）
（単位：1,000トン／年）

社　名	能力
カ　ネ　カ	369
信 越 化 学 工 業	550
新 第 一 塩 ビ	175
大 洋 塩 ビ	412
東 亞 合 成	120
東 ソ ー	28
徳 山 積 水 工 業	117
合　計	1,771

資料：経済産業省

◎塩化ビニル樹脂の品種別生産量
（単位：トン）

	2019年	2020年	2021年
ホモポリマー	1,519,343	1,412,783	1,405,469
コポリマー	82,609	83,052	88,675
ペースト	130,593	130,714	131,203

資料：経済産業省『生産動態統計』

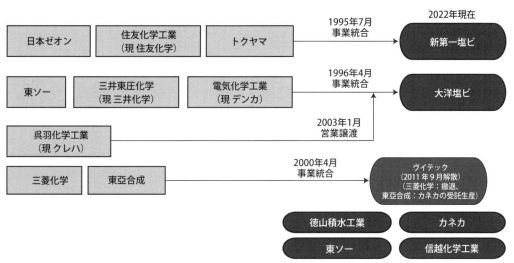

資料：石油化学工業協会

◎塩化ビニル樹脂の事業統合（2022年4月現在）

は1,710ドル、2022年1月は1,590ドルと下落傾向にあり最高値は脱した模様です。中国向け価格も11月1,650ドル、12月1,490ドル、1月1,360ドルで下落しつつ推移していますが、いぜんとして500ドル前後で高水準を保っています。

要因としては中国政府による環境規制強化が挙げられます。中国市場における需要規模は年1,000万トン前後とみられ、従来は大半を自国生産で賄っていました。しかし、主力の生産方式であるカーバイド法による生産が環境規制に対応できなくなっている模様です。設備更新に時間とコストがかかるため、海外製PVCの調達量を増やしている状況にあるといいます。

一方、米国・インドでのインフラ整備（農業用パイプや上水用パイプ）に用いられる硬質PVCの需要が好調です。インドでは引き続き、灌漑用パイプの需要が旺盛ですが、2021年には米国国内において台風・寒波という自然災害が断続的に発生しました。PVC生産面での支障が出ましたが今後、災害復旧需要が加わると考えられています。このため、北米産PVCは大半が自国向けに振り向けられ、アジア市場には回らない公算が高いと考えられます。また、主原料のナフサ（粗製ガソリン）価格も高止まりが想定されているなどPVCの国際市況は構造的にタイト化しています。

2021年の内需動向については、国内サプライヤーが価格改定を打ち出し、国産ナフサ価格の上昇部分を価格転嫁してコスト吸収したことが話題として挙げられます。物流コスト上昇分の転嫁も加わり、2022年1月出荷分からはほぼ、新値が浸透するようです。

3月末までの年度単位でみると、内需は98万トン（前年度比4％増）と堅調に推移する見込みです。背景には価格改定アナウンスによる仮需の影響も加味されますが、コロナ禍対応で飛散防止フィルム・透明板などの需要があったほか、新規の通信回線用（5G）対応の電線更新需

要や半導体洗浄用工業板など、リモートワークの増加に起因する需要増があった模様です。また、PVCを粉砕加工して造られるペーストPVCについてはディスポーザブル手袋用としてアジア市場向けの輸出が好調です。とくに2020年は需要が急伸しましたが、2021年の実績は前年割れとなりました。一方、内需についても壁材、床材および、自動車用アンダーボディーコート向けの主力用途が堅調で、2021年は前年比1割程度伸長しました。

一方で、PVCおよび原料となる塩化ビニルモノマー（VCM）の生産・輸出量についてはそれぞれ特徴的な動きがみられました。PVCの2021年輸出額は937億円台に乗せる見込みですが、輸出量は前年に比べて1割強減少する63万5,000トンとなる目算です。

この要因は大手サプライヤーの主力工場閉鎖の影響が出ることにあります。国内サプライヤーはここ数年フル生産を続けているとみられ、国際的な需給がタイト化している半面で、輸出余力については増設など要因が加わらない限り、今後も63万トン前後に抑えられる見込みです。一方で、VCM輸出については100万トン台の輸出量で前年比7％増となる公算で輸出余力が増した格好です。

PVCの国際需要は引き続き、年3〜5％程度の成長が見込まれています。このため、2022年の国際市況・需給バランスが急激に緩和することは見込めず、需給は引き続きタイト基調で推移するとみられ国際的な需給バランスが注目されます。

【ポリビニルアルコール（ポバール、PVA）】

ポバールは、水溶性・接着性・ガスバリア性など多様な機能を持つ合成樹脂で、繊維加工、製紙用薬剤、接着剤、塩化ビニル重合用分散剤、農薬包装用フィルム、光学フィルム、衣料用洗剤の個包装フィルムなど広い範囲に用いられて

います。世界の需要は130万トン強で年率２〜3％の成長が見込まれています。日本のポバールメーカーは安定した国内需要を取り込みつつ海外市場に狙いを定め、高品質・高機能を前面に打ち出した差別化戦略を進めています。

ポバールはコロナ禍を背景とした需要減退から稼働率が低下し、2021年の国内生産量は前年比14.2％の19万7,789トンとなりました。国内需要も主力のビニロン用途などが落ち込み、前年比8.8％減の11万2,721トンという結果でした。世界需要もコロナ禍にともない落ち込んだとみられています。2021年後半からは世界経済のリカバリーを背景に国内外ともに需要は回復基調となりました。ただ、2021年は年初から供給面でいくつか問題が発生し、需要回復の足かせとなっています。米国での大寒波でインフラが麻痺し、ほかの化学品と同様に供給不足に陥りました。

また、ポバールはコンテナ輸送が主流ですが、2020年からコロナ禍の先行き懸念にともないコンテナの生産工場稼働数が大幅に低下し、コンテナ不足に見舞われています。こうした供給不安からポバールの需給はひっ迫しています。2021年に入り米国では経済復活で化学品を含めて輸入が活況を呈し、そして物流の急増から列車輸送も遅延し、トラックや航空機輸送で代替するケースが出ており、ポバールメーカーは輸送コストアップを余儀なくされています。

需給のひっ迫は2021年いっぱい続くと思われます。ただ、酢酸などの原料価格も高止まりしており、いぜん輸送コストも高い水準にあるため、各メーカーは自助努力の域を超えたと判断し、安定供給や採算是正に向け価格改定に動いています。

【ＡＢＳ樹脂】

ＡＢＳはＡ：アクリロニトリル、Ｂ：ブタジエン、Ｓ：スチレンの３種類のモノマーからなり、基本的にはブタジエンを単独またはスチレン、アクリロニトリルとともに重合させたゴム（PBR，SBR，NBR）とスチレン、アクリロニトリルコポリマーとを混合させます。ABS樹脂は熱可塑性プラスチックで硬く堅牢で、自然色は薄いアイボリー色ですが、どんな色にでも着色でき、光沢のある成形品をつくることができます。最近は透明なものも開発されました。優れた機械的性質、電気的性質、耐薬品性を持っており、押出加工、射出成形、カレンダー加工、真空成形のあらゆる加工技術と機械が応用できるため、自動車の内装材、電気製品やOA機器のハウジングのほか、住宅・建材、雑貨・玩具など用途は多様です。ただし原料となるスチレンモノマー、アクリロニトリル、ブタジエン、それぞれの価格変動が事業の不安定要素になっている感があります。

用途は、弱電関係（冷蔵庫，テープレコーダー，ステレオ，掃除機，洗濯機，扇風機，テレビ，VTR）、車両関係（四輪車内装・外装，二輪車）、OA機器、電話機、雑貨関係（家庭用品，住宅部品，容器，靴ヒール，文房具，レジャー・ス

◎ポバールの需給実績

（単位：トン）

	2019年	2020年	2021年
生産量	203,419	173,111	197,789
輸出量	75,260	74,700	85,129
輸入量	8,001	5,626	12,644

資料：財務省『貿易統計』、酢ビ・ポバール工業会

◎ポバールの設備能力（2022年10月）

（単位：1,000トン／年）

社　　名	立地	能力
ＤＳポバール	青海	28
ク ラ レ	新潟	28
	岡山	96
三菱ケミカル	熊本	30
	水島	40
日本酢ビ・ポバール	堺	70
合　　計		292

資料：化学工業日報社調べ

ポーツ用品)、その他機器(紡織ボビン, ミシン)、その他家具建材および塩ビ強化剤などです。

日本ABS樹脂工業会がまとめたABS樹脂の2021年出荷は、32万6,234トンと前年比10%増加しました。国内出荷は11%増、輸出は10%でした。国内出荷はすべての用途で前

年を上回りましたが、主力の車両用や電気器具向けは9月以降半導体不足などの影響を受け下期に減少しました。別途集計している耐候用は15%増の5万2,279トンを記録しました。

国内出荷のうち、車両用は前年比5%増の8万8,446トンでした。上期の23%増に対し、下期は半導体不足や東南アジアのロックダウンによる部品調達難などを背景に自動車各社が減産した影響が大きく、9%減少したかたちです。電気器具も下期は半導体不足で5%減となり、通期では2万4,396トンと4%増にとどまりました。このほかの用途は下期も落ち込みはなく、一般機器は9%増の2万338トン、建材住宅部

◎ABS樹脂の需給実績
(単位:トン)

	2019年	2020年	2022年
生産量	338,571	279,204	348,575
輸出量	82,306	81,549	102,538
輸入量	41,807	39,173	38,546

資料:経済産業省『生産動態統計』、財務省『貿易統計』

◎ABS樹脂の生産能力 (2021年10月)
(単位:1,000トン/年)

社 名	立地	能力	備 考
テクノUMG	四日市	250	JSR51%、UMG ABS49%
	宇部、大竹	150	*UMG ABSは宇部興産(現:UBE)50%, 三菱ケミカル50%
日本エイアンドエル	愛 媛	70	住友化学85%, 三井化学15%
	堺	30	
東 レ	千 葉	72	マレーシアの子会社に42.5万トン保有
デ ン カ	千 葉	50	
合 計		622	

資料:化学工業日報社調べ

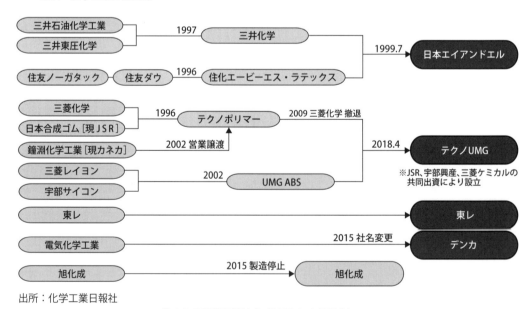

出所:化学工業日報社

◎ＡＢＳ樹脂事業統合 (2022年4月現在)

品は12％増の2万1,345トン、雑貨は23％増の5万6,783トン、その他は7,524トンと18％増加しました。輸出は44％増と大幅に増加した上期に対し、下期は16％減、通期では10％増の10万7,392トンとなりました。

〔熱硬化性樹脂〕

【エポキシ樹脂】

　エポキシ樹脂は、1分子中に2個以上のエポキシ基（炭素2つに酸素1つでできた三角形の構造）を持つ熱硬化性樹脂の総称です。主剤となるポリマーはビスフェノールAとエピクロルヒドリンの共重合体が一般的で、優秀な接着性、硬化時の体積収縮の少なさ、強度と強靱性、高い電気特性、優れた耐薬品性、硬化中に放出される揮発分がないなど数々の特性を兼ね備えているため、置き換えのきかない樹脂材料として高く評価されています。

　分子構造の骨格の改良や改質剤の添加、そして多様な硬化剤を組み合わせることによって様々な物性を引き出すことが可能で、日進月歩で技術革新が進む電子材料分野をはじめとして、塗料や接着剤分野でも新しい顧客ニーズに対応するかたちで多くの開発品が生み出されていることが、この市場の特徴となっています。

　エポキシ樹脂は、様々な硬化剤と組み合わせることにより不溶不融性の硬化物を形成する特徴を生かし、塗料、電気・電子、土木・建築、接着剤をはじめとする幅広い用途に使われています。橋梁やタンク、船舶の防食、飲料缶の内外面塗装、自動車ボディーの下塗り、また粉体塗料として鉄筋やパイプ、バルブ、家電機器にも使われます。電気・電子の用途は積層板、半導体封止材、絶縁粉体塗料、コイル含浸用などがあります。土木・建築ではコンクリート構造物の補修や橋梁の耐震補強、各種ライニングなどに使われます。接着剤では強い接着力や耐熱性、耐薬品性、電気絶縁性などを生かし、自動車や航空機向けを含め幅広い分野で使用されます。また、ここ数年の傾向としては、炭素繊維を利用した複合材料分野などで成長が期待されています。ガラス繊維や炭素繊維などで補強した複合材料は、スポーツ用品や防食タンクをはじめ、航空機や宇宙関連機器まで利用範囲が及んでいます。

　エポキシ樹脂の国内需要は、COVID-19感染症の影響が続くなかでの経済活動の再開により、2021年は大きな回復をみせました。生産は約20％の伸び、販売金額は値上げの浸透もあって30％近い伸びとなっています。とくに、プリント基板や封止材などの電子材料向けの増加が顕著で、旺盛な需要増に応じきれないほどフル生産の状態が続いているようです。顧客側も中長期的にかなり強気の需要見通しを立てているようで、エポキシ樹脂の高機能製品に関する新増設の動きをみせるメーカーもあらわれています。今後、国内各社の特殊化展開はさらに明確化すると考えられています。

　経済産業省『生産動態統計』をみると、2021年の生産量は12万9,863トンの前年比20.5％増、販売量は12万2,000トンの同18.5％増、販売金額は717億1,100万円の同28.5％増となりました。自動車生産が回復し、塗料用などが伸びたほか、デジタルトランスフォーメーション（DX）ブームでパソコンなどの情報機器も好調であり、コロナ禍に直撃された2020年に対し

◎エポキシ樹脂の需給実績

（単位：トン）

	2019年	2020年	2021年
生産量	115,682	107,728	129,863
輸出量	44,463	41,375	49,994
輸入量合計	50,050	44,347	43,787
液状	38,854	34,202	30,543
固形	11,196	10,145	13,244

資料：経済産業省『生産動態統計』、財務省『貿易統計』

て大きな回復をみせています。この1年ほどは半導体不足、電子部品不足が社会的にも課題といわれましたが、電子材料分野のエポキシ樹脂需要は一貫して好調であり、国内外の市況の格差によって輸入品が入りづらい状況が続いていることもあって、国内生産は非常な活況を呈しました。

同統計で、2022年1〜4月になると、生産量は前年同期比2.3％減、販売量も同3％減と落ちています。しかし、現場の実感としては好調な引き合いが続いていると話すメーカーがほとんどです。実際には能力の上限に近い水準で設備が稼働していると考えることができそうです。一方で、原料価格は高騰が続いており、昨年から今年にかけては数回の値上げが行われました。このため、販売金額は同14.4％増とさらに大きく伸びています。原料のうち、ビスフェノールAは価格が落ち着き下落傾向となっていますが、エピクロルヒドリンは上がり続けており、これと輸送費の高騰が値上げの主な理由となっています。

財務省『貿易統計』でエポキシ樹脂の輸出入をみると、昨年の輸出は4万9,994トンの前年比20.8％増、輸入は4万3,787トンの同1.3％減とあります。2022年1〜4月では、輸入はさらに減少して前年同期比3.7％減となっていますが、これは国内外の価格差が大きいためです。すなわち、液状樹脂で北米価格が1キログラム当たり約9ドル（欧州価格は約6ドル）なのに対し、アジア価格は約4ドル、日本の国内価格はさらに安いといわれており、グローバルにみるとエポキシ樹脂は欧米への荷動きがメインになって、日本に入りづらい状況が続いています。

一方、昨年好調だった輸出は2022年1〜4月累計で前年同期比7％減でした。前年同期がその前に比べて29.1％増と急増していることもありますが、COVID-19による中国のロックダウンが響いているという見方も一方であります。為替は円安が進んでいることから、輸出に

は好材料となり、年間を通じては輸出が増加する可能性はあります。ただ、ウクライナ侵攻や中国ロックダウンなどの影響により、世界経済は景気後退の局面に向かうとの観測があり、今後の行方には注意が必要でしょう。

そのようななか、国内ではプリント基板や封止材などの需要増に応えるため、新増設の動きが顕在化してきました。半導体や電子部品は軽薄短小化するため、エポキシ樹脂に対する需要は、数量としては増えない、あるいは減少するとみられてきたため、設備増強の動きにはなりにくいのがこれまでの状況でした。しかし、三菱ケミカルグループが2023年4月に北九州で新工場を稼働させ、日本化薬が2025年に向けて山口で新設備を建設するなどの計画が発表されています。また、三菱ケミカルグループは、ビスフェノールA型固体系製品の一部について、2024年3月末で製造・販売を終了するとも発表しています。日本のエポキシ樹脂産業では、2010年代の半ばに汎用品の国産から撤退するメーカーが複数出ましたが、特殊品主体に事業を再構築する動きが今後加速する兆しになるかもしれません。

【シリコーン】

一般の高分子化合物の分子骨格は炭素−炭素結合からなりますが、シリコーンは無機質のシロキサン結合（Si−O−Si）を骨格としています。シリコーンはケイ石から生産される金属ケイ素とメタノールを主原料に化学合成した、有機と無機の特性を併せ持つ高機能ポリマー化合物です。耐熱性、耐候性、耐久性、電気絶縁性、放熱性に優れるなど多様な機能を持ち、形状もオイル、レジン、ゴム、パウダーなどに加工可能であることから、自動車、土木・建築、電気・電子機器、化粧品など用途先が極めて広いのが特徴です。開発されてから半世紀以上が経過する素材ですが、用途先の間口が広く技術改良も

行いやすいことから、新製品が継続して投入されています。

　シリコーン製品の用途は極めて幅広く、また生活に広く浸透していることから需要はGDP（国内総生産）とパラレルに動きます。国内市場は約10万トンと推定され、ここ数年、大きな変化はないものの、高機能製品の伸長で出荷金額は伸びているようです。

　シリコーンは産業資材の高機能化はもとより、省エネルギー・省資源など環境負荷を低減するエコプロダクツとしての側面からも注目を集めています。代表的な用途先である自動車を例にとれば、エンジン回りのエラストマー製品は車体の軽量化に寄与しており、エコタイヤには燃費を向上させるためのシラン製品が使われています。内装パネルやサンルーフ、ヘッドライトカバーの傷つきや黄変防止にも用いられます。2015年は自動車生産台数減少により需要が伸び悩みましたが、ここ数年は堅調に推移しています。より高度な熱回り対策が必要となる

電気自動車（EV）やハイブリッド自動車（HEV）などの普及で、自動車用シリコーン製品の需要はさらに拡大すると見込まれています。

　建築用途ではシリコーン樹脂の窓枠など断熱性能に着目した採用が進んでいます。電気・電子分野では省エネ効果で普及が進むLED（発光ダイオード）電球向けのコンバーター封止材や放熱材などに不可欠な素材となっています。

　電気・電子部品向けは、半導体デバイスの封止剤・放熱剤などのほか、レンズや反射板、導光板などの光学材料でも採用が進んでいます。

　成長著しいのが化粧品・パーソナルケアの用途です。触感の向上、保湿、被膜形成など様々な機能を付与することから、ヘアケア、スキンケア、メーキャップのすべてのカテゴリーでシリコーンが用いられています。化粧品は景気の影響を受けることなく成長を続ける有望市場であり、シリコーンメーカー各社も注力分野に位置付けています。

3. 2 プラスチックス② (エンジニアリングプラスチックス)

エンジニアリングプラスチックス(エンプラ)は、一般の熱可塑性樹脂と比較して寸法安定性や耐摩耗性、耐熱性、機械的強度、電気特性などに優れる合成樹脂のことで、自動車や情報・電子、OA機器など高い特性が要求される部品、材料として採用されています。一般にポリアセタール(POM)樹脂、ポリアミド(PA、主としてナイロン6およびナイロン66)樹脂、ポリカーボネート(PC)樹脂、ポリブチレンテレフタレート(PBT)樹脂、変性ポリフェニレンエーテル(PPE)樹脂などが五大エンプラと呼ばれています。また、エンプラの中でも耐熱温度が150℃以上のものをスーパーエンプラ(特殊エンプラ)と呼びます。フッ素樹脂、ポリフェニレンサルファイド(PPS)、液晶ポリマーなどがこれに含まれます。

【ポリアセタール(POM)樹脂】

ポリアセタールは原料のホルムアルデヒドを重合したものです。機械的性質、耐疲労性に優れた結晶性の熱可塑性樹脂で、強靱性、耐摩耗性など、他の材料にみられない優れた特徴を持っており、汎用エンプラとして、自動車部品や電気・電子部品、家電、OA機器、雑貨、玩具など幅広い分野に使用されています。耐バイオガソリン対応の燃料系などの用途も含めて自動車向けが主力で、需要の大半を占めます。このほか小型モーターによる駆動部品として電気・電子分野にも多く使われています。他のエンプラとは異なり、新規分野での採用といったトピックスが少ない一方で、他材料からも浸食されにくいという特異な地位を築いています。

フィラーを添加するコンパウンドグレードが全体の2～3割しかないのも独特です。

POMは、ホルムアルデヒドのみが重合し機械的物性に優れるホモポリマーと、耐熱性や耐薬品性など化学的な安定性を特徴とするコポリマーの2つに大別されます。いずれもガラス繊維など強化繊維やフィラーを添加したり、他樹脂とのアロイ(混合物)としたりすることが少ないのが他のエンプラとの相違点です。一方で特殊グレードも多数製品化されています。POM本来の特性を保持したままホルムアルデヒドの発生量を大幅に低減した低VOC(揮発性有機化合物)グレードが、密閉空間となる自動車分野で要請されていて、各社が開発に取り組んでいます。ホモポリマーは−〔CH_2O〕−のみの連鎖ゆえ剛性が高く、コポリマーはポリオキシメチレン主鎖中に〔−C−C−〕結合を含む共重合物であり、靱性、耐熱性、耐薬品性に優れています。欠点は可燃性であること、耐候性があまり強くなく、紫外線にも弱いこと、強酸、強アルカリには弱いことなどです。

〔用 途〕

電気・機器部品：カセットのハブおよびローラー、VTRデッキ部品、キーボードスイッチ、扇風機ネックピース

自動車部品：ドアロック、ウインドレギュレーター部品、ドアハンドル、ワイパー部品(ギヤ，スイッチ)、カーヒーターファン、クリップ・ファスナー類、シートベルト部品、コンビネーションスイッチ

機械部品：各種ギヤ、ブッシュ類、ポンプ用インペラーガスケット、コンベア部品、ボルト、ナット、各種OA機器部品

建材配管部品：カーテンランナー、パイプ継手、シャワーヘッド、アルミサッシ戸車

　その他日用品：ファスナー、エアゾール容器、ガスライター

　POMの世界需要は130万トン前後で、2020年はコロナ禍の影響を受け120万トン台に落ち込みましたが、2021年は130万トン台に戻り2019年の水準を上回りました。供給面では、2021年2月の米国大寒波や夏場の東南アジアのロックダウン拡大などで不可抗力による供給不能（フォースマジュール）を宣言したメーカーもありタイトに推移しました。需要は自動車は半導体不足による生産調整の影響もありましたが、諸工業を含め需要は堅調で、上位メーカー中心にフル生産フル販売となったようです。

　2022年はロックダウン解除後の中国の回復次第では140万トン前後に増える予想もあります。ただ、供給の増加はポリプラスチックスの9万トン新設（中国・南通、最終的に15万トン

体制）が完成する2024年までなく、当面各社が設備能力の制約を受けながらの生産となり、タイトな需給状況が続く見込みです。

　業界動向としては、世界初のPOMメーカーである米デュポンは2023年第1四半期までに事業売却を完了すると発表しました。米セラニーズと三菱ガス化学は韓国の合弁会社KEPの資本関係を見直し、製品を出資見合いで引き取り販売する体制となりました。中国は50万トン規模の需要を持つ大市場ですが、ローカル企業は既存設備の稼働状況も新増設の動向も把握しにくく、不確定要因となっています。

　POMメーカー各社は、タイトな需給状況下においても、医療機器向けやバイオ由来グレードなどで差別化を図っています。国内大手のポリプラスチックスは、2024年に中国で年産9万トンの南通新拠点を稼働させ、旺盛な中国の需要に応え、地産地消で自動車やOA機器など全方位に展開していく方針です。2026年には計15万トンにまで生産能力を増強させる構想も打ち出しています。ダイセルの完全子会社化にともない欧米展開にも注力しており、現地にテクニカルソリューションセンター（TSC）を開設し、日本と同等の技術サポート体制を同社は敷いていますが、昨年にはマスバランス方式によるバイオ由来メタノールを原料とした環境配慮POMを上市しており、顧客の関心は高まっているといいます。

◎ポリアセタールの需給実績

（単位：トン）

	2019年	2020年	2021年
生産量	100,698	89,683	120,315
販売量	103,242	87,208	109,616
輸出量	51,366	46,985	64,467
輸入量	39,894	31,800	39,201

資料：経済産業省『生産動態統計』、財務省『貿易統計』

◎ポリアセタールの設備能力（2022年10月）

（単位：1,000トン／年）

社　名	工場	能力	備　考
ポリプラスチックス	富　士（コ）	108	
旭　化　成	水　島（コ）	24	
	水　島（ホモ）	20	
	計	44	
三菱ガス化学	四日市（コ）	20	
小　計	（ホモ）	20	
	（コ）	152	
合　計		172	

〔注〕（コ）はコポリマー、（ホモ）はホモポリマー、コンパウンドは合計に含まない。
資料：化学工業日報社調べ

【ポリアミド(PA)樹脂(ナイロン樹脂)】

ポリアミド樹脂は、酸アミド結合(−〔CO NH〕−)の繰り返し構造が構成する高分子の総称で、一般的には "ナイロン樹脂" と呼ばれています。強靭で、耐摩耗性、耐薬品性などに優れているのが共通した特徴です。

デュポンの商品名であった "ナイロン" がPAに代わり使用されることが多く、現在、商品として販売されているPAで代表的なものは以下になります。

①ナイロン6：ε-カプロラクタムの重合による

②ナイロン66：ヘキサメチレンジアミンと

◎ポリアミドの需給実績

(単位：トン)

	2019年	2020年	2021年
生産量	200,054	178,549	229,543
販売量	208,107	184,626	214,512
輸出量	100,903	92,718	114,601
輸入量	197,853	132,764	173,412

資料：経済産業省『生産動態統計』、財務省『貿易統計』

◎ポリアミドの設備能力（2022年10月）

(単位：1,000トン／年)

社　名		工　場	能　力
<ナイロン6>　合計			129
宇 部 興 産		宇　部	53
東　レ		名古屋	30
ユ ニ チ カ		宇　治	12
東 洋 紡		敦　賀	4
三菱ケミカル		福　岡	30
BASFジャパン			
ランクセス			
DSMジャパンエンジニアリング　プラスチックス			
エムスケミー・ジャパン			
<ナイロン66>　合計			98
旭 化 成		延　岡	76
東　レ		名古屋	22
デ ュ ポ ン			
BASFジャパン			
ランクセス			
ユ ニ チ カ			
エムスケミー・ジャパン			
<ナイロン11, 12>　合計			10
ダイセル・エボニック			
ア ル ケ マ			
宇 部 興 産		宇　部	10
<特殊ナイロン>　合計			30.7
東　レ	ナイロン610など	名古屋	
三 井 化 学	芳香族	大　竹	3.2
三菱ガス化学	ナイロンMXD-6	新　潟	14.5
ソルベイアドバンスト　ポリマーズ	ナイロン6T系		
デ ュ ポ ン	ナイロン6T系		
DSMジャパンエンジニアリング　プラスチックス	ナイロン46など		
ク ラ レ	芳香族	鹿　島	13
合　計			267.7

〔注〕 コンパウンド能力は合計に含まない。
資料：化学工業日報社調べ

アジピン酸の重合による

③ナイロン610：ヘキサメチレンジアミンとセバシン酸の重合による

④ナイロン11：11-アミノウンデカン酸の重合による

⑤ナイロン12：ω-ラウロラクタムの重合または12-アミノドデカン酸の重合による

日本で生産されるポリアミドの大部分は合成繊維として使用されますが、一部は熱可塑性プラスチックとして利用されており、用途はますます拡大の傾向にあります。

〔用　途〕

射出成形、押出成形：フィルム、繊維・フィラメント

一般機械部品：ギヤ、ベアリング、カム類、ナイロンボール、バルブシート、ボルト、ナット、パッキン

自動車部品：キャブレターニードルバルブ、オイルリザーバタンク、スピードメーターギヤ、ワイヤハーネスコネクター

電気部品：コイルボビン、リレー部品、ワッシャ、冷蔵庫ドアラッチ、ギヤ類、コネクター、プラグ、電線結束材

建材部品：サッシ部品、一般戸車、ドアラッチ、上つり車、取手、引手、カーテンローラー

雑　貨：洋傘用ロクロ、無反動ハンマーヘッド、ライターボディ、ハンガーフック、婦人靴リフト、ボタン

代表的なエンプラであるポリアミド樹脂には6や11、12、46、66、6T、9T、MXD6など多くのベースポリマーがあり、610など植物由来原料を使った製品も増えています。耐摩耗性や耐衝撃性、電気特性、耐薬品性に優れコストパフォーマンスが高いため、自動車や電気・電子、OA機器、スポーツ・レジャー用品、各種日用品など幅広い用途で用いられています。

自動車用途では、軽量化による燃費向上がナイロン樹脂を採用する最大の理由です。加えて、ターボエンジンの小型化、次世代のパワートレイン向けなどで高耐熱グレードの事業機会は増えていて、従来難しいとされてきた部材を樹脂化するにあたって、各社がレジンおよびコンパウンド技術の開発にしのぎを削っています。

ナイロン6と66は金属代替素材として、特に自動車の軽量化に貢献しています。代表的な用途はインテークマニホールドやラジエータータンク、ドアミラーステイ、各種内装部品、電装部品などで、燃料チューブにはナイロン12が多く使われます。

電気・電子分野ではコネクターやコイルボビン、スイッチ部品のほか、リチウムイオン二次電池の外装材、太陽電池のバックシートなど新たな用途も増えています。また、鉛フリーはんだに対応した表面実装（SMT）部品などに高耐熱需要が高まっています。

PAの2021年生産量は22万9,543トン（前年比11.2％増）、販売量は21万4,512トン（同16.2％増）でした。輸出量は11万4,601トン（同23.6％増）、輸入量は17万3,412トン（同30.6％増）となりました。

【ポリカーボネート（PC）樹脂】

ポリカーボネート樹脂は透明で、耐衝撃性、寸法安定性に優れた熱可塑性樹脂です。耐熱性、耐老化性、成型加工性にも優れ、極めて強靭で、金属に代わるものとして広く使われています。この特徴を生かし、電気・電子部品、OA機器、光ディスク、自動車部品などの幅広い用途で需要が拡大しています。

製法は以下の3種類です。①界面重合法：ビスフェノールAのアルカリ水溶液とメチレンクロライドまたはクロルベンゼンとの懸濁溶液に塩化カルボニルを添加して製造、②エステル交換法：ビスフェノールA、ジフェニルカーボネートを主原料に製造、③ソルベント法：ビスフェノールAを酸素結合剤および溶剤の存在下で塩

化カルボニルと反応させて製造。

〔用　途〕

光学用途：CD、DVD、CD－R、DVD－R、ブルーレイディスクなどの基板、カメラなどのレンズ、光ファイバー

電気／電子用途：携帯電話（ボタン，ハウジング）、パソコンハウジング、電池パック、液晶部品（導光板，拡散板，反射板）、コネクター

機械用途：デジタルカメラ／デジタルビデオカメラ（鏡筒，ハウジング）、電動工具

自動車：ヘッドランプレンズ、エクステンション、ドアハンドル、ルーフレール、ホイールキャップ、クラスター、外板

医療・保安：人工心肺、ダイヤライザー、三方活栓、矯正用メガネレンズ、サングラス、保護メガネ、保安帽

シート／フィルム：拡散フィルム、位相差フィルム、カーポート、高速道路フェンス銘板、ガラス代替

雑貨：パチンコ部品、飲料水タンク

PCの2021年生産量は28万922トン（前年比

◎ポリカーボネートの需給実績

（単位：トン）

	2019年	2020年	2021年
生産量	297,505	269,600	280,922
販売量	303,084	268,252	272,961
輸出量	175,144	168,777	161,518
輸入量	77,526	74,876	76,994

資料：経済産業省『生産動態統計』、財務省『貿易統計』

◎ポリカーボネートの生産能力（2022年10月）

（単位：1,000トン／年）

社　　名	工場	能力
帝　　　人	松　山	125
三菱ガス化学	鹿　島	約124
三菱ケミカル	黒　崎	60
住化ポリカーボネート	愛　媛	80
合　　計		約390

資料：化学工業日報社調べ

4.2％増）、販売量は27万2,961トン（同1.7％増）、輸出量は16万1,518トン（同4.3％減）、輸入量は7万6,994トン（同2.8％増）でした。

電気・電子分野ではパソコンやコピー機、スマートフォン、タブレットパソコンなどの筐体、内蔵部品に用いられています。こうした用途では耐衝撃性や成形安定性に加え、高い難燃性が求められます。近年は高い透明性と難燃性を兼ね備えた薄肉成形用PCの採用が広がっていて、薄肉ノンハロゲン難燃グレードのニーズも高まっています。LED照明関連が普及期に入り、好調に推移しているほか、液晶ディスプレイ用の導光板用途での採用も進んでいます。

シート・フィルム用途では、アーケードドーム、体育館の窓ガラス代替などの建材関連、高速道路の遮音壁などに使用される厚物シートは堅調に推移しています。

自動車分野では透明性や耐衝撃性、耐熱性が評価され、ヘッドランプ、メーター板、各種内装部品に使われています。大型用途として期待されてきた樹脂グレージング（窓素材）用途も、軽量化効果や複雑形状へ対応しやすいことなどが評価され、徐々に市場を広げています。最近では、自動車の日中点灯ランプ（DRL）での需要拡大が期待されています。DRLは北欧などで、昼間に濃霧が発生し視界が遮られることから安全対策として搭載されてきました。欧州ではDRL搭載が義務化されていますが、日本では明確な基準がなく、光度の明るいDRL搭載の欧州車の走行は制限されてきました。しかし昼間走行時の点灯に関する国際基準が導入され、DRL搭載車の走行が可能となったため、日本の自動車メーカーがDRLの搭載に動き出す可能性は高いと考えられます。

また、2015年5月の建築基準法の改正により、劇場や倉庫、スタジアムの屋根などにPC樹脂の使用が可能となり、建材分野でも需要の拡大が期待されます。

世界最大手の独コベストロによると、2021

年の世界需要は451万トンと2016年から年率2％成長が続き、2026年に向けて3〜5％の成長が予想されています。2021年はコロナ禍で落ち込んだ2020年に比べれば回復しましたが、下期は半導体や部品不足で自動車や電気・電子分野が影響を受けたほか、主原料のビスフェノールA（BPA）が高騰、一時PCと価格が逆転するなど難しい局面もありました。

コベストロ、SABIC（サウジ基礎産業公社）などの大手や日本勢は高稼働を維持し販売も概ね順調だった一方、汎用グレードが中心の中国勢は設備の一時休止や大幅な稼働率の低下を余儀なくされることになりました。

一方2022年は、下期以降にBPAの新増設が立ち上がり原料価格は軟化する見通しです。ただ半導体不足の影響に加え、原料面ではウクライナ情勢、需要面では中国の景気減速やロックダウンの影響も懸念され、2021年に比べ成長がやや鈍化するとの見方もあり、まだ先は見えません。

供給面では新増設計画が多く、コベストロは、2021年のグローバルの設備能力652万トンから、2026年まで年率5〜6％の拡大を予想します。「設備能力見合いでは7割稼働」、「2025年頃まで需給ギャップは解消されない」との見方もあります。

今後も汎用分野は需給ギャップが拡大し競争が激化、高機能・高付加価値分野では世界大手や日本勢中心にコンパウンドなどの技術で差別化を図るとともに、バイオ由来原料やリサイクルなど新たな提案が求められます。

【ポリブチレンテレフタレート（PBT）樹脂】

ポリブチレンテレフタレートは、テレフタル酸ジメチルと1,4-ブタンジオールを原料に合成されたビスヒドロキシブチルテレフタレート（BHBT）の重合体で、1970年に米セラニーズ社から製品化されました。強靭、高剛性、熱安定性、低吸水率、寸法安定性、耐摩耗性など電気特性に優れています。多くの優れた性能とコストとのバランスの点で、亜鉛やアルミニウムのダイカスト品、ポリアセタール、ナイロン、ポリカーボネートなど、他のエンプラと十分な競争力を持つ大型エンプラとして期待されています。ガラス繊維や無機フィラーなどの強化剤や難燃剤を2〜3割程度配合して使用されることが多く、自動車部品や電気・電子部品、OA機器部品のコネクターなどとして用いられています。

〔用　途〕

自動車：イグニッションコイル、ディストリビュータ、ワイパーアーム、スイッチ、ヘッドライトハウジング、モータ部品、排気・安全関係部品、バルブ、ギヤ

電機・電子：スイッチ、サーミスター、モー

◎ポリブチレンテレフタレートの需給実績

（単位：トン）

	2019年	2020年	2021年
生産量	114,513	96,836	117,093
販売量	116,526	96,131	118,335
輸出量	91,286	90,363	113,419
輸入量	130,968	109,802	155,305

資料：経済産業省『生産動態統計』、財務省『貿易統計』

◎ポリブチレンテレフタレートの設備能力（2022年）

（単位：1,000トン／年）

社　名	工　場	能力	備　考
ポリプラスチックス	富　士／重合	21	
東　　レ	愛　媛／重合	23	
三菱ケミカル	四日市／重合	70	
東　洋　紡	小　牧／重合	4	
合　　計		118	

資料：化学工業日報社調べ

タ部品、ステレオ部品、コネクター、プラグ、コイルボビン、ソケット、テレビ部品、リレー

フィルム：食品包装用など

その他：ポンプ（ハウジング）、カメラ部品、時計部品、農業機器、事務機器、ギヤ、カム、ベアリング、ガス、水道部品

PBTの世界需要は100万トン前後で、このほかPBT繊維などで約20万トンの需要があります。2020年は、上期にコロナ禍の影響を受け落ち込んだものの、下期は自動車向けを中心に急回復しました。ただ、通年では横ばいか数％の減少になったとみられます。

2021年は、2020年下期からの回復傾向で需要が堅調に推移する一方、原料不足で上期はポリマー需給もタイトな状態が続きました。下期も9月以降自動車各社が減産を実施しているものの、需要は変わらず強い状況です。ただ、2020年末以降は、主原料の1,4-ブタンジオール（1,4-BD）の供給不足とそれにともなう市況の高騰があり、2021年夏頃までその影響が続きました。原料高は少なくとも2022年春頃まで続き、ガラス繊維や難燃剤などの供給不足も懸念されています。

PBTは、今後も電動化の波に乗り、将来生産台数が伸び悩んだとしても成長するとみられ、今後も自動車向けを中心に年率3〜4％の成長が見込まれています。

【変性ポリフェニレンエーテル（変性PPE）】

変性ポリフェニレンエーテルは、フェノールとメタノールを原料に合成された2,6-キシレノールの重合体であるポリフェニレンエーテルとポリスチレン（PS）などをブレンドしたもので、グラフト重合で得られる非晶性の熱可塑性樹脂です。

原料となるポリフェニレンエーテル（PPE）は、①エンプラの中で一番軽い、②吸水時の寸法変化が小さい、③軟らかくなる温度が210℃と非常に高い、④絶縁性に優れている、⑤燃えにくいなどの特徴を有している一方で、PPE単独では成形性に難があるため、通常はPSなどとのアロイとして使用されています。PS以外にも、PPやナイロン、PPSなど多様な樹脂と組み合わせられます。耐熱性、寸法安定性に加え、低吸水性、低比重、難燃性、絶縁性、幅広い温度領域での機械的特性を有することから、自動車や電気・電子分野、家電・OA分野などで用いられています。

〔用途〕

電気／電子分野：CRTフライバックトランス・偏向ヨーク、電源アダプター、コイルボビン、スイッチ、リレーソケット、ICトレー、電池パック

家電／OA分野：プリンター・コピー機・ファクシミリ等のシャーシ、CD・DVDなどのピックアップシャーシ・ベースシャーシ

自動車：ホイールキャップ、エアスポイラー、フェンダー、ドアハンドル、インストルメントパネル、ラジエターグリル、LiB周辺部材

その他：ポンプのケーシング、シャワーノズル、写真現像機部品、塩ビ代替配管部品

ハイブリッド車（HEV）・電気自動車（EV）などのエコカー、太陽電池（PV）、リチウムイオン二次電池（LiB）用途など新規用途も増えています。

自動車分野は、電装化による需要のほかHEV、EV関連で、難燃性や電気特性、耐熱性、寸法安定性などの特性が評価されバッテリー周辺部品で採用増が見込まれます。

バッテリー関連では車載用途だけでなくスマートグリッド、スマートハウスといった次世代省エネ分野でも広がりが期待されています。

PV用では、ジャンクションボックスやコネクターへの採用が進んでいます。屋外で長時間使用されるため、長期耐熱性や耐候性、難燃性、耐加水分解性、電気特性など様々な特性が要求

されます。生産各社はこうした機能要求に応えるグレードを開発し、市場投入しています。ただしジャンクションボックス用途は一服感が出始め、価格競争が激化している模様です。

一大用途のICトレー向けもリサイクル比率が高まったことで価格が低下しています。

こうしたなか耐熱性を生かした給排水用途やタンク向けの採用が増えており、新たな一大市場の創出が期待されています。

変性PPEは年に3〜5%伸びているとみられ、世界需要は37万〜38万トンと推定されます。供給が追いついていないながらも、増設計画が相次いでおり、需給環境の変化が見込まれています。世界のPPEの重合能力は約17万トンで、サウジ基礎産業公社（SABIC）が最大です。国内では旭化成と三菱ガス化学の合弁が事業化、三菱ガス化学の引き取り分を三菱エンジニアリングプラスチックスがコンパウンドしています。旭化成は発泡体（ビーズ）を事業化、軽量化部材などに使われるエンジニアリングプラスチックとして展開しています。このほか海外では中国・藍星集団、中国・鑫宝（シンバオ）集団が生産、増強も計画していますが、需要が供給を上回る状況が続いています。ただ、世界需要の3割強を占める最大消費国の中国で、OA機器部品、自動車リレーブロック、LiB周辺、PVのジャンクションボックス向けなど主力用途の減速が目立っており、需給のひっ迫はやや改善されています。

【フッ素樹脂】

フッ素樹脂は耐熱性、耐候性、耐薬品性、電気特性などの特性を持つ、エンプラの代表格です。ほとんどすべての特性で他の合成樹脂の性能を凌駕し、また滑りやすく（低摩擦性）、耐磨耗性に優れる摺動特性や非粘着性、撥水性などユニークな特性を持っており、安全性など厳しい性能が要求される分野で他の素材を代替しています。

このように優れた特性の秘密はフッ素原子にあります。フッ素原子はあらゆる元素、特に炭素原子と強固に結合し、安定な分子となる特徴があります。このことから熱や紫外線などの影響を受けにくく耐候性、耐熱性、耐薬品性などの特性がよくなります。また結合力が強いため表面張力が低く、非粘着性、撥水性などの特性につながります。また、樹脂のなかで最も低誘電率、低損失という電気特性があるので、携帯電話の内部や基地局用電線の絶縁材料にも応用されています。

上記のような優れた性質を持つことから、化学工業、電気・電子工業、機械工業はもとより、自動車や航空機、半導体、情報通信機器など高い特性が要求される分野からフライパンなどの家庭用品まで幅広く使用されています。具体的には電気電子・通信用が約3割を占めていて、化学工業用が約2割程度、そのほか自動車・建機、半導体製造装置などにも使われています。

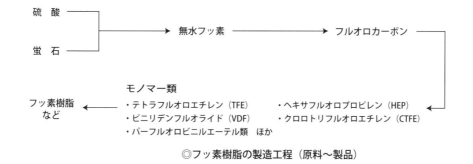

◎フッ素樹脂の製造工程（原料〜製品）

電気電子・通信用では電気特性や難燃性などの特性が評価され、スイッチ、プリント基板などの電子部品に採用されています。化学工業用ではバルブ、ライニングなどプラント部品に使われます。自動車向けではシーリング用途で多く使われています。また、瀬戸内などの長大橋の橋と橋げたの間に摺動特性のあるフッ素樹脂を挟み込むことによって地震の揺れを吸収し、橋の崩壊を防ぐのにも役立っています。

日本で使用されている主なフッ素樹脂の種類は以下の通りです。

① ポリテトラフルオロエチレン（PTFE）
② テトラフルオロエチレン－パーフロロアルキルビニルエーテルコポリマー（PFA）
③ フッ化エチレンポリプロピレンコポリマー（FEP）
④ テトラフルオロエチレン－エチレンコポリマー（ETFE）
⑤ ポリクロロトリフルオロエチレン（PCTFE）
⑥ ポリフッ化ビニリデン（PVDF）

フッ素樹脂は蛍石（ほとんど中国からの輸入）と硫酸を出発原料にして無水フッ酸を生成、さらに有機塩化物を反応させてフルオロカーボン、テトラフルオロエチレン（TFE）などのモノマーを製造して、重合反応で樹脂やゴム、塗料などを生産します。

フッ素樹脂メーカーは世界的にも少なく、日本ではダイキン工業、AGC、三井・ケマーズフロロプロダクツ、クレハの4社が生産しています。ちなみにフッ素樹脂というとフライパンの「テフロン」加工がよく知られていますが、「テフロン」というのはケマーズ社（開発元のデュポン社から2015年に分社）の商標名です。

フッ素樹脂の2021年生産量は、3万3,032トンで前年比31.7％増となりました。日本弗素樹脂工業会がまとめた2020年の国内出荷は、3万714トンで同24.3％増で推移しました。

◎フッ素樹脂の需給実績

（単位：トン）

	2019年	2020年	2021年
生産量	31,882	25,066	33,032
販売量	29,702	24,696	30,714
輸出量	24,939	21,475	27,922
輸入量	10,298	7,578	9,071

資料：経済産業省『生産動態統計』、日本弗素樹脂工業会

◎主なフッ素樹脂の用途と製造メーカー

種類	主 な 用 途	主な製造メーカー
PTFE	ガスケット、パッキン、各種シール、バルブシート、軸受け、チューブ、屋根材、複写機	ダイキン工業、三井・ケマーズフロロプロダクツ、AGC 輸入＝スリーエムジャパン、ソルベイスペシャリティポリマーズジャパン
PFA	チューブ、ウエハーバスケット、継ぎ手、電線被覆、フィルム、バルブのライニング、ポンプ	ダイキン工業、三井・ケマーズフロロプロダクツ、AGC 輸入＝スリーエムジャパン、ソルベイスペシャリティポリマーズジャパン
FEP	電線被覆、ライニング、フィルム	ダイキン工業、三井・ケマーズフロロプロダクツ
ETFE	電線被覆、コネクタ、ライニング、フィルム、ギヤ、洗浄用バスケット	ダイキン工業、AGC 輸入＝三井・ケマーズフロロプロダクツ、スリーエムジャパン
PCTFE	保存輸送用バッグ、高圧用ガスケット、包装フィルム、バブリング、ギヤ	ダイキン工業
PVDF	ガスケット、パッキング、チューブ、釣り糸、楽器弦、絶縁端子など	ダイキン工業、クレハ 輸入＝アルケマ、ソルベイスペシャリティポリマーズジャパン

資料：化学工業日報社調べ

3.3 プラスチックス③ （バイオプラスチック）

バイオプラスチックは、循環型社会に貢献する素材として注目されており、石油など化石資源の消費を減らし、地球温暖化や、海洋マイクロプラスチック問題などに対して有効なソリューションを提供できる素材として、世界規模で普及が期待されています。製造コストの問題から市場成長に停滞感がみられるという指摘はあるものの、世界的に市場は拡大しています。世界市場の伸びから立ち後れていた日本市場も、CSR活動を重視するユーザー企業を中心に採用が増えており、自動車やスマートフォンなどでバイオエンプラ採用のニュースも増えています。欧州での使い捨てプラスチック製品規制など国際的な環境規制強化の流れのなかで、今後も市場拡大傾向が続くと見込まれます。

バイオプラスチックには、生分解性プラスチック（使い終わったら水と二酸化炭素に還る）と、バイオマスプラスチック（原料に植物など再生可能な有機資源を含む）の２種類があります。日本バイオプラスチック協会（JBPA）は「原料として再生可能な有機資源由来の物質を含み、化学的または生物学的に合成することにより得られる高分子材料」と定義しています。

〔用　途〕

包装資材（家電製品などのブリスターパック、生鮮食品のトレー・包装袋、卵パックなど）、カード類（ポイントカード、健康保険証など）、家電製品、自動車用の部材

主なバイオプラスチックは、バイオPET〔ポリエチレンテレフタレート（PET）の原料であるテレフタル酸（重量構成比約70％）とモノエチレングリコール（同約30％）のうち、モノエ

チレングリコールをサトウキビ由来のバイオ原料に替えて製造したもの〕を筆頭に、ポリ乳酸（PLA）〔トウモロコシを原料〕、ポリプチレンサクシネート（PBS）〔コハク酸と1,4-ブタンジオールを原料とする生分解性プラ〕、バイオポリエチレン（PE）、バイオポリアミド（PA）〔ヒマシ油由来〕などが挙げられます。

従来の主流であるPLAに加え、2010年代に入り、新規のバイオマスプラスチック材料の供給、既存の石油化学系プラスチックの原料のバイオマス化など、様々な動きが加速しています。特にカーボンニュートラルの観点から原料の一部を植物由来に置き換えたバイオPET、バイオPEの市場拡大が目立ち、今後も高い成長が期待されています。

ほかにもスマートフォンの前面パネルや自動車内装カラーパネルなどで、バイオエンプラの採用が相次いでいます。原料をバイオに置き換えただけでなく、一般的なエンプラに勝る性能を有していることが特徴です。産官学の研究開発も活発化しています。「微生物が作る世界最強の透明バイオプラスチック」「漆ブラックを実現した非食用植物原料のバイオプラスチック」「水素を合成する遺伝子の改変でバイオプラスチック原料を増産」「虫歯菌の酵素から高耐熱性樹脂の開発に成功」など、ニュースの見出しを拾っただけでも様々な角度から研究が進展している様子がうかがえます。

また、日本では2019年に「プラスチック資源循環戦略」が策定されるとともに、G20大阪サミットにおいて「大阪ブルー・オーシャン・ビジョン」が共有され、加えて、2050年までにカーボンニュートラルの実現を図るうえで

も、バイオプラの利用に高い関心が集まっています。

欧州バイオプラスチック協会（EUBP）によると、世界のバイオプラスチックの生産能力は2021年の242万トンから2026年には759万トンへと3倍超に拡大する見通しです。プラスチック市場全体に占めるバイオプラの比率は現在の1％未満から2％程度まで向上し、一定の存在感を放つようになると分析しています。

また、ポリ乳酸（PLA）やポリヒドロキシブチレート（PHA）を含む生分解性プラの現在の生産能力は150万トンと、バイオプラの64％を占め、2026年には530万トンへと拡大する見通しとのことです。他方、植物由来のバイオマス（非生分解）プラは足下で全体の36％となり、ポリアミドやポリエチレン（PE）やポリエチレンテレフタレート（PET）などが成長を牽引しそうな見込みです。

アプリケーション別にみると、2021年時点では包装用途（115万トン）が48％と最大用途を占めましたが、今後は、自動車・輸送やビル・建築なども伸びて多角化が進むと予想されます。生産地域別では、現在、アジアがおよそ50％を占め、欧州は約25％となっています。欧州は今後5年間でシェアを落とす一方、アジアは2026年には70％近くまで上昇する見通しです。

日本国内のバイオプラの出荷量について、日本バイオプラスチック協会の推計によると、2017年度の3万9,565トンから2018年度は4万4,757トン、2019年度は4万6,650トンへと順調に拡大し、2020年度についても同協会は6万トンを上回っただろうとみています。なお、

2021年度はさらなる伸びが見込まれています。また、同協会が認定しているバイオプラと生分解性プラの識別表示制度の登録件数も、2019年以降は急伸しています。

合成繊維の分野でも、資源枯渇や地球温暖化などの地球環境問題から、原料の植物由来化が進められ、昨今では、サステナブル社会実現への意識の高まりから、さまざまな植物由来原料を使用した素材が開発、事業化されています。東レはこれまでも、原料の一部を植物由来に置き換えた素材をポリエステルやナイロン、その他の素材で展開をしてきましたが、2022年初めには原料のポリマーをすべて植物由来にしたナイロン510繊維を発表しました。同社は100％バイオポリエステル繊維などの開発も急ぎ、サステナブル社会へのニーズに応えていく方針です。ユニチカも、植物由来ポリ乳酸（PLA）の「テラマック」、トウゴマ由来ナイロン11繊維「キャストロン」、同由来芳香族ナイロン樹脂「ゼコット」を3本柱に普及に努めています。またハイケムは、PLA繊維を用いたサステナ素材「ハイラクト」を開発し、プラ繊維の置き換えを目指しています。

優れた特徴を兼ね備えるバイオプラも万能ではなく、原料をバイオ化すれば燃焼時のCO_2を相殺でき、コンポストは回収困難な用途に有効など、その特性を熟知したうえで「適材適所」の使用が不可欠となります。また、一時のブームで終わらせず、長く使われ続けるためには、環境配慮型樹脂であるとともに、石油由来樹脂と同等か、あるいはそれ以上の機能を発揮することも重要となるでしょう。

3. 4　合成繊維

合成繊維は、主に石油を原料として、化学的に合成された物質から作られる繊維です。具体的には原料を重合し、溶融などにより液状化して口金（ノズル）から押し出し、繊維にします。原料により様々な種類の合成繊維があり、なかでもナイロン繊維、ポリエステル繊維、アクリル繊維は三大合成繊維と呼ばれています。このほか産業資材で主に使われるアラミド繊維やポリプロピレン繊維、ビニロン繊維、ポリエチレン繊維などもあります。近年では繊維の高機能化・高性能化に各メーカーが取り組んでいます。

【ナイロン繊維】

米デュポンが開発した最初の合成繊維で、ナイロン6とナイロン66があります。原料がカプロラクタムのものを"ナイロン6"、アジピン酸とヘキサメチレンジアミンのものを"ナイロン66"といい、他の合成繊維に比べて融点の高いナイロン66が主流となっています。主な用途はパンティストッキングや靴下、タイルカーペット、タイヤコード、エアバッグなどです。

【ポリエステル繊維】

原料には高純度テレフタル酸またはテレフタル酸ジメチルとエチレングリコールが用いられます。強く、しわになりにくく、吸湿性がないなどの特徴を有することから、衣料品、インテリア・寝装品、産業資材、雑貨など幅広い用途に使われる汎用性の高い繊維で、合成繊維を含めた化学繊維のなかで生産量は最大です。

【アクリル繊維】

原料にはアクリロニトリルが用いられます。ふんわりと柔らかいうえ、軽く、合成繊維のなかでは最もウールに似た性質を持つことから、ニット製品や寝装品に多く使われています。合成繊維では、絹のように連続した長さを持つ糸のことを「長繊維（フィラメント；F）」糸と呼び、通常、数十本の単糸（単繊維）を撚り合わせて1本の糸（マルチフィラメント）とします。魚網やテグス（釣り糸）のように、単糸が1本の場合はモノフィラメントと呼びます。一方、木綿や羊毛のようなわた状の短い繊維のことを「短繊維（ステープル；S）」と呼びます。つめ綿、カーペットなどではステープルのまま使われますが、通常は紡績により糸（紡績糸）として使用されます。

【ポリプロピレン繊維】

比重が0.91と小さく、天然繊維、化学繊維を通じて最も軽量であるという特長があります。強度、耐摩耗性が大きく、弾性に優れ、クリープ性（一定の負荷をかけると時間とともに変形していく性質）が小さく、耐酸性、耐アルカリ性が大きいという特長もあります。また、カビ、微生物、虫に完全に耐えることができます。耐光性、耐老化性は絹とポリアミドの中間に位置しますが、安定剤の添加によって向上させることができます。

【高機能繊維】

　従来の繊維にはなかった機能を持つ繊維を高機能繊維と呼び、日本はこの分野で世界トップクラスです。代表的なものとして高強度が特長のパラ系アラミド繊維、超高分子量ポリエチレン繊維、ポリアリレート繊維、炭素繊維が挙げられます。また、高耐熱性を持つものとして代表的なのがメタ系アラミド繊維です。他にも不燃性を持つガラス繊維や生分解性を持つポリ乳酸繊維などがあります。衣料をはじめ、日用品や室内装飾品、土木・建築資材用補強材、自動車および航空機の部品、エレクトロニクス、造水、環境保全など、幅広い分野で利用されており、ウエアラブルデバイスなどの最先端領域においても有用な素材として期待されています。メーカー各社は繊維径を細くしたり、繊維の断面を異形化したり、さらには後加工による改質、複合化といった技術に磨きをかけながら高機能化に取り組んでいます。

　2021年の化学繊維生産のうち、合成繊維は前年比9.9％増の59.2万トンでした。主要品種

◎主要合成繊維の生産能力

（単位：トン／月、％）

	2019年	2020年	2021年
ナイロンF	11,019	11,022	11,513
ポリエステルF	17,455	17,450	17,962
ポリエステルS	15,971	15,910	14,258
アクリルS	17,075	14,231	14,231
ポリプロピレンF	8,611	6,750	6,970
ポリプロピレンS	5,023	5,906	5,906
合　計	75,154	71,273	70,840

資料：経済産業省『生産動態統計』

◎合成繊維の生産量

（単位：トン）

	2019年	2020年	2021年
ナイロンF	76,326	54,052	69,751
ポリエステルF	116,175	92,779	99,684
ポリエステルS	82,742	76,160	79,046
計	198,917	168,959	178,730
アクリルS	114,798	83,647	97,099
ポリプロピレンF	46,327	44,103	43,177
ポリプロピレンS	57,971	61,182	58,933
計	104,298	105,285	102,110
そ　の　他	158,903	127,134	144,858
合　　計	653,242	539,077	592,548

資料：経済産業省『生産動態統計』　　その他にはポリエチレン（長繊維）を含む

◎合成繊維の輸出量、輸入量

（単位：トン）

		2019年	2020年	2021年
ナイロンF	輸出量	27,704	22,249	23,024
	輸入量	28,811	22,958	26,191
ポリエステルF	輸出量	15,165	4,385	4,701
	輸入量	128,950	111,372	127,523
ポリエステルS	輸出量	14,434	7,348	7,242
	輸入量	70,126	65,054	63,235
アクリルS	輸出量	125,732	66,985	67,233
	輸入量	685	623	569

資料：日本化学繊維協会

の生産は、ナイロン長繊維（Ｆ）が29％増の6.9万トン、アクリル短繊維（Ｓ）が16％増の9.7万トン、ポリエステルＦが7.4％増の9.9万トン、ポリエステルＳが3.8％増の7.9万トンと推定しました。

2021年における化学繊維関連製品（繊維原料〜２次製品）の輸出量は前年比6.5％増の47万6,000トン、輸入量は4.2％増の157万7,000トンとなりました。

繊維産業は日本の近代化を牽引してきた重要な産業です。しかし、近年は新興国が台頭し、また昨今の原燃料高の影響しもあってコスト面では苦境に立たされています。そのようななか、日系メーカーでは、培ってきた知見・技術を駆使、より高機能かつ高付加価値な繊維製品およびその原材料の開発、市場開拓に力点を置いています。衣料に限らず、産業資材やライフサイエンスなど幅広い分野で、多様化するニーズをくみ取っていく構えをみせています。

コロナ禍で伸長した分野一つがアウトドアです。衣料に加えて、さまざまな関連製品の需要も高まっています。各社では、強度などの機能性に加えて、デザイン性や加工性などの要求にも応えています。

加速する電気自動車（EV）化でも機能性を発揮しています。航続距離を延ばすために求められる軽量化に加えて、吸音性や耐熱性などのニーズへの対応も進められています。

加えて、5G（第5世代通信）の普及などで、より性能が求められる電子材料分野でも、高機能繊維はより欠かせない存在となっています。

さらに、国連の持続可能な開発目標（SDGs）が浸透し、カーボンニュートラル実現に向けた動きが活発化するなか、環境負荷低減への貢献も推進されています。各社では、生分解性や植物由来およびリサイクル原料の活用に取り組むほか、繊維の製造工程における省エネルギー化にも努めています。

3．5　炭素繊維

炭素繊維は、1961年に日本で開発された代表的な高強力繊維で、日本が世界で先行する数少ない製品の１つです。ポリアクリロニトリル（PAN）系、ピッチ系の２種類があり、PAN系はアクリル繊維を、ピッチ系はコールタールまたは石油重質分を、それぞれ焼成・炭素化して作ります。材料として使用する際は、炭素繊維をエポキシ樹脂などの熱硬化性樹脂で固めた炭素繊維複合材料（CFRP）にします。複合化することで、機能や加工性を向上できます。

炭素繊維の大きな特徴は、鉄よりも強く、アルミよりも軽いことです。比重は鉄の約４分の１、比強度（単位重量当たりの強さ）は鉄の約10倍です。軽量で高強度、高弾性率、さらに電気伝導性があり、腐食しにくいのが特徴です。また、焼成・炭素化する工程を各社がノウハウとして持っており、製造条件の変更により広範囲の機能を得ることができます。炭素繊維の大半を占めるPAN系炭素繊維の用途は、主に一般産業、航空機・宇宙、スポーツ・レジャーの３分野で、一般産業向けが６割、航空機・宇宙向けが２割、スポーツ・レジャー向けが２割です。

現在、炭素繊維の産業構造が変貌を遂げつつあります。なかなか終息の見えないコロナ禍の影響で、同産業にとって最大の収益源だった航空機用途の回復が遅れる一方、風力発電分野の需要拡大がとどまることを知らない状況が続いています。風力発電の成長の勢いはコロナ禍に見舞われる現状にあってもさらに勢いを増しており、2019年に２万6,000トン規模だった同用途向け炭素繊維需要は2021年には４万3,000トンと、わずか2年で65％も拡大しました。この数字は炭素繊維需要全体の5割近くを占めるに

いたっています。風力発電の伸長によって世界の炭素繊維需給は極めてタイト化しており、今後も続く成長へ供給面での対応策が求められている状況です。

東レ推定による2021年の分野別の炭素繊維需要は、航空・宇宙が8,400トン、スポーツが9,600トンである一方、産業用途は7万5,300トンと図抜けた規模となった模様です。これは全体の8割に相当します。2016年時点では総需要5万8,800トンに対して産業用途は3万9,800トンで、65％程度となります。つまり、5年間で全体に占めるシェアを15ポイントも高めたことになります。

産業用途といっても、さまざまな産業機械から、自動車、圧力容器、電子機器、OA機器、医療機器、土木・建築など、また形状もプリプレグを用いたりワインディングによって巻き付けたりする連続繊維によるものから、チョップドファイバーを用いた射出成形部品まで幅広いバリエーションがあります。ほんの10年前を振り返ると、炭素繊維需要を将来牽引することが期待されていたのは、自動車でした。もちろん今も「自動車分野の拡大」は熱いテーマの一つであり、採用車種や部位を広げるための多様な開発が進められています。しかし、足元だけをみると、成長の牽引役は、風車のブレードが果たしています。

もともと風車のブレードは、ガラス繊維を補強材に用いたGFRPが用いられていました。しかし、ブレードの長尺化が進むにつれて、GFRPでは剛性が不足するようになり、自重でしなって支柱にぶつかり破損するリスクが課題となってきました。その対応策が炭素繊維を強

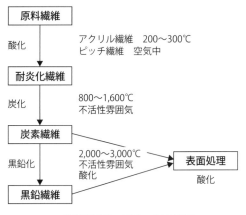

◎炭素繊維の製造工程の概要

◎世界のPAN系炭素繊維の生産能力推定
（単位：トン／年）

	メーカー	2018年	20年	22年
レギュラートウ	東レ	29,100	28,800	28,800
	帝人	14,200	14,200	17,200
	三菱ケミカル	9,400	9,400	9,400
	Hexcel	10,900	10,900	10,900
	Solvay	3,400	3,400	3,400
	台湾プラスチックス	8,800	8,800	8,800
	DowAksa	3,500	3,500	3,500
	暁星	2,000	4,000	6,500
	新興国／その他	23,500	29,500	65,600
ラージトウ	Zoltek（東レ）	17,300	26,100	28,900
	三菱ケミカル	4,900	4,900	4,900
	SGLグループ	12,000	12,000	12,000
	新興国／その他	1,500	1,500	13,000
合計		140,500	157,000	212,900

資料：化学工業日報社調べ

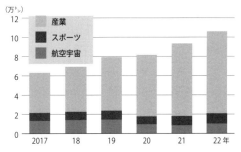

◎世界の炭素繊維需要推移と予測

資料：化学工業日報社調べ

化材とするCFRPを採用したスパーキャップです。スパーキャップとは、主桁を構成する補強板のことであり、ここに剛性に優れたCFRPを用いることで、長尺ブレードでも撓みを抑えることができます。3メガワットの風力発電の3枚あるブレードそれぞれに炭素繊維が1トンずつ使われるとされており、9メガワットなら合計9トン、15メガワットなら15トン程度使われることになります。2015年頃には、陸上風力発電は1基当たり2メガワット程度で、洋上では3メガワット程度でした。しかし今では陸上でも3メガワット、洋上では10メガワット規模に拡大しています。前述のとおり長尺ブレードであるほど炭素繊維が必須のため、総発電能力の伸び以上に炭素繊維需要は伸びることが予測

され、今でも市場がタイト化しているなか、供給懸念がますます強まる事態も想定されます。

　風力発電における採用部位が広がる可能性も指摘されています。ブレードの長さが100メートルを超えてくると、スパーキャップだけでなく、桁を構成するシェアウェブにも採用が広がる可能性があります。また、リーディングエッジやトレーリングエッジも大型化するなかで、より剛性を求める動きが出始めています。さらには100メートルのブレードなら全体の風力発電の高さは300メートルにも及ぶため落雷対策の必要と、さらには北方では融雪・融氷のための導電部材としての炭素繊維需要も求められるようになっており、すでにスパーキャップ以外で数百トン規模の需要につながっているといいます。わずかな間に4万トン以上に成長した風力発電向け需要が、中期的にさらに爆発的に膨れ上がる可能性も否定できません。

　こうなると、課題となるのが供給体制の強化です。もともとガラス繊維を代替して成長してきた風力発電用途では、航空機のように高い売価が期待しづらく、低コストで生産できることが重要なポイントとなります。このため、一般的に生産性には優れるものの、レギュラートウ（RT）に対して物性面では劣るラージトウ（LT）タイプの主要な市場とみなされてきました。LT専業のゾルテックを傘下に持つ東レや、RT並みの物性をもつLTを展開する三菱ケミカルが同用途の開拓に注力してきた経緯があります

が、少なくとも足元では、LTだけでは全く供給の間に合わない状況が続いているため、RTもすべて飲み込んでいます。トップメーカーの東レをはじめ、これまで日系3社が炭素繊維のさまざまなアプリケーションにおいて圧倒的なシェアを獲得してきたことで、市場動向を正確に把握し、技術トレンドもリードしてきたわけであり、一大市場でトップシェアを奪われることは避けたい事態といえます。東レはLTを欧州およびメキシコで生産していますが、今後、需要地であるアジアにも生産拠点を構えることが必要になってくるでしょう。

　自動車分野も今後の成長が大きく期待される分野の一つです。自動車分野への展開は、古くは1979年、「BTR49」が初めてのオールCFRPモデルとして市場投入されており、1990年頃には「フェラーリF40」などスーパーカーにも採用が広がりました。2000年に入って1000台クラスの市販車にも使用されるようになりましたが、それ以降は長きにわたり、レーシングカーおよびラグジュアリーカー向けの展開にとどまっていました。

　2013年には1台当たり100キログラム近い炭素繊維を使ったBMWの電気自動車（EV）「i3」が登場して業界を驚かせ、いよいよ炭素繊維が自動車分野でも本格的に普及していくとの期待が広がりましたが、実際にはオールCFRPのような設計はむしろなくなり、コストパフォーマンスを最大限生かすための「マルチマテリアル化」が業界のトレンドとなっています。

　自動車業界では数年前から「100年に一度の変革期」といわれ、CASE（コネクテッド、自動化、シェアリング、電動化）への対応が喫緊の課題となったことで、自動車メーカーは軽量化のためのCFRPの開発から遠ざかっていたといわれています。ただ、走行距離を延ばす必要のあるEVでは軽量化は不可欠です。ただでさえ軽量化が求められるなか、大型の電池や自動運転のためのセンサーをはじめとした各種機器を搭載することで全体重量は増す一方であり、改めて軽量化対応に取り組もうという動きが強まりだしているようです。

　そうはいっても原材料費、搭載機器類の増加などあらゆる面でコストが上昇するなか、軽量化のためのCFRPも低コストであることが大前提となります。そのために、風力発電ブレードなら、エポキシ樹脂と組み合わせた連続繊維の引き抜き成形が主流であるのに対し、自動車向けでは、マトリックス樹脂として熱硬化性も熱可塑性樹脂も用いられ、成形方法もオートクレーブ設備でじっくりと焼き上げる製法から、プレス成形、射出成形、熱可塑系のUD（一方向繊維強化）テープによる補強など多様な成形方法の中から、用途ごとに最適なものを選択する必要があり、それも金属などの他素材との最適な組み合わせがトレンドとなっています。1台当たりの炭素繊維使用量は、かつてカーボンモノコックなどが志向されたときに比べて大幅に減少することになりますが、採用される車種や部位を広げることで、より早期に社会課題の解決に貢献するとともに、全体としての需要拡大が期待されています。

　マルチマテリアルならではの難しさも数多くあります。異なる材料を組み合わせて使用するには、それらの部材同士が強固に接着、接合し、その信頼性を確実に評価しなければなりません。また、そもそも炭素繊維は異方性のため設計が困難ですが、さらに異なる部材を組み合わせるとなると、従来型のシミュレーション技術で破壊挙動などを予測することはより難しく、最適な形状を詰めるには試行錯誤を繰り返すことが必要になります。異素材接合については、各社が多様な手法で開発を進めており、マルチマテリアル構造体の高精度の解析技術についてもこのほど東レが、UDテープと射出成形の複合体について開発しました。金属と射出成形の解析技術などはすでに存在するため、多様なマルチマテリアル部材の開発期間を大幅に短縮で

きることになります。同社は2021年11月にマテリアルズインフォマティクス（MI）技術を活用した難燃性と力学特性を持つ炭素繊維プリプレグを開発したことを発表しています。これは次世代航空機を想定したものですが、開発期間を大幅短縮できるＭＩの技術は、今後の新材料開発にも大いに貢献していくものとみられています。新たな手法が続々と開発されることで、量産車へのCFRPの採用拡大は着実に近づいています。

　燃料電池車でも莫大な量が求められることになります。水素タンク70メガパスカル容器1本に使用される炭素繊維量は50キログラムとされ、仮に年間1万台の自動車に採用されれば1万トンの高強度タイプの炭素繊維が必要です。これは生産設備が4〜5ライン分にも相当する量です。また、電極基材（GDL）にも活躍の場が広がることになります。高温で熱処理された多孔質のC／Cコンポジット（炭素繊維強化炭素複合材料）であるカーボンペーパーに触媒などを乗せたのがGDLであり、来るべき燃料電池車の拡大期に備えて量産体制の整備も考慮しなければなりません。

　自動車はもちろん風力発電、その他の用途でもリサイクル手法を確立することも必須のテーマです。高熱環境下で樹脂を飛ばす熱分解法など、複数の技術が開発されていますが、その多くは、綿状で回収されたり、サイジング剤も飛んでしまうため樹脂との密着性が損なわれるなど、バージン繊維にはない課題があります。三菱ケミカルは、日欧で炭素繊維リサイクルの取り組みを進めており、スーパーエンプラと組み合わせた高機能品としての再生などを進めています。名古屋大学ナショナルコンポジットセンター（NCC）などが開発するL−FTD（ロングファイバーサーモプラスチック−ダイレクト）などでは綿状になったリサイクル炭素繊維を活用する取り組みも進められています。

　帝人は2021年末、炭素繊維の製造に際してのCO_2排出量の算出方法を確立し、自社炭素繊維についてのライフサイクルアセスメント（LCA）対応を実現したことを公表しました。製造プロセスにおける改善ポイントを明確化できるため、CO_2排出量低減に向けたより良い方策の検討が可能となります。サプライチェーンを構成するパートナー企業との連携によりライフサイクル全体についても評価できるようにすることは、持続可能な循環型社会の実現のために欠かせない取り組みといえるでしょう。

3．6　合成ゴム・熱可塑性エラストマー

　ゴムは「弱い力で大きく形が変わり、放すと元に戻る」性質（弾性：エラスティシティ）を持つ高分子です。弾性が強いことからエラストマーとも呼ばれます。ゴムの原料に硫黄を加えること（加硫）で分子同士の連結が起こり、弾性が強化されます。ゴムの形状は主として固形ですが、液状のものはラテックスと呼ばれ、接着剤の原料、プラスチックの耐衝撃改良剤などとして用いられます。

　ゴムの歴史は天然ゴムから始まります。アメリカ大陸の発見で有名なコロンブスが航海の途中で、ゴム玉で遊ぶ原住民を目にしたことから、その存在が世界に広く知られるようになりました。天然ゴムの生産は熱帯地域に限られることから、その代用品を人工的に製造すべくドイツや米国で研究開発が進められ、1930年代に工業化されました。ゴムノキから採れる天然ゴムに対し、人工的に作られるゴムを合成ゴムと呼びます。

【スチレンブタジエンゴム（SBR）】

　1930年頃にドイツで開発され、ブタジエンとスチレンを原料とし、耐熱性、耐老化性、耐摩耗性に優れています。自動車タイヤ部門（主に乗用車向け）や、ゴム履物、工業用品、ゴム引布などに使用されます。

【ブタジエンゴム（BR）】

　1932年頃にソ連（当時）で金属ナトリウムを触媒として製造され、ドイツでも第二次世界大戦中に生産されていました。反発弾性が強く、耐摩耗性、低温特性に優れます。主としてタイヤに使用されるほか、ゴルフボール用に供されます。ポリスチレンなどプラスチックの耐衝撃改良剤としても多量に使用されています。

【クロロプレンゴム（CR）】

　1930年頃、ナイロン開発で後に有名になるカロザースによって米国で開発され、デュポンで生産が開始されました。クロロプレンを原料とし、耐熱性、耐候性、耐老化性、耐オゾン性に優れること、および酸化性薬品を除く耐薬品抵抗性が特長として挙げられます。数多くの合成ゴムが使用されているなかで、すべての特性がトップレベルにあるとはいえませんが、諸特性間のバランスが非常によいゴムであるといえます。金属との接着性が非常に優れているのも特長の１つです。ベルト、ホース、ブーツ、接着剤、電線被覆など自動車用および一般工業用に用いられます。

【エチレンプロピレンゴム（EPDM）】

　エチレン、プロピレン、ジエン類を組み合わせて得られるゴムで、エチレン・プロピレン共重合体（EPM）およびエチレン・プロピレン・ジエン共重合体（EPDM）の２つに分類されます。EPM、EPDMともポリマーの主鎖に不飽和結合がないため耐候性、耐熱老化性、耐オゾン性に優れ、電気的特性がよく、自動車部品、電線、防水材など工業用品に広く用いられます。

【アクリロニトリルブタジエンゴム（NBR）】

アクリロニトリルとブタジエンから作られます。石油系の油に強く、耐油性ゴムの代表と目されています。天然ゴム、SBRなどと比較して耐油性が大幅に優れるほか、耐摩耗性、耐老化性が優れ、ガス透過率が低く、凝集力が強いという特長がある一方、耐寒性は劣り、反発弾性は低いとされます。耐油ホース、チューブ、紡績用エプロン、接着剤、靴底に用いられます。

◎主要ゴム製品の生産量

（単位：トン）

	2019年	2020年	2021年
自動車タイヤ	1,065,592	863,278	1,014,734
ゴムベルト	19,351	16,780	19,043
ゴムホース	34,277	28,981	32,381
工業用品	176,478	149,276	161,603
医療用品	6,118	5,445	5,550
運動用品	2,808	2,325	2,660

資料：日本自動車タイヤ協会、日本ゴム工業会

◎合成ゴム用途別・品種別出荷量（2021年）

（単位：トン、％）

	ソリッド	ラテックス	合計	前年比
自動車タ・チ	383,540	1,368	384,908	116.0
履物	15,344	0	15,344	118.1
工業用品	136,244	0	136,244	141.3
その他	80,518	1,022	81,540	117.3
ゴム工業向け計	615,646	2,390	618,036	121.0
電線・ケーブル	3,041	0	3,041	135.0
紙加工用	0	88,003	88,003	112.2
接着剤	1,901	7,470	9,371	182.9
繊維処理	415	5,835	6,250	101.9
建築資材	3,382	560	3,942	117.1
塗料・顔料	0	852	852	92.6
プラスチック用	31,153	33,147	64,300	128.0
その他	21,019	270	21,289	121.1
その他工業向け計	60,911	136,137	197,048	120.1
国内向け出荷合計	676,557	138,527	815,084	120.8
伸び率	121.0	120.0	120.8	―
輸出	410,275	23,515	433,790	100.9
伸び率	100.8	104.1	100.9	―
合計	1,086,832	162,042	1,248,874	113.1
伸び率	112.5	117.4	113.1	―
年末在庫量	295,063	23,741	318,804	119.2

〔注〕自動車タ・チは自動車タイヤ・チューブ。
資料：日本ゴム工業会

【熱可塑性エラストマー（TPE）】

　ゴムと樹脂の特徴を併せ持った機能性材料です。加硫工程が不要であり、樹脂と同様の成形方法がとれるため生産の効率化が図れるのが強みです。熱安定性が高いため加工範囲が大きく、素材を組み合わせた複合材料が生み出せることも高い評価につながっています。ゴムよりも軽量化が図れるため自動車を中心にゴム代替として採用が広がり、高い意匠性や、省エネルギーやコスト削減にもつながることから家電やIT、機械、工業設備、スポーツ用品、日用雑貨、医療分野まで幅広いジャンルで使用が進んできました。TPEはソフト、ハードセグメントの樹脂の組合せや配分によって、オレフィン系やスチレン系、ポリアミド系、ポリエステル系、ウレタン系、塩化ビニル系などに大別され、幅広い市場で存在感が高まっています。自動車分野では従来の日米欧に加え、中国などアジアでも認知度が上昇し、またグラスランチャンネル（自動車の窓枠）や表皮材に加えてエンジン回りでの採用も拡大しつつあります。成形性や耐油性を生かし、近年では医療分野などへも活躍の場を広げており、市場は年平均5%の成長を続けています。

　合成ゴム業界は今後の成長に向け、新たなステージに入りました。スチレンブタジエンゴム（SBR）やアクリロニトリル・ブタジエンゴム（NBR）などの合成ゴムは、タイヤなど自動車関連の需要はコロナ禍から回復傾向にあるものの世界規模での汎用品の競争は激しい状態にあります。加えて昨今の原燃料や物流などのコスト高からメーカーの収益が圧迫されている状態です。この状況を受け、合成ゴム各社は、特殊化路線を継続しつつ、電気自動車（EV）やカーボンニュートラル（CN）といったマクロ的視点に立った需要を先取りするビジネス戦略に取り組んでいく構えを見せています。

　合成ゴムはタイヤやゴム・チューブなど自動車関連部品が大半を占め、自動車産業の動向に大きな影響を受ける製品です。COVID-19感染拡大により世界の自動車産業は低迷状態が続きました。ただ、半導体不足などにより自動車の

◎合成ゴム（ソリッド）の生産能力（2021年末）
（単位：1,000トン／年）

	SBR	BR	IR
旭　化　成	130	35	
UBEエストラマー		126	
Ｊ　　Ｓ　　Ｒ	279	62	42
日本エラストマー	44	16	
日本ゼオン	112	55	40
三菱ケミカル	42		
合　　　計	607	294	82

資料：経済産業省

◎合成ゴムの生産量
（単位：トン）

	2019年	2020年	2021年
ＳＢＲ　計	543,018	403,447	518,070
クラム（油入りを除く）	251,534	192,943	224,263
クラム（油入り）	173,076	114,479	182,532
ラテックス	118,408	96,025	111,275
ＢＲ	304,596	269,538	304,914
ＮＢＲ	113,156	89,191	116,059
ＣＲ	122,662	97,303	110,304
EPDM	216,643	160,565	209,209
その他	231,017	184,082	222,625
合　　　計	1,531,092	1,204,126	1,481,181

資料：経済産業省『生産動態統計』

供給は制約を受けているもののタイヤ販売は履き替え用のリプレイスタイヤが好調に推移していることから合成ゴム需要は回復の一途を辿っている模様です。

日本ゴム工業会によると、2021年の合成ゴムの国内生産は148万1,181トン（前年比23.0%増）、国内消費は80万6,200トン（15.9%増）とコロナ禍前の需給に戻りつつあります。

品種別でみても、2021年のSBRの生産は51万8,070トン（24.2%増）、ブタジエンゴム（BR）は30万4,914トン（13.1%増）、NBRは11万6,059トン（30.1%増）、クロロプレンゴム（CR）は11万304トン（13.4%増）、エチレンプロピレンジエンゴム（EPDM）は20万9,209トン（30.3%増）と軒並み高い伸長をみせました。

3.7　機能性樹脂

　従来の樹脂にはない性能を持つものを機能性樹脂と呼びます。ここでは幅広い分野で使われている代表的な機能性樹脂を紹介します。

【高吸水性樹脂】

　高吸水性樹脂（SAP）は石油由来の樹脂のなかで成長を持続している数少ない樹脂です。親水性のポリマーで、アクリル酸（AA）とアクリル酸ナトリウム（AAをカ性ソーダで中和した）を合わせた網目状の構造を持ちます。この網目が風船のように膨らみ、水をたっぷり蓄える架橋構造が特徴で、網目が大きいほど吸水力は高まります。純水なら自重の数百〜1,000倍を、生理食塩水（人間の体液と同じ塩分濃度）なら20〜60倍を吸収し、圧力をかけても水を保持し続けます。SAPは水を含むと、ポリマーに含まれるナトリウムイオンをゲル中へ放出します。これにより内側の濃度が高まり、外側の水との濃度差を解消しようと、水を中へと取り組む仕組みです。最大の用途は紙おむつや生理用品で、この2製品でSAP需要の90％を占めています。そのほか結露防止シートや化粧品、使い捨てカイロなどにも使われています。

　主要メーカーはBASF、エボニックといった欧米勢のほか、日本触媒やSDPグローバル、住友精化の国内勢が市場を席巻し、FPCやLG化学、丹森といった新興アジア勢が追い上げを図っている構図です。日系3社を含めた5社が長年の実績と品質を背景とした信頼関係で主要ユーザーである紙おむつメーカーとのつながりを構築しており、コスト勝負の新規参入者には高い壁となってきました。

　中国や韓国など新興勢による低価格品の攻勢は脅威であるものの、日系メーカー各社は、互いに紙おむつの品質や機能で差別化する動きを加速しています。紙おむつはSAPや不織布、フィルム、ホットメルト接着剤など多様な部材の集合体で、全体の最適化により使い心地のよさなどを実現します。SAPに対する複雑高度な要求に応える技術は日本勢を含めた大手5社に一日の長があり、新興勢がいくら生産能力を誇っても、質を求める大手ユーザーに採用されない限り供給量は見込めません。

　主要メーカーの生産量を見ていきましょう。世界最大の生産量を誇るのが日本触媒です。姫路製造所（兵庫県姫路市）、インドネシア（年産9万トン）、中国（同3万トン）、米国（同6万トン）、ベルギーと国内外に拠点を構えており、適地生産販売体制を整えています。姫路は年37万ト

◎高吸水性樹脂の国内設備能力（2022年10月）

（単位：1,000トン／年）

社　　名	立地	能力	新増設・海外能力など
日 本 触 媒	姫路	370	中国3万㌧、米国6万㌧、ベルギー16万㌧、インドネシア9万㌧。
ＳＤＰグローバル	東海	110	中国23万㌧。マレーシア8万㌧。
住 友 精 化	姫路	210	シンガポール7万㌧、フランス4万7,000㌧（アルケマに生産委託）。韓国11万8,000㌧。

資料：化学工業日報社調べ

◎高吸水性樹脂の出荷実績
（単位：トン）

	2018年	2019年	2020年
国内向け	230,931	236,680	220,936
輸出用	359,613	300,757	311,787
出荷計	590,544	537,437	532,723

資料：吸水性樹脂工業会

◎紙おむつの生産数量
（単位：100万枚）

	2019年	2020年	2021年
大人用	8,655	8,650	8,864
乳幼児用	14,254	12,364	11,083

資料：日本衛生材料工業連合会調べ

ン、ベルギーは同16万トンの生産能力を有していましたが、それぞれ生産効率の低い旧型設備を停止しました。目下、各拠点で設備の改良を進めており、完成後には再び同71万トンに戻る見込みです。

日本触媒はAAも手掛けており、原料から一貫生産できるのが強みです。AAは姫路製造所（兵庫県姫路市、年産54万トン）、インドネシア（同14万トン）、シンガポール（同4万トン）、米国（同6万トン）、ベルギー（同10万トン）で作っています。インドネシアでは同10万トンの新規AAプラントを建造中で、稼働後、AAの総生産能力は年98万トンに増大する予定です。

SAP生産量2位は独BASF（推定年産60万トン弱）、3位は独エボニック　インダストリーズ（推定同50万トン強）、4位は韓国LG化学（推定同50万トン）と海外勢が続きます。

5位は住友精化で、姫路工場（兵庫県姫路市、同21万トン）、韓国（同11万8,000トン）、シンガポール（同7万トン）、フランス（同4万7,000トン、アルケマに製造委託）の4拠点合計で年44万5,000トンに上ります。姫路やシンガポールなどでは製造プロセスを改善し増産していますが、旧型設備は休止しており、総生産能力に変わりはありません。

住友精化が生産する逆相懸濁重合法によるSAPは、尿を素早く吸収しなければならない薄型のSAPシートを用いる紙おむつ向けに最適で、同紙おむつの市場規模が拡大している中国を中心に高く評価されています。SAPシートは、SAPを不織布の間に挟み込んだ構造をしています。これには綿状パルプの量を削減でき、紙おむつの薄型化などにつながるといった利点があります。

三洋化成グループのSDPグローバルは6位で、生産能力は名古屋工場（愛知県東海市、同11万トン）、中国（同23万トン）、マレーシア（同8万トン）を合わせて年42万トンとなっています。

2021年のSAPの世界需要は約300万トンで、2020年並みとなりました。主力用途の紙おむつは、一大消費国である中国において2021年1～3月の期間、生産量が増大し、春から夏前にかけて流通在庫が膨らみました。COVID-19が蔓延していたものの、世界経済は回復基調にあったうえ、同感染症を起因とする国際海上輸送におけるコンテナ不足などを背景に原料価格が上昇していたため、中国の紙おむつ企業はさらに値上がりする前に原料確保に動きました。感染拡大を防ぐため、工場で働く従業員は旧正月に帰省することができず、この間もものづくりを続けた結果、紙おむつの需給が崩れ、春先はSAPも生産調整を余儀なくされることとなりました。

紙おむつの在庫は夏に適正水準に戻りましたが、9月に入り、次は電力不足問題に見舞われました。SAPの生産にも影響が及びましたが、AAメーカーや、工業塩の電気分解によりカ性ソーダを作り出すクロール・アルカリビジネスを手掛けるメーカーも稼働がままならず、これらSAPの原料が入手困難となりました。中国では今も電力不足問題は解消されていません。

AAの動向にも注視する必要があります。AAの主用途は塗料、粘・接着剤などの原料として用いられるアクリル酸エステル（AES）で、世界

経済の立ち直りにより自動車や建築といった業界でこれらの使用量が増え、AESの需要も高まっています。足元、AAはAES市況が高いため、SAP向け供給量が限定されており、当面、SAP向けはタイト感が続くとみられています。

懸念材料はあるものの、足元のSAPの引き合いは強く、まだまだ伸長するでしょう。需要を牽引するのは紙おむつで、経済発展が著しい国・地域では子供用、また日本、欧州、米国、そして中国では高齢者数の増加にともない大人用のニーズが高まります。こうしたことからSAPは中期的に年率3〜5%の成長が見込まれています。現時点で有力なSAP各社は大型の設備投資計画を打ち出しておらず、すでに需給のタイト感が出ているようです。

【イオン交換樹脂】

イオン交換樹脂は、三次元的な網目構造を持った高分子母体に官能基(イオン交換基)を導入した樹脂で、溶液のイオン状物質を、自身の持つイオンと交換できる樹脂です。この性質を利用して、海水中の食塩(NaCl)などを除去して真水とすることができます。

通常使用されるものは0.2〜1.0mm径の球状粒子で、陽イオン交換樹脂と陰イオン交換樹脂に大別されます。応用分野としては、海水の淡水化のほかに、火力・原子力発電所の水処理、ボイラー用水の製造、電子産業用の超純水の製造、さらには医薬品・食品・飲料の分離・精製、ポリカーボネートやアクリル樹脂の原料の製造など広範に使われ、産業や生活の基盤を支えています。

イオン交換樹脂の世界市場は年間約30万㎥、国内市場は3万㎥といわれます。国内では、発電、電子産業や石油・化学産業などでの新規投資案件が見当たらず高成長は望みにくいものの、高分子・中分子へのシフトが目立ち始めた医薬品の精製用途、機能性表示食品制度などを

追い風として飲料や食品業界向けの成長が見込まれています。

また、中国における活発な半導体関連設備投資を背景に、超純水向け需要が非常に旺盛な状況となっており、電子材料の精製向けにも需要拡大が見込まれます。

【感光性樹脂】

感光性樹脂は、光の作用によって化学反応を起こし、その結果、溶媒に対する溶けやすさに変化を生じさせたり、液状から固体状に変化する樹脂をいいます。もともと印刷の領域で、写真製版用の感光材料として発達してきたもので、照射部分と非照射部分との溶解度の差を利用して画像を形成するために用いられてきました。感光性樹脂の歴史は古く、19世紀半ばに実用化された、重クロム酸塩をゼラチンに加えて感光性を付与したものによるリソグラフィー(石版印刷、転じて光化学変化を使う印刷術)にさかのぼります。その後、有機化学の発達により、各種の有機光反応を利用したものが開発されて、印刷版の製版以外にも写真製版技術を応用したプリント配線基板や金属の微細加工を行うフォトエッチング加工用のフォトレジストとして利用されるほか、光照射により液状から固体状に変化するのを利用した無溶剤迅速硬化タイプのインキ、塗料、表面コーティング剤などとして各種応用がなされるようになってきました。近年は半導体産業でLSI、超LSI用のシリコンウエハーより多数のチップを製造する際にも必要とされ、要望に応じた樹脂が開発されています。

なかでもUV(紫外線)硬化樹脂は、飲料缶、ラベル・パッケージ印刷、床のコーティングなど生活関連から、薄型テレビ、スマートフォン、タブレット型携帯端末などのディスプレイ、回路基板の作製・絶縁、自動車のライトカバーのハードコーティングなど多様な用途で使用され

ています。エレクトロニクス分野での利用にとどまらず、ユニットバスの修繕や下水道管更生など住環境・建設分野での利用のほか、3Dプリンターへの応用が注目されており、高感度で高強度の造形物の作製が可能なUV硬化材料の開発が急務となっています。

UV硬化樹脂は、幅広い産業分野のインキ・コーティング・接着剤などの硬化を、熱の代わりに紫外線を使って行うための樹脂です。モノマー、オリゴマー（少数の結合したモノマー）、光重合開始剤および添加剤で構成されるUV硬化樹脂材料は、UVの照射を受けると、光重合開始剤が励起され、液体状態から固形状に変化します。

UV硬化はそのメカニズムから、ラジカルUV硬化、カチオンUV硬化、アニオンUV硬化に分類できます。現在実用化されているUV硬化材料の主流はラジカルUV硬化ですが、酸素阻害や硬化後の体積収縮などが問題となっています。カチオンUV硬化はこれらの問題は軽減しますが、また別の問題を抱えています。これに対してアニオンUV硬化は、ラジカル、アニオン両系の短所のほとんどを解決する能力がありながら、実用には耐えがたいと考えられてきました。感度が低すぎることがその理由でしたが、感度を上げる新規の光塩基発生剤が開発され、注目されています。

UV硬化は、0.1〜数秒というほぼ一瞬で樹脂が硬化し、乾燥のための時間がいらないため省エネルギーであり、大気中への放出物も少なくて済みます。そのほかにも、熱に弱い基材の硬化が可能、被膜特性の精密制御が可能、無溶剤で環境に優しい、大型設備を必要とせず省スペースなどのメリットがあります。

紫外線発光ダイオード（UV‐LED）は省エネ、長寿命などを強みに成長ドライバーとして大きく期待されています。これまで安定した品質を維持するのが困難でしたが、光源としての性能がかなり向上し、短波長化も進んでいます。これは、より波長の短い光が殺菌、空気浄化、樹脂硬化用の光源や光触媒としての特性を大幅に向上させる可能性を持っているためです。

EB（電子線）硬化は、人工的に電子を加速し、ビームとして利用します。EBの持つエネルギーを利用して、架橋反応、グラフト重合反応、印刷、コーティング、接着の硬化などが可能ですが、UV硬化に比べ設備が大がかりとなります。

UV・EB硬化をめぐる最近の動きとして、3Dプリンターへの応用が注目されています。基本原理は、UV硬化樹脂を用いた「光造形」と同じです。3Dプリンターの今後の課題として、作業時間の短縮につながる高感度化と、硬化物への機械的強度の付与が挙げられています。技術的な成熟感を指摘する向きもありますが、新たなアプリケーションを求めて、新しい硬化機構、材料、光源が産学官から創出されています。光源、樹脂を手掛ける各社が、ユーザーのニーズに合わせて多種のラインアップのなかから製品を組み合わせて提案するソリューション型のビジネス戦略を強めているのが最近の特徴です。

3.8 ファインセラミックス

ファインセラミックスは従来の窯業製品、例えば、陶磁器、ガラス、耐火物、セメントなどと比較して極めて優れた機能・特性を有することから、ニューセラミックス、アドバンスドセラミックス、ハイテクセラミックスとも呼ばれています。科学、技術の長足な進歩により誕生したファインセラミックスは先端技術・産業を支える新素材として各方面から脚光を浴びています。

ここで少し、ファインセラミックスを取り巻く国の取り組みについて触れてみましょう。2020年4月から6月まで経済産業省と文部科学省が取り組んできた「マテリアル革新力強化のための戦略策定に向けた準備会合」を経て同年7月、統合イノベーション戦略2020として国が目指す基盤技術強化分野にAI、バイオ、量子技術、そしてマテリアルが策定されました。同時に内閣府主導で2021年3月まで「マテリアル戦略有識者会議」が持たれ、2021年1月には国立研究開発法人新エネルギー・産業技術総合開発機構（NEDO）がマテリアル革新技術先導研究プログラムを創設しました。2050年のカーボンニュートラル目標向けた政府のグリーン成長戦略からもマテリアル領域が、わが国の産業と国際競争力を強化していく分野と改めて明示されました。

このマテリアル領域で重要な一角を占めるのがファインセラミックス産業です。従来からファインセラミックスは、他材料では代替できない高強度、耐久性、耐腐食性や耐温度特性、電気伝導性や光学特性などを武器に自動車、電子・電器機器、産業や工業設備などに広く使われてきました。近年ではスマートフォンや高機能通信モジュールをはじめ電子デバイス用の部品やセンサー類、EV（電気自動車）をはじめ自動車の通信や半導体デバイスの搭載増加を背景に、飛躍的にその市場が広がっています。

さらに環境対応やカーボンニュートラル潮流がセラミックス産業に追い風となり、環境浄化用のフィルターなども好調です。排ガス浄化に関わる規制値はさらに厳しくなっていることから、これらの規制に対応しクリーンな排ガスの排出に対応する浄化用のセラミック触媒が伸びています。

また、自動車をはじめ各種の産業機器の点火用デバイスであるスパークプラグやMLCC（積層セラミックコンデンサー）をはじめ各種電子部品用のセラミックも好調です。既存の主要な用途の市場が伸びている一方、再生可能エネルギーやカーボンニュートラルの動きがファインセラミックス産業の新たな成長ドライバーとなりつつあるようです。

環境対応の浄化用各種フィルターでは上水道の殺菌・除菌向けに高機能セラミックス膜の採用が拡大しています。超々微細孔などを高度に制御可能なセラミックスは、微生物などの培養や高度精製・高度ろ過や凝集という用途で新しい市場も創出しはじめました。バイオ由来の化学品を得るための生産設備や生産プラントで、ファインセラミックス製品の高度膜や高機能部材が使われ始めており、従来になかった新市場として注目を集めています。

3．9　樹脂添加剤

　樹脂添加剤は、樹脂本来の優れた性質を維持したり、新しい特性を付加したりするために用いられるもので、各種樹脂製品の開発・改良に欠かせない存在です。新たな用途を開拓するための陰の主役といっても過言ではありません。添加剤の種類としては、劣化を防止する塩ビ安定剤や酸化防止剤、光安定剤、また機能性を付与する難燃剤、帯電防止剤、造核剤、加工時の成形性を高める滑剤など、様々な製品が存在します。ただし国内のプラスチック市場は成熟化しており、汎用的な用途のものについては、特に東日本大震災以降は輸入品が一定の地位を占めるようになってきています。国内市場は特殊化・高機能化に活路を求めており、環境調和型の添加剤で既存品を置き換える動きもあります。

　成長市場を求めて海外展開を積極的に進める添加剤メーカーも増えています。海外では樹脂添加剤の需要が拡大を続けていて、特にアジア市場が注目されています。とりわけ中国市場は重要で、現地メーカーも多く競争の激しい市場でしたが、最近になって中国政府が規制強化を打ち出しています。現地メーカーの中には環境対策が不十分なため操業が難しくなり、安定的な供給ができなくなっているところも出てきている一方で、欧米や日経の企業は総じて対策済みであり、この機会にビジネス拡大を図る動きも出てきそうです。

【塩ビ安定剤】

　塩ビ安定剤は、塩ビ樹脂製品を作る際に、塩ビ成分の熱分解抑制や紫外線劣化などを防ぐために用いられ、配合段階で塩ビ樹脂に対し１～３％の割合で添加されます。

　電力ケーブルなど長期耐久性が求められる塩ビ製品に適している鉛系安定剤をはじめ、透明性が求められるフィルム・シートなどに用いられるバリウム・亜鉛系安定剤、自動車・家電などの電線被覆を中心に需要があるカルシウム・亜鉛系安定剤、加工温度の高い硬質塩ビ製品に使用され安定性が高いスズ系安定剤、これら安定剤の機能をさらに強化する純有機安定化助剤などがあります。

　塩ビ安定剤の需給は低調に推移しています。日本無機薬品協会がまとめている2020年度の塩ビ安定剤の国内生産は前期比6.1％減の2万8,870トン、出荷は同6.4％減の2万9,119トンでした。いずれも4年連続の減少で3万トンを割り込む結果となりました。塩ビ管材など硬質塩ビ製品の内需減少が主要因で、2020年度はCOVID-19の感染拡大により住宅着工件数が大幅に減少し、需要を大きく減らしました。2021年度は回復傾向にあり、上期（4月～9月累計）の生産は1万5,750トン（前年同期比18.4％増）、出荷は1万5,420トン（同12.8％増）となっています。

　2020年度の品種別出荷をみると、鉛系が8,954トン（前期比9.2％減）となり、2014年度から7年連続で減少しました。カルシウム・亜鉛系は9,651トン（同3.1％減）でした。ここ数年、需要が堅調だったスズ系は2,979トン（同3.6％減）と2年連続の減少で、純有機安定化助剤も1,648トン（同3.9％減）の減少となった模様です。

　塩ビ安定剤の需要減少の要因は、おもに塩ビ管を中心とする建築向け硬質塩ビの需要が低迷

しているためとみられています。

　塩化ビニル管・継手協会がまとめた2020年度の塩ビ管出荷量によれば、前期比8.1％減の24万9,150トンと大幅に減少し、塩ビ継手も同10.5％減の2万4,100トンと2ケタの減少となったようです。COVID-19感染拡大で住宅設備関連の消費マインドが悪化し需要が減少したことが原因の一つとして挙げられます。

　2021年度も低調で、上期（4〜9月累計）の塩ビ管出荷は前年同期比0.7％増の12万1,554トン、塩ビ継手も同3.0％増の1万2,043トンにとどまっています。

　塩ビ安定剤の脱鉛化の動きはここ数年、落ち着きをみせていましたが、2020年度は再びカルシウム亜鉛系へのシフトが進んだようです。

　鉛系は、かつて塩ビ安定剤の5割を超えていましたが環境特性に優れるカルシウム・亜鉛系を中心に切り替えが進み、2016年度から出荷量、生産量ともにカルシウム・亜鉛系が鉛系を上回っています。それでも両者の差は100〜300トン程度で推移していましたが、2020年度は約700トンまで拡大しました。

【可　塑　剤】

　可塑剤は塩ビ樹脂を中心としてプラスチックに柔軟性を付与するためのもので、その大半が酸とアルコールから合成されるエステル化合物で占められます。可塑剤はフタル酸系が7割以上を占め、DEHP（＝DOP，フタル酸ビス2-エチルヘキシル）、DINP（フタル酸ジイソノニル）、DBP（フタル酸ジブチル）、DIDP（フタル酸ジイソデシル）が中心です。非フタル酸系可塑剤としては、食品フィルム向けのアジピン酸系、リン酸系、エポキシ系などがあります。

　可塑剤を使った軟質塩ビ製品は、私たちの生活のなかに広く浸透しています。代表的な用途は、フタル酸系可塑剤では壁紙、床材、電線被覆、自動車内装材、ホース類、農業用ビニール、

◎可塑剤の生産量

（単位：トン）

	2019年	2020年	2021年
フタル酸系	211,065	180,388	213,085
DOP	101,746	87,608	93,270
DBP	594	567	630
DIDP	3,439	1,794	2,418
DINP	96,326	80,821	105,024
その他	8,960	9,595	11,743
リ ン 酸 系	24,383	24,865	28,214
アジピン酸系	15,665	15,731	14,265
エポキシ系	7,837	7,440	8,760
合　　計	258,950	228,424	264,324

資料：可塑剤工業会、経済産業省『生産動態統計』

一般用フィルム・シート、塗料・顔料・接着剤などがあります。

　可塑剤の国内需要はコロナ禍で落ち込むものの、2021年に入ってから回復し、コロナ以前の水準に近づきつつあります。

　可塑剤工業会がまとめた2020年のフタル酸系可塑剤の生産は18万388トン（前年比14.6％減）、出荷は18万1,446トン（同9.7％減）と20万トンを割り込みましたが、2021年（1〜11月累計）は生産が前年同期比18.7％増、出荷が同16.5％増となり、通年でも21万トンを回復しそうな見込みです。

　フタル酸系可塑剤の内需は、住宅着工件数の減少や自動車生産台数の低下、さらに輸入量の増大などで減少し、現在はピーク時の半分以下にまで低下しています。それでもここ数年は25万トン前後のレベルで安定して推移してきました。しかし2020年はCOVID-19感染拡大で自動車や住宅関連用途を中心に需要は低下したようです。

　2020年の用途別フタル酸系可塑剤の国内出荷をみると、車両用アンダーコートシーリング1万2,195トン（同16.3％減）、床材料3万1,903トン（同7.5％減）、その他1万1,519トン（同5.5％減）、一般フィルム・シート2万9,703トン（同2.9％減）、コンパウンド（電線用）1万8,454トン（同18.9％減）、壁紙2万1,293トン（同8.4％減）、電線被覆1万4,972トン（同

19.0％減）、農業用フィルム5,377トン（同22.2％減）、履き物678トン（同13.5％減）が前年を下回りました。

増加したのは塗料・顔料・接着剤1万1,715トン（同4.4％増）、ホース・ガスケット4,899トン（同0.7％増）、レザー2,773トン（同24.2％増）の3品目です。

また2020年のフタル酸系可塑剤の輸入は3万5,919トン（前年比2.9％減）となりました。2021年は10月までの累計で1万4,869トン（前年同期比53.2％）と半減しています。

可塑剤はコロナ禍での減少を除けば需要は安定していますが、その一方、欧州をはじめとする規制強化で製品構成は大きく変化しています。

欧州ではRoHS指令において4種のフタル酸可塑剤（DEHP、BBP、DBP、DIBP）の製品中含有量を重量比0.1％未満にすることが決定しました。これにより実質的にEU域内での生産・輸入ができなくなりました。またREACHにおいては4種のフタル酸可塑剤の制限規則が発行され、玩具と従来の育児用品から屋外用途を除く、ほとんどすべての成形品へと対象が拡大しました。なおDEHPの代替として使用が拡大しているDINPは「生殖毒性はない」と結論され、規制を免れることになりました。

米国では2019年にBBP、BBP、DEHP、DIBP、およびDCHP（フタル酸ジシクロヘキシル）を有害物質規制法（TSCA）の高優先候補化学物質に決定しました。現在、DINP、DIDPとともにリスク評価が実施されています。

韓国でも子供向け製品の共通安全基準を改定するための通達において、口の中に入れるかを問わず、合成樹脂に対するDEHP、BBP、DBP、DNOP、DINP、DIDPの含有量を制限することが発表されました。

日本ではDEHPが200超ある優先評価化学物質に含まれています。改正化審法下のDEHPリスク評価は、2011年に優先評価化学物質に指定されて以降、ほぼリスク評価の進捗がなく、またDEHPは適正に管理されていることから、一般化学物質へ差し戻すものとみられていました。

ところが2021年3月に改正化審法共管3省（厚生労働省、経済産業省、環境省）が公開した、2020年度のリスク評価Ⅰの結果において、次の段階のリスク評価Ⅱに着手することが報告されました。この決定には、中国の研究者が発表したDEHPをはじめとするフタル酸エステルのエストロゲン活性に関する論文が影響したものとみられています。

これまでの科学的知見からDEHPはラットやマウスのような、げっ歯類に固有の生殖毒性を示す一方で、マーモセットやヒトのような霊長類では生殖毒性が発現しにくいという結果が得られています。

可塑剤工業会ではDEHPのヒトへの健康影響評価は、この「種差」を考慮した判断がなされるべきと主張し、リスク評価Ⅱにおいて適切な判断が下せるよう、各種実験の実施、国や大学など関係機関への情報提供を行っていくとしています。

【難 燃 剤】

難燃剤は火災から人命や財産を守るために欠かせないファインケミカル製品です。難燃剤の種類は、大きくハロゲン系（臭素系、塩素系）、リン系、無機系に分かれます。どの難燃剤を使用するかは、用途やプラスチックの種類などによって異なります。

世界全体の需要量は毎年数％の伸びを継続し、難燃性能に関する規制・基準が強化される方向にあるアジア地域を中心に、需要は拡大しています。

2020年はCOVID-19感染拡大の影響から需要は一時的に落ち込んだものの、2021年は急回復、国内需要は難燃剤全体でコロナ禍以前の

水準を上回ったもようです。

難燃剤を取り巻く喫緊の課題は需要の急拡大にともなう供給不足と原料高の2つです。なかでも臭素系難燃剤は世界的な需要の急速な回復と、中国の環境規制による供給不足で需給がひっ迫しています。これにコンテナ船不足による物流の混乱、さらに米大手臭素メーカーのフォースマジュール（不可抗力による供給不能）宣言、さらに中国の電力制限により、供給が一段と縮小し、2021年12月には1トン当たり7万元以上の歴史的高値を記録しました。リン系難燃剤や無機系難燃剤も、黄リンやアンチモンなどの原料高が収益を圧迫しています。

一方、難燃剤の需要は世界的に拡大が続いています。牽引しているのは自動車関連産業です。電気自動車やハイブリッド車の普及で、より高度な熱対策が求められるようになったこと、車載機器が増えて難燃化対策が必要な部品が拡大したこと、さらに5G（第五世代移動通信システム）にともなうシステム更新などで難燃剤のニーズは一段と強くなっています。

臭素系難燃剤の国内需要量は、2004年ピーク時に比べ3割程度減少しています。樹脂部品メーカーなどの生産シフトが主因です。しかし、2020年の需要はコロナ禍で前年比1割程度減少しましたが、2021年は自動車向けを中心に需要が急拡大しました。品目によるばらつきはあるものの臭素系難燃剤全体では前年比2割程度増加したようです。

リン系難燃剤はノンハロゲンをセールスポイントに1990年代中頃から臭素系からのシフトが進みましたが、その流れは収束しています。国内市場は安定しており、ここ数年、需要量に大きな変動はありません。リン酸エステル系難燃剤の国内需要は2万トン弱のレベルで推移しています。

無機系難燃剤には、三酸化アンチモンや水酸化マグネシウム、水酸化アルミニウムなどが用いられ、三酸化アンチモンは臭素系難燃剤との

併用により、臭素系難燃剤だけの場合と比べて難燃効果を飛躍的に高めることができます。

需要は臭素系難燃剤とパラレルに動いており、2021年の国内需要は前年比24％増の8,700トンと推定されます。

2020年はCOVID-19感染拡大で需要は前年比10％減程度落ち込みましたが、2021年はコロナ禍以前の水準大きく上回りました。自動車関連の需要の急回復と市中在庫の積み増しの動きにより需要は堅調に推移し、国内生産量、輸入量ともに増加した模様です。

半導体不足による自動車の生産調整による三酸化アンチモンの需要への影響は今のところ出ていないようです。自動車の生産が再開し、急増した場合に備え部品メーカーを中心に在庫の積み増しの動きもみられます。

日本において三酸化アンチモンは2017年に特定化学物質障害予防規則（特化則）の対象になり、取り扱い事業者は空調設備の設置や作業環境測定などの実施が義務づけられました。これに対応して三酸化アンチモンメーカーはマスターバッチ（ＭＢ）や顆粒状製品、湿潤タイプなどをラインアップするなど粉じん対策を強化しています。

また欧州においてもREACHおよびRoHS指令のスキームでリスク評価中ですが、RoHS指令では、現段階で電気・電子機器への三酸化アンチモンの使用はリスクをもたらさないとして、規制すべきではないと提案されています。

一方、水酸化マグネシウムは耐熱性に優れることから、主に高い温度で成形加工される製品に用いられます。各種の電線被覆用のノンハロゲン系難燃化素材として需要の裾野を広げ、国内需要は1万トン強レベルと安定して推移しています。

水酸化アルミニウムは吸熱作用で温度上昇を抑えるメカニズムで難燃効果を発揮します。主に充填フィラーとして用いられ、繊維カーペットのバックコート剤やＦＲＰ製のバスタブ、碍

子などを主な用途とし、難燃用途としての国内需要はおよそ1万トンとみられています。

【酸化防止剤】

　酸化防止剤は製造時の劣化を防ぐ（生産効率を高める）目的と、成形加工品の品質劣化を防ぐ（製品としての価値を保持する）目的とで使用されます。エラストマーや合成ゴム向けの老化防止剤、塩ビ安定剤も広義には酸化防止剤の範ちゅうに入りますが、一般に樹脂用の酸化防止剤という場合はオレフィン系の汎用樹脂に使用するものが中心になります。樹脂を劣化させるものとして、熱や酸のほかに光の要素も大きいため、光安定剤や紫外線吸収剤も酸化防止剤と同じような使われ方をします。

　酸化防止剤は、最も基本的な添加剤の1つとして樹脂の成形加工に不可欠な存在です。供給不安に陥った東日本大震災時の記憶はまだ新しく、酸化防止剤の重要性を図らずも浮き彫りにしたわけですが、これを機に各メーカーは安定供給体制の整備に力を入れており、供給ソースは海外を含めて多様化しています。

　一方で、高機能な酸化防止剤を求めるニーズも高まっています。一段階上の性能を目指し、新しい添加剤、新しい処方を試してみようという意識がユーザーの中に醸成されてきたのです。それを促しているのが耐熱性への要求で、加工温度を上げたいという場合（成形条件としての高耐熱）と、成形品としての耐熱性を高めたいという場合（使用環境における高耐熱）があります。特にプラスチック製品の高性能化にともなって、また生産性向上の観点からも加工温度が高くなる傾向にあり、従来の処方では安定性が足りなくなるケースが増えています。

　製品面では、加工ラインにおける効率化や、安全面への配慮（作業中の粉塵）などから、顆粒化・ワンパック化の流れが加速してきています。

　また最近は、環境問題への配慮からフェノールフリーが注目されています。

　酸化防止剤への要求はこれからも高度化すると考えられます。需要業界の求める性能や、成形加工の現場から出てくるニーズなど、顧客との密接な連携をもとにした製品開発、処方開発、技術サービスの努力がますます重要になります。

3. 10　界面活性剤

界面活性剤は石油、パーム油、ヤシ油、牛脂などの天然油脂を原料に製造され、乳化・分散、発泡、湿潤・浸透、洗浄、柔軟性の付与、帯電防止、防錆、殺菌など多種多様な機能を持つのが特徴です。1つの分子の中に「水になじみやすい部分（親水基）」と「油になじみやすい部分（親油基または疎水基）」の両方を併せ持っており、この構造が界面に作用し性質を変化させるのです。親水基や疎水基の原料および疎水基の種類によって細分類され、その特徴に応じた使われ方をします。

例えば「水と油の関係」という言葉があるように、水と油を一緒にしてかき混ぜてもしばらくすると分離してしまいますが、水と油に界面活性剤を少量加えてかき混ぜると簡単に混ざり合い、時間がたっても分離しない乳化液（エマルション）を作ることができます（乳化作用）。界面活性剤が親水基を外側、親油基を内側にしたミセルを形成し、親油基に油が溶け込むことで水と油が均一に混じり合うようになるためです。また、ススやカーボンブラックは水の表面に浮かんで混ざり合いませんが、界面活性剤を少量加えてかき混ぜると、均一で安定な分散液を作ることができます（分散作用）。これは界面活性剤に物質の表面張力を低下させて普通なら混ざらないもの同士を混ぜてしまう力があるからです。表面張力を利用して水面を移動するアメンボが石けん水で溺れてしまうのはこのためです。

界面活性剤の用途は多岐にわたります。衣料用の洗濯洗剤、台所用洗剤、住宅用洗剤をはじめとして、シャンプー・リンス、ボディシャンプー、石けん、液体石けん、逆性石けん、染毛剤、クリーム、化粧品、ソルビート、グリセリンなど香粧・医薬分野にも使われているほか、産業用途では繊維、染色、紙・パルプ、プラスチックス、合成ゴム、タイヤ、塗料・インキ、セメント・生コンクリート、機械・金属、農薬・肥料や静電気発生抑制剤、帯電防止、環境保全など幅広く使われています。

現在、界面活性剤の需要は拡大しています。COVID-19の感染拡大により、2019年、2020年と界面活性剤の生産・出荷は2年連続で減少しましたが2021年に入ってから急回復をとげました。1～10月累計の生産量は前年を大きく上回っており、通期では生産量は120万トンを超え、過去最高になる可能性が高くなっています。化粧品・トイレタリー製品向けの需要が堅調なことに加え、自動車、住宅など界面活性剤が多く使われる産業が回復したことが要因とみられます。家庭用洗浄剤、ハンドソープなどコロナ禍で需要が増えた製品もあります。感染症予防意識は国民に広く根付いており、こうした衛生関連製品向けの需要はCOVID-19終息後も継続するものとみられています。

界面活性剤の国内販売量は1994年の96万9,000トン、生産量は1992年の124万トン弱をピークに減少し、リーマンショックが直撃した2009年は生産量88万7,954トン、販売量72万5,945トンまで低下しました。2010年からは増加基調で推移し、2018年は生産量が120万トン、販売量も94万トンを超えピーク時に近い数量まで上昇していました。

2019年からは景気減速やインバウンド需要の減少、さらにCOVID-19感染拡大により、生産量・販売量とも2年連続で前年を下回りまし

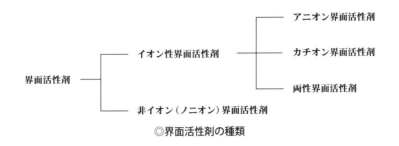

```
                                           ┌── アニオン界面活性剤
                    ┌── イオン性界面活性剤 ──┼── カチオン界面活性剤
    界面活性剤 ──┤                          └── 両性界面活性剤
                    └── 非イオン（ノニオン）界面活性剤
```

◎界面活性剤の種類

◎界面活性剤の生産量

（単位：トン）

	2019年	2020年	2021年
陰イオン活性剤	405,423	399,537	434,249
（硫酸エステル型、スルホン酸型、その他）			
陽イオン活性剤	40,123	38,742	44,522
非イオン活性剤	603,159	602,775	707,199
（エーテル型、エステル・エーテル型、			
多価アルコールエステル型、その他）			
両性イオン活性剤	25,763	29,815	32,984
調合界面活性剤	30,427	30,940	40,057
合　　　計	1,104,895	1,101,809	1,259,011

資料：経済産業省『生産動態統計』

◎界面活性剤のイオン別輸出入実績

（単位：トン）

	輸　出　量			輸　入　量		
	2019年	2020年	2021年	2019年	2020年	2021年
陰イオン	25,098	24,916	32,106	46,269	42,485	42,815
陽イオン	1,684	1,730	2,179	4,667	4,904	4,412
非イオン	58,975	49,372	64,085	22,844	22,914	34,830
そ の 他	1,980	1,848	1,796	17,710	19,002	22,829
合　計	87,737	77,866	100,166	91,491	89,305	104,886

資料：財務省『貿易統計』

たが、前述のとおり2021年は急回復しました。再び成長軌道に乗り、生産量は過去最高を記録する可能性が高くなっています。

2021年1～10月の需給をみると、生産は前年同期比17％増の104万3,282トン、出荷数量は同16％増の78万435トンでした。出荷金額は同18％増の2,376億6,700万円で、うち産業用界面活性剤の生産（界面活性剤生産量から自家消費量を差し引いた数値）は同12％増の77万3,588トン、出荷数量（界面活性剤出荷量・販売数量とその他から受入量を差し引いた数量）は同13％減の75万8,403トンとなりました。

品目別では界面活性剤のなかで最大構成比を占める非イオン活性剤の生産が前年同期比19％増の58万4,417トンで、販売数量が同18％増の46万6,243トンと大幅増になっています。非イオン活性剤のうち、液体洗剤、化粧品、医薬品などに使われるPOEアルキルエーテルは生産が23万7,965トン、出荷数量が21万18トンで、それぞれ同13％、同15％の増加をみせました。

また陰イオン活性剤は生産が12％増の36万1,383トン、販売数量が13％増の23万6,981トンでした。陽イオン活性剤は生産が20％増の3

万7,062トン、販売数量が同18％増の3万691トンでした。

　需要分野別に界面活性の動向をみると、過去20年以上にわたり、伸び続けているのが香粧・医薬向けです。こちらは界面活性剤全体が減少する局面にあっても販売量を伸ばしてきた分野です。2020年の構成比は14.6％と前年よりも0.2ポイント増加しました。2020年はCOVID-19感染拡大でハンドソープなどの需要が急拡大し、皮膚用洗浄剤の販売量は前年比19％増の37万トン超に増加した模様です。2021年（1〜9月累計）の販売量は前年同期比18％減の21万8,914トンと下がったものの、ここ数年では高い水準です。シャンプー、トリートメントなどヘアケア製品向けの需要も引き続き堅調です。

　衣料用洗剤、台所・住居用洗剤などの生活関連の構成比は、ここ数年、12％前後で推移しています。衣料用洗剤は粉末から液体タイプへのシフトが進み、これにともない液体洗剤に適した非イオンタイプの界面活性剤が右肩上がりに需要を伸ばしています。2020年の生活関連向けの構成比は12.2％（前年比0.3ポイント増）と拡大しました。COVID-19感染拡大で、除菌ニーズが高まり需要が増えたことが要因のようです。

　繊維向けの2020年の構成比は11.2％（前年比0.2ポイント減）と低下しました。繊維向けの界面活性剤は紡糸・紡績油剤、オイリング、ソーピング、染色油剤、柔軟剤、帯電防止剤などに使われます。2000年以前は構成比が20％を超え、界面活性剤の最大の用途先でしたが、繊維産業の中国や東南アジアなど海外移転が進んだことで国内生産量が低下しました。2012年に需要部門別構成比で香粧・医薬向けに抜かれ、さらに土木・建築、生活関連にも抜かれて4位まで後退しています。

　ただ、界面活性剤全体の生産量が拡大基調にあるなか、繊維向け需要量の構成比の減少幅は緩やかであり、ここ10年間、国内需要量自体に大きな変動はなく、安定して推移しています。

　コンクリート混和剤など、土木建築向けの2020年の構成比は13.2％（前年比0.7ポイント減）に低下しました。

　プラスチックやゴム向けは10.4％（同0.4ポイント減）でした。需要は比較的安定していましたが、2020年はコロナ禍の影響でやや低下した模様です。

　界面活性剤の輸出入の推移をみると、2020年は輸出・輸入とも減少しました。

　2020年の輸出数量は、前年比11％減の7万7,866トン、金額は同6％減の397億7,600万円でした。陽イオンと調整品は増加したものの、その他の品目が数量と金額ともに減少しました。輸出単価は1キログラム当たり511円と前年に比べ30円値上がりしました。またイオン別の数量構成は、非イオン系64％、陰イオン系32％、陽イオン系2％、その他2％でした。

　輸出の地域別数量構成比はアジア向けが83％（うち中国42％、韓国12％、タイ7％、台湾6％、インドネシア4％など）、北米向け7％（うち米国7％）、欧州向け8％（うちオランダ4％）、その他向け2％でした。国別では中国、韓国、米国、タイ、インドネシアの順となります。

　一方の輸入は、数量が同2％減の8万9,304トン、金額が同5％減の176億5,900万円と、ともに減少しました。そのなかで陽イオン系が数量で同5％、金額で同14％増加しています。

　輸入単価は、1キログラム当たり198円と前年よりも6円の値下がりを見せています。イオン別の構成比は、陰イオン系48％、非イオン系26％、その他21％、陽イオン系5％でした。地域別の数量構成は、アジアからが78％（うち中国36％、韓国24％、シンガポール6％、ベトナム7％など）、欧州からが14％（うちドイツ9％など）、北米からが8％（うち米国8％）となっています。国別では、中国、韓国、ドイツ、米国、シンガポールの順となりました。

3. 11　染料・顔料

染料と顔料は、いずれも着色に用いられる物質です。染料は粒子性がなく、水を溶媒として繊維や紙などに化学変化で着色する一方、顔料は微小粒子で、液状の溶剤に分散し、塗料や印刷インキ、絵の具などに使われるという違いがあります。

【染　　　料】

染料は直接染料、分散染料、反応染料を主力に、蛍光染料、有機溶剤溶解染料、カオチン染料・塩基性染料、酸性染料、硫化染料・硫化建染染料、建染染料、蛍光増白染料、アゾイック染料、媒染染料、酸性媒染染料、複合染料などがあります。

直接染料は一般に水溶性で、木綿、羊毛、絹などによく染着し、特にセルロース系繊維によく用いられます。分散染料は界面活性剤で水中に微粒子状として分散させ、染色します。ナイロン、ポリエステルなどの合成繊維向けが多く用いられます。また、反応染料は繊維と共有結合することによって染色します。このため水洗、洗濯、摩擦、日光などに極めて堅牢で、羊毛、絹、ナイロン繊維などに利用されます。

日本国内の合成染料の需要は、1980年代に入ると排水処理経費の増大、原料費高騰や円相場の高騰、発展途上国の追い上げなどを背景に、染色および繊維工業の海外進出・移転などにより漸減していきました。この動きは2000年頃にはほぼ落ち着いたものの、国内需要は減少傾向が続いています。

それでも、国産品でしか表現できない発色や、品質面での要求性能に応える生産量は維持され

ると見込まれていました。とくに2015年以降は1万5,000トン前後の生産量が続いていたことから、国内生産規模は、このレベルで安定的に推移するとみられていました。しかし、コロナ禍による需要の落ち込みは大きく、2019年実績の1万6,300トンから3,600トン以上減少する結果となりました。

この傾向は、輸入状況も同様で、2020年の合成染料輸入は2万2,300トン（同21.9％減）と、国内生産と同じレベルでのマイナスでした。また生産と輸入を合わせた数値では、2020年実績は3万4,900トン（同22.2％減）で生産・輸入実績ともに、2019年比2割減となっています。この傾向は、関連する素材動向も同様で、2020年の有機顔料生産は1万1,400トン（同19％減）とほぼ2割減でした。輸入と合わせた数値でも、2020年実績は2万4,300トン（同18.7％）となっており、合成染料・有機顔料ともに生産・輸入規模として2割減の傾向を示しました。

しかし、2021年になると状況が少し変わってきました。2021年の合成染料生産は、1万4,989トン（前年比18.6％増）と2ケタ増の実績を打ち出したからです。ただ、2020年の国内生産・需要がコロナ禍による大幅なマイナスとなっていたことから、実質的にはその反動増という色彩が濃い内容ではあります。国内の合成染料生産規模は東日本大震災後、2012年の生産実績が年2万トンを割り込み、その傾向が続いています。2022年の第1四半期の実績は前年同期に比べて微減の水準となっていることからもそれが伺えます。今後、円安・ウクライナ紛争などの要因も加わるとみられ、前年実績プ

◎合成染料の需給実績

(単位：トン)

	2019年	2020年	2021年
生産量	16,303	12,625	14,977
販売量	15,565	12,606	14,281

資料：経済産業省『生産動態統計』

ラスの結果は楽観できません。

合成染料需要は、種属別に主要用途が分かれますが、自動車生産、住宅着工などの関連製品の裾野が広い需要領域の動向に影響を受ける傾向があります。この点で、2021年の自動車生産は前年比で3％程度のマイナスとなっていましたが、住宅着工件数は同5％程度プラスになっており、この部分が合染需要の増加に寄与した模様です。これに加えて、コロナ禍直後の2020年の合成染料生産が全種属を合わせて過去最低レベルの1万2,600トン（同22.6％減）と大幅に落ち込んでいたことから、この減産分の生産量が戻った分がプラスに寄与したといえるでしょう。

2021年の合成染料に関する輸出入の状況も同様の傾向を示し、2020年比プラスになりました。しかし、前述した通り合成染料の生産・出荷は東日本大震災以降、縮小が続いている傾向にあります。こうしたことから、コロナ禍という特殊要因が加味されていない2019年比で比べてみると、生産数量で8.1％減、出荷数量13.8％減、出荷金額で9.3％減といずれも1割前後のマイナスとなっており、この基調の範囲内で推移していることが伺えます。

2022年の生産・出荷状況をみると、第1四半期の生産実績が4,602トン（前年同期比3.9％減）とマイナスになりました。2022年後半の動きは予測しにくいものの、第1四半期の段階ではウクライナ紛争の影響が加味されていなかったことや、第2四半期に入って再びCOVID-19感染者が急増していることなど、需要にプラス影響が出る要素がなかったことから、2022年通年での生産・出荷は再びコロナ禍の影響を受

ける可能性も出てきました。この一方で、輸出面では期待が持てる部分もあります。

2021年の輸出実績をみると全種属がプラスになりました。また、2019年比でみてもプラスになっており、内需に比べると堅調に推移しているといえます。詳しくみてみると、2021年の全種属を合わせた輸出実績は8,318トン（前年比31,3％増）でした。輸出金額は224億9,200万円（同24.2％増）と2ケタ増を示しました。生産・出荷実績の比較と同様に、2019年比での輸出傾向をみても輸出量は11.5％増と2ケタ増で、輸出金額も11.2％増と好調といえる実績となっています。2021年実績値の段階では現在の円安要因は加味されていないため、今後の輸出面での展開が注目されるでしょう。

主な種属別の輸出動向をみると、いずれも前年比プラスの実績となっていますが、2019年比でもプラスとなっているのは「分散染料」のみでした。

分散染料の2021年輸出実績は2,069トン（同43.2％増、2019年比では17.6％増）で、輸出額は69億円（同34.8％増、2019年比では同10.8％増）となっています。輸出量が2,000トン台に回復したのは2018年以来、3年ぶりのことでした。輸出先としては欧州向けが647トン（同19.8％増）、米国向けが421トン（同38％増）。これらに次いで中国向けが399トン（同107.8％増）などとなっています。

しかし、直近の輸出動向をみると、2022年第1四半期の輸出量は2,285トン（前年同期比17.2％減）と2ケタマイナスとなりました。今後、円安傾向が長期化することで輸出傾向にプラス要因となるのか動向を注視する必要があるでしょう。

一方、輸入については2021年の全種属合計で2万6,800トン（同19.9％増、2019年比では同6.5％減）となっています。特徴的な動きとしては、蛍光塗料（増白剤）が伸長しています。繊維の白色を際立たせるものですが、2021年

は1万1,200トン（同24.1％増、2019年比では8.9％減）と他の種属に比べると活発な動きとなりました。

【顔　　料】

顔料には有機顔料、無機顔料、体質顔料、防錆顔料などがあります。

有機顔料は、印刷インキをはじめ、自動車用・建築用・家庭用などの各種塗料、ゴム、プラスチックの着色のほか、合成繊維の原液着色、雑貨類の着色など広範囲に用いられ、黄色、オレンジ、赤などをカバーする一般的な顔料であるアゾ系と、ブルー・グリーンなどをカバーし色合いが鮮明かつ耐光性・耐久性に優れるフタロシアニン系に大別されます。

無機顔料は隠ぺい力が強く、耐候性、耐薬品性に優れているのが特徴で、塗料には無機顔料が多く使われています。白の酸化チタン、黒の

カーボンブラック、茶色のべんがら（酸化第二鉄）、青の紺青、黄色の黄鉛、赤の酸化鉄などがあります。酸化チタンは代表的な顔料で、自動車、洗濯機、冷蔵庫などの家電の“白”を表現しています。また、光触媒としても脚光を浴びています。素材に酸化チタン光触媒を塗布しておくと、紫外線だけで汚れを分解したり、殺菌作用を発揮したりすることが知られており、各種建築物の壁面やトンネル内の照明、新幹線の窓ガラスなどに実用化されています。最近では医療分野などへの応用研究も進められ、日本発の技術である光触媒の可能性に注目が集まっています。

体質顔料は、増量目的のほか、隠ぺい性や伸展性、付着性、光沢、色調などを調整するために用いられるもので、炭酸カルシウム、硫酸バリウム、タルク、バライト粉、クレーなどがあります。

防錆顔料は、腐食から保護する目的で樹脂や他の顔料とともに用いられるもので、鉛丹、亜酸化鉛、シアミド鉛などの化合物が利用されています。メタリックやパール調のアルミニウムパウダー顔料、磁気記録メディア用の磁性酸化鉄、導電性塗料に用いる銀粉、ニッケル粉、銅粉、汚染防止用の亜酸化銅、防火・難燃などのアンチモン白など機能性を付与する顔料も多くあります。

国内顔料市場は需要の縮小傾向が続いていましたが、明るさが見え始めています。最大用途

◎有機顔料の需給実績

（単位：トン）

	2019年	2020年	2021年
生産量			
アゾ顔料	8,248	7,004	7,389
フタロシアニン顔料	5,895	4,447	4,746
合　計	14,143	11,451	12,135
販売量			
アゾ顔料	7,764	6,372	6,615
フタロシアニン顔料	6,082	4,739	4,975
合　計	13,846	11,111	11,590

資料：経済産業省『生産動態統計』

◎顔料の構造別分類概要

の印刷インキの需要が落ち込んでいることで顔料の出荷量は依然として低迷したままですが、出荷額は2014年に大幅に伸長し、リーマンショック前の水準を取り戻しました。高値が続く原料価格が製品価格に転嫁された影響もありますが、液晶カラーフィルター、化粧品、遮熱塗料向けなど単価の高い機能性顔料が伸長したようです。

有機顔料の生産量は2006年に3万トンを超えていましたが、顔料メーカーの海外シフトなどにより輸出が減る一方で輸入が増え、さらにリーマンショック後に国内需要が落ち込んだことで縮小し、2011年からは2万トンを割り込む水準で推移しています。2020年生産量は1万1,451トン（前年比17％減）と6年連続の減少となりました。アゾ系は7,004トン（同15.4％減）、フタロシアニン系は4,447トン（同29.5％減）となっています。

経済産業省『生産動態統計』による2021年の有機顔料生産量は前年比6.0％増の1万2,135トンとなりました。主要用途である印刷インキや塗料向けが前年にCOVID-19の感染拡大で大きく落ち込み、そこからやや回復した形ですが、流行前の水準にはいまだ戻っていません。COVID-19の影響を除いても国内の顔料需要は近年需要減少が続いており、以前のボリュームに戻るのは難しい状況にあります。汎用顔料は海外品との競争が競争が激しくなっており、顔料メーカー各社はディスプレイのカラーフィルターや遮熱塗料、化粧品向けなど、収益性が高く技術力が活かせる高機能品への傾斜を強めています。

まず、有機顔料の現状を詳しく見ていきます。

国内生産量・出荷量は近年減少傾向にあるものの、出荷金額は、ここ数年200億円強のレベルを維持しているようです。

出荷金額を出荷量で割った2021年の顔料1トン当たりの価格は206万円で、ここ10年で4割程度上がっています。原料価格の上昇もありますが単価の高い機能性顔料が出荷金額を押し上げていると考えられます。

液晶テレビ、パソコンなどに使われるレジストインキやカラートナー向けの顔料需要は、コロナ禍のなかでも堅調に推移しています。

また化粧品向け顔料も収益性が高く、高機能化が図れることから顔料メーカー各社が力を入れています。最近の需要減少はコロナ禍で外出が控えられるという要因であり、その影響は一時的なものとみられ、化粧品向け顔料の需要は今後、回復・成長が見込まれています。

無機顔料についても見ていきましょう。無機顔料の主力用途である塗料の市場動向を見ると、生産量は2019年まで160万トン台をキープしていましたがCOVID-19感染拡大により、2020年は150万トン以下に減少しました。2021年は前年比2.8％増の152万8,113トンと増加したものの回復ペースが鈍化し、今年上期は前年同期比3.5％減の73万3,184トンとなっています。

顔料メーカーが無機顔料の高付加価値戦略の柱として注力してるのが遮熱塗料です。顔料そのものが遮熱性能のキーテクノロジーになることから、顔料メーカー各社は合成技術や表面処理技術を駆使して、遮熱性能、分散性、着色力、防汚性などに優れる機能性顔料の開発に取り組んでいます。

3. 12 香　　料

香料は、日用雑貨品や食品など私たちの生活を取り巻く消費財に幅広く使用されている化学品です。歴史上、初めて出てくるのは紀元前3000年ごろからといわれ、当時は薬物用途で使ったとされます。日本では明治の終わりごろから大正初期にかけて工業化が始まりました。国内需要は景気の影響を受けますが、概ね安定感があり、国内メーカーによる供給力の高い産業といえます。

香料は、動植物など原料とする天然香料と、化学合成によって生産される合成香料とがあります。単品で使われることはほとんどないといってもよく、通常は複数の香料を組み合わせた調合香料として出荷されています。香料業界は、化学合成品を自ら開発・製造できる大手数社と、調合と製剤化だけを行う企業、調合だけを手掛ける中小企業に分かれています。

香料を使う目的には主に香りの付与、強化または改善による嗜好性の向上を目的とした"着香"、対象物の不快な臭気をなくす、もしくは減ずる目的の"マスキング"、殺菌・抗菌・防菌・防カビ、酸化防止、日持ち向上、誘引・忌避・フェロモンなどを目的とした"機能性"の付与があります。また、香料のうち食品や飲料など食品用は"フレーバー"と呼ばれ、香水、化粧品、洗剤、芳香剤など香粧品用は"フレグランス"と呼ばれています。欧米市場とアジア市場で多少の違いがあるものの、フレーバーが6割、フレグランスが4割を占めています。市場を牽引しているのはフレーバーで、なかでも清涼飲料向けの香料が大きな位置を占めています。日本においてフレーバーは厳しい安全性評価をクリアしたものだけが、食品衛生法で食品添加物と定義されます。国内で使用できる天然香料は約600品目あり、合成香料は個々に化合物名で指定されたもの(約100品目)と、化学的に類または誘導体として類別指定されたもの(エーテル類、エステル類など18項目。約3,100品目)があります。フレグランスは、世界の香料業界で組織化された国際香粧品協会(IFRA)の評価に基づき、使える量や用途が定められています。

食習慣の違いなどから日米欧3極の市場において相互に未承認香料が存在しており、食品香料では安全性評価規制の内外差が課題になっていました。国際的な食品流通の障害となっていましたが、食品安全委員会は2016年5月に「香料に関する食品健康影響評価指針」を発表しました。国際的な評価方法であるJECFA(FAO/

◎香料の生産量

(単位：トン)

	2019年	2020年	2021年
天 然 香 料	638	584	600
合 成 香 料	10,728	10,204	9,453
食 品 香 料	48,201	46,296	46,174
香粧品香料	7,401	7,499	8,095
合　　計	66,968	64,583	64,322

資料：日本香料工業会

◎香料の輸出入実績

(単位：トン)

		2019年	2020年	2021年
天 然 香 料	輸出量	129	119	111
	輸入量	13,903	13,329	4,773
合 成 香 料	輸出量	31,878	32,214	31,419
	輸入量	141,871	132,200	160,828
食 品 香 料	輸出量	4,190	4,301	4,411
	輸入量	3,928	3,586	3,782
香粧品香料	輸出量	3,686	3,671	3,773
	輸入量	10,435	10,012	11,594

資料：日本香料工業会

◎香料の国内主要メーカー：売上高とグローバル拠点（2022年現在）

社 名	売上高 （単位：100万円）	グローバル拠点
高砂香料工業	162,440（連結） （2022年3月期）	米国、中国、タイ、ベトナム、台湾、韓国、インド、インドネシア、シンガポール、フィリピン、ミャンマー、オーストラリア、メキシコ、マレーシア、パキスタン、ブラジル、ドイツ、フランス、スペイン、英国、イタリア、ロシア、南アフリカ、モロッコ、マダガスカル、トルコ、UAEなど5大陸に30拠点以上
長谷川香料	55,755（連結） （2021年9月期）	米国、中国、台湾、マレーシア、タイ、インドネシア
小 川 香 料	39,600（連結） （2021年12月期）	中国、台湾、インドネシア、シンガポール、タイ、韓国、フィリピン、ベトナム
曽 田 香 料	17,241（連結） （2022年3月期）	タイ、中国、台湾、シンガポール

WHO合同食品添加物専門家会議）および、EFSA（欧州食品安全機関）の評価方法と日本の食品衛生法を擦り合わせたものです。欧米における先行評価結果が参照可能になるとみられ、食品・香粧品流通の改善につながると期待されます。

　世界市場規模はおよそ263億ドルで、新興国の経済成長に比例して年に数％の率で拡大しています。食経験やハラルなど宗教上の戒律に適合した開発や認証ノウハウの取得がカギになります。

　日本香料工業会によると、2021年の天然・合成香料および食品・香粧品香料を合わせた国内生産は6万4,322トン（前年比0.4％減）、金額にして1,877億円（同1.1％増）となりました。

3.13　触　　媒

触媒は化学反応を促進させる機能材料、機能製品で、工業用に使われる触媒の多くは金属を主成分としています。石油精製や石油化学、自動車、エレクトロニクス、医薬、新エネルギーなど幅広い分野で使用されていて、特に新エネルギーや排ガス浄化といった環境負荷低減に欠かせない存在として重要性が高まっています。

触媒の生産・出荷は、コロナ禍の影響による2020年の落ち込みを脱し、2021年は全体的に回復傾向が目立っています。COVID-19の国内外の感染状況はなお予断を許さない状態ですが、経済活動は一定の水準を保つとみられ、当面は堅調な動きになると予想されます。2017年以降続いていた貴金属価格の高騰も昨年後半からは落ち着きをみせはじめており、出荷金額だけが飛び抜けて増加する傾向にも少し変化があらわれる見込みです。一方で、地球規模の課題である持続可能な社会の実現に向けて、触媒技術は今後ますます注目されることになるでしょう。低い温度域での反応を促すなど、非在来型の触媒プロセスに関する研究が活発化しているほか、燃料電池車に関しても、2040年に目標とされる水準をクリアするためには、現在の数十倍から数百倍の触媒活性が必要だとされています。また、高価な貴金属を代替する材料探索も引き続き重要な研究テーマとなっています。将来、産業界に大きなパラダイムシフトが生じるとしても、触媒の重要性が揺らぐことはないでしょう。

別表に経済産業省『生産動態統計』をもとにまとめた触媒の生産・出荷推移を掲げ、リーマン・ショック前からの中長期的推移を棒グラフと折れ線グラフで示します。2013年に工業用が、2016年に環境保全用が落ち込みをみせているほかは、比較的堅調な動きとなっていることがわかります。2019年は、数量ベースでは工業用がピークの2008年とほぼ同水準まで回復、環境保全用も2016年以降は緩やかながら拡大ペースを描いてきています（グラフの折れ線）。金額ベースでは、工業用は2008年実績を上回る水準に回復しました。環境保全用は貴金属を多く使用するため、2017年以降は貴金属価格の高騰を受け、拡大傾向が顕著になっていました。

こうしたなかでコロナ禍に襲われた2020年実績は、経産省統計によると、生産量は9万1,041トンの前年比11.7％減、出荷量も9万1,199トンの同11.7％減、出荷金額は5,063億3,000万円の同13.3％増という結果になりました。このうち、工業用は、生産量が同11.4％

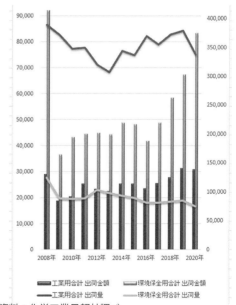

◎触媒の生産・出荷推移

凡例：
工業用合計 出荷金額　　環境保全用合計 出荷金額
工業用合計 出荷量　　　環境保全用合計 出荷量

資料：化学工業日報社調べ

◎触媒の需給実績

(単位：トン、100万円)

		2019年	2020年	2021年			2019年	2020年	2021年
工業用	石油精製用合計				環境保全用	自動車排気ガス浄化用			
	生産量	47,710	39,865	42,132		生産量	11,185	9,419	10,325
	出荷量	49,960	40,326	39,368		出荷量	12,992	10,752	11,675
	出荷金額	32,983	26,938	23,823		出荷金額	294,088	361,475	551,361
	石油化学品製造用					その他環境保全用			
	生産量	20,612	19,373	20,249		生産量	6,097	5,622	6,103
	出荷量	17,065	18,286	17,040		出荷量	6,100	5,721	5,890
	出荷金額	72,881	75,139	139,854		出荷金額	11,308	10,853	10,896
	高分子重合用				環境保全用合計				
	生産量	16,670	15,846	18,557		生産量	17,282	15,041	16,428
	出荷量	16,477	15,474	18,772		出荷量	19,092	16,473	17,565
	出荷金額	24,590	22,560	25,732		出荷金額	305,396	372,328	562,257
	油脂加工・医薬・食品製造用・その他の工業用				触媒合計				
	生産量	840	916	704		生産量	103,114	91,041	98,070
	出荷量	746	640	639		出荷量	103,340	91,199	93,384
	出荷金額	10,803	9,367	15,338		出荷金額	446,653	506,330	767,004
工業用合計	生産量	85,832	76,000	81,642					
	出荷量	84,248	74,726	75,819					
	出荷金額	141,257	134,002	204,747					

資料：経済産業省『生産動態統計』

減、出荷量は同11.3％減、出荷金額は同5.1％減です。環境保全用は、生産量が同12.9％減、出荷量が同13.7％減、出荷金額は同21.9％増でした。数量の多い石油精製用は、コロナ禍で人の移動が制限されたことからガソリンやジェット燃料用などで稼働が低下した影響が出ましたが、化学関係は比較的堅調に推移しました。環境保全用は、緊急事態宣言で自動車生産が一時的にストップした影響があり、自動車排気ガス浄化用は生産量が同15.7％減、出荷量も同16.7％減だったのに対し、出荷金額は同22.9％増と大きく伸びています。これにより、金額的には2008年の9割にまで回復したかたちとなりました。

　触媒工業協会は、財務省『貿易統計』から触媒の輸出入も集計しており、そのまとめによると、2020年の輸出は3万9,802トン（同19.4％減）、輸入は2万4,857トン（同9.4％減）でした。貿易対象の触媒は貴金属を含むものが多いようで、金額でみると輸出は同11.6％増、輸入は同13.9％増とのことです。経産省統計の出荷量をベースに計算すると、2020年の国内推定需要量は7万6,254トン（同6.3％減）、3,948億1,800万円（同14.3％増）となります。コロナ禍

の1年としては健闘したといえるでしょう。

　2021年も度重なるCOVID-19感染拡大に見舞われましたが、経産省統計で2021年1〜10月累計は数字の上ではかなり好調です。工業用は前年同期比で生産量が6.1％増、出荷量1.2％増、出荷金額41.5％増、環境保全用は生産量7.9％増、出荷量4.9％増、出荷金額61.2％増となっています。触媒工業協会の集計でこの期間の輸出は、数量で12.7％増、金額で60・1％増と急拡大しました。輸入は数量で減少（14.4％減）、金額では増加（53.8％増）という結果となっています。

　さて、触媒は数量と金額で需要構造が大きく違いますが、円グラフはリーマン・ショッ

◎触媒の用途別出荷数量構成比

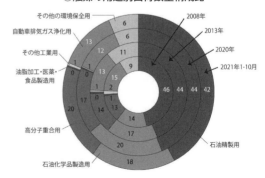

資料：化学工業日報社調べ

ク前の2008年、東日本大震災を経たボトムの2013年、コロナ禍の2020年、そして直近の2021年1～10月出荷実績の用途別構成比を4重円でプロットしたものです。まず数量面でみると、構成比で半分近くを占めるのが石油精製用で、次いで石油化学品製造用、高分子重合用が続きます。石油精製用の構成比は、2008年の46％に対し、少しずつ縮小しており、2020年は44％、直近は42％となっています。また石油化学品製造用は2008年の14％から2013年は17％、2020年は20％へと拡大しました。高分子重合用も構成比を高めており、2008年の13％から伸びて、直近では20％と石油化学品製造用を逆転しました。この3つで全出荷量の8割となります。逆に自動車排気ガス浄化用は少しずつ構成比を下げ、2008年の15％から2020年は12％に低下しましたが、直近は1ポイント改善しています。

一方、出荷金額構成比でみると、自動車排気ガス浄化用が2008年は73％を占めていました。2013年は60％に下がりましたが、2020年は71％へと盛り返し、直近ではピーク時と同様の73％に回復しました。金額ベースでは、石油精製用は小さくなり、コロナ禍で製油所の稼働率が下がった2020年から直近にかけては3％まで縮小しています。また工業用では石油化学品製造用に存在感があり、数量的に伸びてきている高分子重合用と比較しても、石油化学品製造用には高付加価値な触媒が使われていることがわかります。用途別では自動車排気ガス浄化用に次いで大きな地位を占めています。

とくに、ここ数年、触媒出荷金額の伸びが大きいのは貴金属価格高騰が影響したことが要因です。自動車排気ガス浄化用触媒で主流の三元触媒に、プラチナ、ロジウム、パラジウムなどの貴金属が使用されているためです。石油化学品製造用触媒にも、用途によってはパラジウムやプラチナを使用したものがありますが、金額ベースでみると圧倒的に自動車用ということに

なります。自動車排気ガス浄化用では、ハイドロカーボン（HC）吸着のためにプラチナやパラジウム、窒素酸化物（NOx）を浄化するためにロジウムが使われます。プラチナはディーゼル車向け、パラジウムはガソリン車向けが多いとされますが、パラジウムが高騰しすぎたため、プラチナに置き換える動きも出てきています。触媒向けの需要量は、プラチナが約100トン、パラジウムが250トン強、ロジウムが約25トンとみられています。

これらの貴金属価格はここ数年高騰が続いてきていますが、2021年後半から潮目が変わってきました。要因は自動車生産の動向で、世界的な半導体不足や、コロナ禍にともなう東南アジアでの部品工場のクラスター発生などにより、自動車減産の動きが強まったことにあります。とくに、トヨタ自動車が2021年8月に世界の生産計画を90万台弱から50万台強に引き下げると発表した途端、貴金属の先物相場は急落しました。ニューヨーク市場でプラチナは1トロイオンス当たり前日比25.20ドル安の971.20ドル、パラジウムは同125.40ドル安の2297.90ドルに下がったといいます。

プラチナは、欧州のディーゼル車排ガス不正問題をきっかけに急落したあと、コロナ禍からの回復が始まった2020年後半から騰勢となり、2021年2月に1,294ドルの高値を付けました。しかし、同年8月に7カ月ぶりの安値となると、12月の最安値が911ドルまで低下しています。パラジウムは、2017年から急騰してきており、国内相場でみると、2021年5月に1グラム当たり1万1,561円の最高値となりましたが、その後は落ち込んで12月に6,770円の最安値を付けました。

激しかったのはロジウム相場で、2020年12月初めにはロンドン市場で1トロイオンス当たり1万6,000ドルと、主要な金属で歴史上最も高いといわれる価格を付けたあと、2021年も急騰し、3月から5月にかけては3万ドル近い価

格水準に達しました。その後、9月に1万1,000ドル近くに急落したあと、1万4,000ドル前後での推移となりましたが、2022年の年明けには1万7,500ドルまで戻しています。

　こうした貴金属価格は商品相場としての投資対象であり、社会情勢や経済情勢の少しの変化にも敏感に反応します。自動車産業の生産動向、環境規制の動き、あるいは先進国の金融緩和といった政策の変化なども直ちに価格に跳ね返ってきます。当然、触媒の技術開発動向も相場に影響することになります。

　脱炭素でガソリン車が販売されなくなり、電気自動車（EV）や燃料電池車（FCV）が主流になれば、排気ガスを浄化する必要はなくなるため、貴金属の相場にはマイナスになります。しかし、FCVにはディーゼル車の10倍のプラチナが使われるといわれており、その動向次第では相場には好材料となることもあります。また日本政府は"水素社会"を推進していますが、水素はFCVの燃料になるとともに、水素製造自体にも貴金属を使った触媒が利用されています。さらに、ガソリン車用の合成燃料というものも研究されており、これが普及すれば排気ガス浄化用触媒の出番も続くことになるでしょう。

　とくに燃料電池は、水素と酸素の酸化還元反応を電気化学的に行うことで、化学エネルギーを直接電気エネルギーとして取り出す仕組みです。これには正極・負極ともにプラチナをカーボン担体に分散担持した電極触媒が使用されます。ただ、この酸化還元反応は4電子反応で速度が遅いため、触媒による高速化が課題となっています。2030年に向けた目標値で触媒活性を10倍に、2040年に向けてさらに40倍（つごう400倍）に引き上げることが必要だとされ、ナノワイヤー型など触媒構造の改変も試みられています。また燃料に改質ガスの水素を使用すると、作動温度が低いために改質ガス中に残存する一酸化炭素の被毒を受けて活性が低下しやすいことが問題で、これを防ぐために触媒表面を被覆したり修飾したりして処理する方法が研究されています。そのほか、燃料電池は発電後に排出されるのは水だけでクリーンなことが特徴ですが、その水がユニット内部のガス拡散層にたまってしまうと、酸素などの通りが悪くなり発電性能が落ちることが観測されています。

　こうした研究課題に対応するため、国の大型放射光施設「SPring-8」などの活用が進んでいます。これは触媒表面におけるプラチナの結合状態や吸着時の電子構造の変化など、化学反応が進行している非平衡状態をオペランド計測することが可能で、動作中の燃料電池セル内部における水滴の所在や分布などを解析し、次世代の電池開発に役立てた事例もあります。持続可能な社会の実現に向け、新たな触媒開発のテーマはまさに枚挙にいとまがないといえるでしょう。

4 最終製品

4．1 医　薬　品

医薬品は原薬（有効成分、API）と添加剤からできています。この2つを調合してできたものが「製剤」と呼ばれる、私たちが普段接する医薬品です。医薬品には、医療用医薬品と一般用医薬品（大衆薬、OTC医薬品）があります。医療用医薬品は医師による処方箋が必要で、それに基づき薬剤師が調剤して患者に渡すもので、医師の指導や管理のもとに、病状の経過をみながら使用する薬です。一般用医薬品については医師の処方箋は不要で、薬局や薬店などで自由に購入できます。一般の人が使用することに配慮して、作用も緩やかで安全に作られていますが、副作用なども懸念されることからリスクに応じて第1類〜第3類に分類されています。

医薬品は医薬品医療機器等法（医薬品、医療機器等の品質、有効性及び安全性の確保等に関する法律、旧薬事法）第2条1項で次のように定められています。

1．日本薬局方に収められているもの
2．人または動物の疾病の診断、治療または予防に使用されることが目的とされるものであって、器具機械（歯科材料、医療用品及び衛生用品を含む）でないもの（医薬品部外品を除く）
3．人または動物の身体の構造または機能に影響を及ぼすことが目的とされているものであって、器具機械でないもの（医薬部外品および化粧品を除く）

医薬品医療機器等法は、医薬品の研究開発から製剤の生産・販売に至るまでを厳しく規制しており、すべての医薬品は品目ごとの許可が必要で、承認を得なければなりません。

医薬品関連産業は、法規制の緩和政策と国際標準化、新薬開発における熾烈な国際競争、国や企業・組織の壁を越えたオープンイノベーションの推進、医療費抑制のための後発医薬品（ジェネリック医薬品。有効成分は先発薬と同じだが、先発薬の特許が切れているため価格をより安く設定できる）の使用拡大とそれにともなう原薬の安定供給など、大きな環境変化のなかで様々な課題を抱えています。このような状況のなか、医薬品・医療機器各社は、「医療のパラダイムシフト（治療から予防、疾患の根本治療など）」に対応するために「精密医療（適切な患者選択）」「予防医療（疾患を未然に防ぐ）」「再生医療（疾患の根本治療につながる）」などの分野で取り組みを加速しています。

世界の創薬イノベーションは抗体、ペプチド、核酸、再生・細胞医療など多様性を増しています。がん治療では抗体薬の威力が発揮されてき

◎医薬品用途区分別生産金額

(単位：100万円、%)

用途区分	2018年 生産金額	2018年 構成割合	2019年 生産金額	2019年 構成割合	2020年 生産金額	2020年 構成割合
医療用医薬品	6,172,570	89.4	8,662,822	91.3	8,519,501	91.6
国　産	4,281,860	62.0	2,389,342	25.2	2,624,703	28.2
輸　入	1,890,710	27.4	6,273,480	66.1	5,894,798	63.3
要指導医薬品・一般用医薬品	735,152	10.6	823,166	8.7	785,875	8.4
うち配置用家庭薬	14,224	0.2	2,725	0.0	2,462	0.0
総　　　数	6,907,722	100.0	9,485,988	100.0	9,305,376	100.0

資料：厚生労働省『薬事工業生産動態統計』

◎世界の医薬品売上高トップ10（2021年）

(単位：億ドル)

順位	企業名	売上高
1	ファイザー[米]（8）	812.9
2	ロシュ[スイス]（1）	687.0
3	アッヴィ[米]（4）	562.0
4	ジョンソン・エンド・ジョンソン[米]（5）	520.8
5	ノバルティス[スイス]（2）	516.3
6	メルク[米]（3）	487.4
7	グラクソ・スミスクライン[英]（6）	469.1
8	ブリストルマイヤーズスクイーブ[米]（7）	463.9
9	サノフィ[仏]（9）	446.7
10	アストラゼネカ[英]（11）	374.2
11	武田薬品工業（10）	321.2
22	大塚ホールディングス（20）	134.8
23	アステラス製薬（22）	116.7

〔注〕（　）内は前年順位
資料：Answers News「【2022年版】製薬会社世界ランキング」をもとに作成

ましたが、次に注目されるのはキメラ抗原受容体T細胞（CAR−T）療法など細胞医療であり、がん治療の世界に新たな地平を切り開くと期待されています。また、低分子薬と抗体医薬の双方のメリット（前者：経口投与が可能、免疫毒性がない。後者：標的選択性が高く、副作用が少ない）を併せ持つ特殊ペプチド創薬は、世界の注目を集めています。抗体に比べて安価に製造できるという利点もあります。

この10年ばかり、創薬ターゲットががん、自己免疫疾患、認知症などの治療薬、希少疾患関連と変化するなか、バイオ医薬品（特に抗体）は創薬基盤として注目されてきました。世界の医薬品売上高トップ10の半分以上を抗体医薬

などのバイオ医薬品が占めていますが、多くは海外のアカデミアやベンチャー、製薬企業が実用化し、大型製品に育てたものです。小野薬品工業と米ブリストルマイヤーズスクイーブが共同開発したがん免疫薬「オプジーボ」も健闘していますが、日本由来はこれのみと言ってよく、日本は大きく出遅れている状況です。

2010年に、日本の医薬品の輸入超過額（医薬品貿易赤字）は1兆円を超えましたが、2015年には2兆円を突破しました。2019年は初めて3兆円を超え、赤字額は5年連続で2兆円を超える状況にあります。現在、がんや自己免疫疾患、希少疾患・難病に対する新薬のほとんどは抗体医薬などのバイオ医薬品で、国産バイオ新薬およびシミラーで出遅れた日本は、輸入に頼る構図が長年続いており、その依存度は高まるばかりです。

再生医療産業は高い成長が見込まれており、大手製薬企業の細胞・再生医療分野への参入も加速しています。今まで治療法がなかった難病に有効な治療法をもたらしたり、治療費のかさむ慢性疾患に根本治療をもたらしたりする可能性がある点に加え、生きた細胞をそのまま使用する再生医療には独自の製造ノウハウなどが必要で、低分子医薬品やバイオ医薬品のように特許切れ後にジェネリックに置き換わるリスクが少ないという点で製薬企業にとって魅力となっています。ただし再生医療の産業化は、アカデミアや製薬・医療機器企業、バイオベンチャー

だけで成し遂げられるものではありません。培地・試薬、自動培養装置・検査装置、臨床試験受託（CRO）、開発製造受託（CDMO）、輸送などのサポーティングインダストリー（周辺産業）の存在が不可欠です。これら周辺産業を含めた2050年の市場規模は、世界全体で53兆円になるとする試算もあります。

　2005年に改正薬事法（現 医薬品医療機器等法）が施行され、製薬会社が製造を外部に全面委託することが可能になりました。医薬品市場は化学企業と親和性が高く、化学企業は医薬品原料・添加剤を製薬会社に供給したり、医薬品製剤を販売したりすることで、医薬品市場に関与してきました。医薬品市場は景気の良し悪しに左右されず、化学企業も安定した収益を確保することができます。

　改正薬事法とともに受託事業を後押ししているのが後発医薬品です。医療費を削減すべく、政府は2017年6月にいわゆる「骨太方針」で、2020年9月までに後発医薬品のシェアを80％以上に上げるという目標を掲げました。これは新薬メーカーにとっては長期収載品に依存したビジネスモデルの終焉を意味し、継続的に新薬を開発していくことが求められます。新薬開発の加速と一体の取り組みとして、グローバルな事業展開に拍車をかけることも重要です。財源面や人口減少といった問題を踏まえれば今後、国内の医薬品マーケットには大きな伸びは期待できません。日本ジェネリック製薬協会によると、2020年4月〜6月の数量シェアは79.3％となっています。

　医薬品原料メーカーは、こうした新薬メーカーの動きに連携していくことが求められます。原薬レベルでは、場合によっては研究開発から一体的な取り組みを進め、より積極的に差異化を図っていかなければなりません。

　急激な後発薬の普及が医薬品バリューチェーンに与える影響は大きく、原薬メーカー（川上）、卸（川中）、医療機関や調剤薬局（川下）にも大き

な影響を及ぼしています。なかでも最大の課題は、やはり供給力の拡大です。医薬品はその性質上、欠品が許されません。安定供給のために、後発薬メーカーは実際の需要予測以上の供給能力の構築を進めています。爆発的な需要増に応えるには、原料サイドにも供給責任が強く要求されます。医薬品業界、監督官庁も原料業者に安定供給を強く求めています。中国、インドなど海外勢も日本市場での拡大を狙っていて、これらと競争しつつ、あるいは連携するなどして安定供給体制を確立する必要があります。逆にいえば、安定供給とコスト競争力をうまく両立できれば、市場拡大の恩恵を最大限に受けることが可能となります。もちろん品質に関しては手を抜けませんし、時々の規制に的確に対応していくことも必須条件です。製薬産業との信頼関係を確固としたうえで従来以上に相互の情報交換を緊密化し、これらの条件をクリアしていければ、激変する市場でも勝機を見出せるはずです。

　他方、後発薬に対する不信感も一部ではいまだに根強く、原薬の安全性が後発薬の今後を左右するカギを握っているともいえます。後発薬に懐疑的な意見として、海外から輸入する原薬や中間体の品質を不安視する声があります。先発薬の原薬にも輸入品は含まれていますし、厚生労働大臣による承認を受けた時点で品質は保証されているのですが、1品でも問題が起これば後発品業界全体にとっての逆風となりかねません。各社には安全管理の一層の強化が求められます。

　政府が掲げる後発薬のシェア目標達成にあたり、化学品専門商社は海外からの医薬品原料（API）を安定調達するという重要な役割を担うことになります。品質や価格競争力に優れる海外原薬メーカーを各国から発掘することで調達ルートを拡大し、国内ではAPI倉庫の拡充を進めるなど需要増を見据えた動きを加速しています。欧州から品質に優れる原薬を輸入するとともに、価格競争力のある中国、インドの原薬

メーカーに次の照準を合わせていますが、中国やインドではGMP管理の徹底が不十分だったり、日本の法制度への理解不足から、輸入不適合となる原薬もしばしば見受けられます。今後はこうした管理指導も含めた海外ネットワークの拡充が求められます。

　一方で先発薬側も対抗策として新薬開発を加速しており、専門商社の存在感は高まっています。単なる輸入販売だけでなく、分析センターの設置や受託合成サービスの提供など、各社の差別化戦略も明らかになってきました。成長市場を取り込むため、これまで以上の機能が求められています。

●プロセス化学とは

　プロセス化学とは「医薬品などの新しい有効成分になる物質が見つかったとき、どこでも誰でも同じように大量生産できる方法を研究すること」を指します。純粋に化学合成の「レシピ」を考えるだけでなく、医薬品として一定の品質を維持し、安定的、低コストに生産でき、さらには環境にも配慮するなど、多くの条件を満たす技術力が求められる分野です。表舞台で語られる機会は多くありませんが、医薬品や農薬、機能性材料などを実用化するうえで、なくてはならない研究です。

　「さまざまな原料を化学反応させて、目的物を取り出して精製し、結晶や粉末などにする」という作業を繰り返すことで、医薬品などあらゆるものの原料は完成されますが、いかに少ない工程と扱いやすい方法で大量生産できるかは、企業が医薬品などを商業化するうえで極めて重要なポイントです。

　例えば日産化学は、自社ブランドの農薬事業でプロセス開発に取り組んでいます。医薬品に比べ、農薬は低コスト生産を実現できなければ収益を維持できません。同社は自社開発した殺菌剤や除草剤などを国内外で販売していますが、発売後も薬剤のライフサイクルに合わせた「徹底的なコストダウンのための製造法」を追究しています。

4.2 化　粧　品

化粧品は、医薬品医療機器等法で「人の身体を清潔にし、美化し、魅力を増し、容貌を変え、または皮膚若しくは毛髪を健やかに保つために、身体に塗擦、散布その他これらに類似する方法で使用されることが目的とされている物で、人体に対する作用が緩和なもの」と定義されています。その使用目的から、洗顔料や化粧水などのスキンケア化粧品、口紅、ファンデーションなどのメークアップ化粧品、シャンプーなどのヘアケア化粧品、浴用石けんなどのボディケア化粧品、歯磨き剤、香水などのフレグランス化粧品に分類することができます。尚、肌あれ防止、美白などの効果を持つ有効成分を含む薬用化粧品は医薬部外品に分類され、出荷金額は化粧品全体の2割を占めています。

化粧品の原料は、化粧品の形状を構成するのに必要な基剤原料、生理活性や効果、機能を訴求するための薬剤原料、製品の品質を保つ品質保持原料、色や香りに関連する官能的特徴付与原料に大まかに分類できます。具体的にはビタミン類やアミノ酸、高級アルコール、油脂、脂肪酸エステル、界面活性剤、色素、香料、保湿剤、防腐剤、酸化防止剤、紫外線防止剤、キレート剤、顔料、パール顔料など化学品がほとんどです。その種類は、化粧品原料基準や日本汎用化粧品原料集（JCID）、メーカーが独自で開発した新規素材などを合わせると2,000種以上あるといわれています。

アジア市場の成長やインバウンド（訪日外国人）拡大の波に乗り、化粧品産業は好調を持続してきました。しかし、COVID-19感染拡大の影響で訪日客需要は蒸発してしまいました。長引くマスク生活やリモートワークの定着で外出をする機会は減り、内需の回復もいまだ十分とはいえない状態です。コロナ禍で収入減に直面し、化粧品でも節約志向が高まっているとの声も聞かれます。ただ、市場環境が厳しいなかで新たな動きも出てきています。その一つが、「男性らしさ」や「女性らしさ」といった固定観念を取り払う「ジェンダーレス」の潮流です。各社はこれまでの男性用化粧品とは一線を画した商品を市場に展開するなど愛用者の獲得に力を入れています。

富士経済が2021年11月に発表した「化粧品の国内市場調査の結果」によると、2020年の化粧品の国内市場規模は前年比14.5％減の2兆7,502億円にとどまりました。COVID-19の影響でインバウンド需要が消失し、4〜5月には

◎化粧品の生産量

（単位：トン）

	2019年	2020年	2021年
香水、オーデコロン	183	144	105
頭髪用化粧品	290,515	246,832	230,117
皮膚用化粧品	134,727	117,714	107,325
仕上げ用化粧品	5,331	3,750	3,633
特殊用途化粧品	33,304	26,442	22,492
合　　　計	464,060	394,882	363,672

資料：経済産業省『生産動態統計』

◎化粧品の販売額

（単位：100万円）

	2019年	2020年	2021年
香水、オーデコロン	4,917	4,394	4,700
頭髪用化粧品	393,448	369,909	363,969
皮膚用化粧品	887,587	771,818	689,662
仕上げ用化粧品	372,981	245,652	218,321
特殊用途化粧品	102,213	86,596	76,252
合　　　計	1,761,146	1,478,367	1,352,904

資料：経済産業省『生産動態統計』

緊急事態宣言が発出され、百貨店や駅ビルなどの商業施設が休業を余儀なくされました。一方で美の価値観は多様化しており、化粧品使用のジェンダーレス化を背景に男性でも自由に美を追求できる雰囲気が生まれてきています。

コーセー子会社のコーセーコスメポート（東京都中央区）は、男性向けブランド「マニフィーク」から日焼け止め乳液「同サンスクリーン」（容量50ミリリットルで希望小売価格は1,980円）を2022年3月22日に発売しました。アマゾンなどの通販サイトや一部の雑貨店で取り扱われます。

マニフィークは、スキンケア効果や使い心地にこだわったジェンダーレス発想で商品を展開しているブランドです。日焼け止めを積極的に取り入れる男性が増えるなか、新たに発売したサンスクリーンは肌に塗ったときのべたつきを抑えつつ、紫外線（UV）や大気の汚れなどの環境ストレスから肌を守るのに役立つとのことです。

「昨今、消費者がジェンダーの枠を超えて化粧品を選ぶようになっているなかで、市場での存在感確立を目指す」（コーセーコスメポート）と同社は話します。コーセーは今月、高価格帯ブランド「コスメデコルテ」においてもサステナビリティーメッセージを新たに策定しました。ジェンダーギャップのない社会に向け、商品やサービスをはじめとする事業活動を通じた独自の取り組みを推進するとしています。

花王傘下のカネボウ化粧品は2020年2月、社名を冠した主力ブランド「KANEBO」のコンセプトを一新しました。あえて男性用、女性用と言及しないジェンダーレスをテーマに打ち出しています。多様性や個性が尊重される時代において、パッケージデザインは黒を基調としたシックな雰囲気を採用し「性別や年齢などにとらわれないフォーエブリワン発想のモノづくりを目指し、使いやすい色味や質感の商品を揃えていく」（カネボウ化粧品）方針です。同じく傘下のエキップ（東京都品川区）が手がける「アスレティア」ブランドでもジェンダーレスに使えるスキンケア商品の強化に動いています。

資生堂もジェンダーにとらわれずにメークを楽しめる体験を提供しています。2021年8月、ジェンダーニュートラルなメーキャップを画面上で楽しめる「TeleBeauty AR　フィルター」のサービスを開始しました。AR(拡張現実)技術を駆使したもので、同社メーキャップ製品の色や質感を自分の顔で試すことができます。ナチュラルメークと、グリーンとコーラル(珊瑚色)のコントラストが効いたアイメークが特徴のカラーメークのパターンがあり、それぞれ「やわらかな印象」「きりっとした印象」を生かすフィルターが用意され、自分の顔立ちやなりたい印象に合わせて選ぶことができます。

美容総合サイト「ワタシプラス」には特設サイトも開設しました。各ARフィルターのパターンを詳細に紹介しており、気に入った商品はワタシプラスで購入できるよう購買経路も整備しています。

流通サイドでも新しい需要を取り込む動きが活発になっています。スギ薬局は、4月にジェンダーニュートラル化粧品のプライベートブランド（PB）「プリエクラU」を投入します。内外二重構造の特殊親油性層ナノコーティングによるナノ分散浸透技術「SNDP」をコアに設計したもので、洗顔料、化粧水、乳液2種のほか、クリーム、日焼け止めをラインアップしています。

男性の認知度向上のために、さまざまな手を打つ計画で、店頭ではヘアケア製品などを販売する男性製品コーナーで告知します。女性スタッフに気後れする男性心理を考慮し、スキンケアをアドバイスするビューティーアドバイザー（BA）として男性も起用しました。これまでにも男性BAは活躍しており、現状は関東1人、中部1人、関西に2人を配置しているが、今後はさらに増員していく予定とのことです。男性

BAによると、来店する男性客はニキビや肌荒れなどの肌トラブルに悩むニーズが多いといいます。

同社ではエリアによって温度差があるとして、とくにニーズの高い都心では定期的なイベント開催により普及啓発に取り組む予定です。また、800万ダウンロードされているというスギ薬局のアプリを通じた告知など、あらゆるチャネルを活用していくとしています。

男性用化粧品がカテゴリーとして台頭するなか、ジェンダーニュートラル化粧品とどう棲み分けがされていくのでしょうか。スギ薬局の担当者は「女性用化粧品は歴史が長く、裏付けとなる研究の積み重ねもある。こうした点をアドバンテージと感じ取る男性消費者は女性用化粧品を購入している」と分析しています。一方、髭剃りの習慣がある男性の肌と女性の肌を区別して捉える化粧品メーカーも多くみられます。男性心理としては、男性用とカテゴライズされた製品を買い求めやすいことも想像され、どのような市場の形成過程を辿るのか注目されています。

●人生100年時代へ　認知機能の研究進む

日本では、平均寿命が延び続けています。50年ほど前の1970年の平均寿命は男性が69.84歳、女性が75.23歳だったのに対し、医療技術の進歩などで2020年には男性が81.64歳、女性が87.74歳となるなど、ともに過去最高を更新しました。2060年には男性84.19歳、女性90.93歳に達するといわれています。

人生100年時代といわれるなか、認知症への対応がクローズアップされています。東京都健康長寿医療センターによると、人生が80年で終焉を迎えていれば、認知症の出現率は1ケタ％台のところ、80歳を超えた辺りから出現率は高まり、95歳以上の女性では4人に3人ほどと高い割合になります。

誰もが発症し得る認知症は、治療の難しさや介護が必要になるなど、本人だけではなく家族や地域との関わりも大きいため、非常に身近な問題といえるものでしょう。長引くコロナ禍による外出自粛の影響で、とくに在宅認知症者の症状悪化も懸念されます。

認知症に関する研究は世界中で進められ、原因や対策についても少しずつ分かり始めてきました。認知機能の維持には早期対策による予防が非常に重要と考えられていることに加え、近年、予防策として食の分野に対しても関心が高まっています。

脳と腸は、自律神経などを介して互いに影響を及ぼし合うといわれ、例えば緊張すると腹痛が起こることがあります。このように脳と腸が密接に関わる関係は「脳腸相関」と呼ばれていますが、この脳腸相関に着目し、精力的に研究を続けるのが森永乳業です。

50年以上にわたって、ビフィズス菌や腸内フローラの研究に同社は取り組んできました。保有する数千株の菌株のなかから、認知機能の一部である記憶力の維持に役立つビフィズス菌を特定していることは森永乳業の大きな成果の一つです。臨床試験でも有用性を確認しており、国際的なアルツハイマー病の情報サイトに唯一のプロバイオティクス（人体に良い影響をもたらす微生物）素材として紹介されています。

また、量子科学技術研究開発機構と味の素は、特定のアミノ酸の摂取が認知症の病態を抑えることを発見しました。ロイシンなど7種の必須アミノ酸を特定の割合で組み合わせてモデルマウスに投与すると脳の炎症性変化を防ぎ、神経細胞死による脳萎縮を抑制する可能性が示されたとのことです。

ほかにもダイセルは、北海道大学、北海道情報大学と共同で、こんにゃく由来セラミドにヒト脳内アミロイドβペプチドの蓄積を軽減させる働きがあることを見出しました。超高齢化社会の到来で加齢にともなう認知機能の低下が大きな社会課題となるなか、認知機能のケアにつながる食品素材の今後から目が離せません。

4.3 食品添加物

食品添加物は、加工食品に欠かせません。加工食品の製造から流通・販売、家庭で保存され実際に調理されるまで、すべての過程で重要な役割を担っています。品質や安全性の確保、味・香り・色・食感の付与に加え、カロリーコントロールや減塩など健康増進ニーズにも応えて広く浸透しています。

食品添加物は食品の製造過程で、加工、保存の目的で食品に添加、混和、浸潤その他の方法で用いられるものであるため、内閣府食品安全委員会（食安委）における安全性評価を経て、厚生労働大臣が薬事・食品衛生審議会（薬食審）の意見を聞き、人の健康を損なう恐れのないものとして定める場合に限り販売、製造、輸入、使用等を認める指定制度がとられています。2017年11月には、品質規格などを定める食品添加物公定書の第9版が官報告示され、酵素製剤など89品目が新たに使用可能になりました。改定は、2007年の第8版発行からおよそ10年ぶりです。また2019年4月には、加工食品について認められている一括表示や用途名の表示方法、「無添加」「不使用」といった消費者の誤認を誘う表示等について議論を深めることを目的に、消費者庁に「食品添加物表示制度に関する検討会」が設けられました。

【酸　味　料】

酸味料は、清涼飲料・加工食品に酸味を与えたり、調整する目的で用いられます。代表としてクエン酸および乳酸、リンゴ酸があります。保存、酸化防止、pH調整機能もあり高い安全性から医薬・工業用途としても利用されています。使用量が最も多いのはクエン酸で、「クエン酸塩（クエン酸を含む化学物質）」を合わせると国内需要はおよそ2万7,000トンです。食品用途としては5割が清涼飲料水向けで、安定しています。

これに次いで国内需要量が多いのが乳酸で、「乳酸塩類（乳酸を含む化学物質）」と合わせると1万7,000トン程度の規模（いずれも50％換算）があり、醸造工業、飲料向けが中心です。「乳酸塩類」の乳酸カリウムについては「減塩」食品開発への応用が見込まれています。さわやかな酸味が特徴の「リンゴ酸」は「リンゴ酸塩類（リンゴ酸を含む化学物質）」と合わせるとおよそ5,000トンで、果実系の飲料や菓子に多く用いられます。これらの酸味料の国内需要は、ほぼ安定的に推移しています。その他の酸味料には酒石酸、フマル酸、コハク酸、グルコン酸、シュウ酸、アジピン酸、リン酸などが挙げられます。

食品添加物として用いられる酸味料は、食品の酸性・アルカリ性などを調整する機能があることから、組み合わせて使われるのが一般的です。また、菌種によっては一定程度の抗菌性も得られます。食品機能としては退色を防いだり、ビタミンの分解を防ぎます。この機能に着目した食品開発も行われています。

【酸化防止剤】

酸化防止剤は、加工食品中の油脂成分の変質・劣化や、果実・野菜加工品の変色・褐変を防ぐために用いられます。風味や外観の悪化のみならず、栄養成分の減少や人体に有害な過酸化物質の生成を防ぐ目的があります。

食品に応じて水溶性と油（脂）溶性のものに大別されますが、内需としては合計で4,000トン程度です。水溶性のものはエリソルビン酸、アスコルビン酸類（ビタミンC類）や亜硝酸塩類、油溶性のものはトコフェロール類（ビタミンE類）およびブチルヒドロキシアニソール（BHA）などが代表例です。いずれもビタミン類の補給という栄養強化目的でも用いられます。また、一部の香辛料には酸化防止効果成分を含むものがあります。

酸化防止剤は食品成分よりも先に酸素と結合することで食品の酸化を防ぎます。また、酸化防止剤ではありませんが、クエン酸、酒石酸などは酸化防止剤と併用することによって効果を高めることが知られています。このほか、加工食品の酸化防止を目的として、包材に酸素透過性を抑えた多層フィルムを用いたり、脱酸素剤・乾燥剤を併用したりすることによって、さらに効果を上げることもできます。

需要規模が最も大きいのはL-アスコルビン酸と同ナトリウムで、果実缶詰、清涼飲料水などに用いられます。栄養強化目的分などを除いた酸化防止剤としての需要は、合わせて年2,900トン程度です。これに次ぐのがエリソルビン酸と同ナトリウムで、果実缶詰、魚介加工品などに用いられます。酸化防止剤としてはL-アスコルビン酸が圧倒的なシェアを持ちますが、食品に合わせて各種選択されています。

【保 存 料】

保存料は微生物による食品の腐敗・変敗を防ぐ目的で用いられ、加工食品においては消費期限や賞味期限の延長につながり、食中毒や食品ロスを防止することにもなります。一方で、食品の安全性をアピールする（保存料不使用をうたう）ために使用される日持ち向上剤（保存期間が数時間～数日程度と短い）が、惣菜業界を中心に普及しています。通常の加工食品に比べて微生物の繁殖を抑える時間が短いため、商品管理や家庭での消費のタイミングには注意が必要です。

食品添加物には合成品である安息香酸、ソルビン酸、パラオキシ安息香酸エステルなどの指定添加物のほか、天然添加物としてカワラヨモギ抽出物、白子タンパク抽出物、ペクチンなどがあります。これらはターゲットとなる微生物に応じて選択されますが、使用できる食品と使用量が厳密に定められています。

国内需要の主力は酢酸ナトリウム（需要量は年間1万トン）で、つづいてグリシン（同7,000トン）、ソルビン酸およびソルビン酸ナトリウム（あわせて5,000トン）となっています。

日持ち向上剤の抗菌性は弱く、使用する食品の特性や風味への影響、流通条件、微生物の種類に応じて複数の食品添加物を製剤化して供給されています。主なものとしては、グリセリン脂肪酸エステル、グリシン、酢酸ナトリウム、氷酢酸などの合成品のほか、チャ抽出物、ユッカフォーム抽出物、リゾチーム、ローズマリー抽出物などの天然添加物もあります。

【着 色 料】

食品素材由来の色素は様々な要因によって劣化・分解し退色していきます。着色料は加工食品において、農作物や水産物が本来持っていた自然な色調を維持するために用いられます。鮮魚・食肉・野菜などの鮮度を見誤らせる恐れがあるため、生鮮食品に用いることはできません。

主力は天然系着色料のカラメル色素で、内需は年2万トン程度とみられます。主用途は清涼飲料およびアルコール飲料で、ハム・ソーセージ製品、各種の冷凍食品にも用いられています。天然系色素としては他にアナトー、アントシアニン、カロチン、クチナシ、コチニール、ベニバナ、ラックなどが用いられます。

化学的合成品であるタール系色素（食用赤色

2号、黄色4号など）の国内需要は、ピーク時には年400トン程度ありましたが、現在は80トン程度とみられ、主に魚肉・畜産加工品に用いられます。消費者の嗜好に対応して天然系色素への切り替えが進んでいますが、発色の良さと安全性の高さから工業用でも需要があります。

なお、着色料に似た機能のものとして発色剤がありますが、これは加工時に失われる色素を固定させるもので、食品に着色する着色剤とは異なります。伝統食品では発色剤として鉄釘やミョウバン類が用いられてきましたが、使用が認めらているのは亜硝酸ナトリウム、硝酸カリウム、硝酸ナトリウムの3種のみです。これらは魚肉などに含まれるヘモグロビンの酸化を防ぎ、褐変を抑えます。

上記に紹介したもののほかに、食品添加物として以下のものが挙げられます。

【乳　化　剤】

［グリセリン脂肪酸エステル、ショ糖脂肪酸エステル、ソルビタン脂肪酸エステル、レシチン酸、プロピレングリコール脂肪酸エステルなど］

乳化剤は、食品原料中の油脂・水分を均一化させるほか、起泡、消泡、洗浄の目的でも用いられます。主な用途としてチョコレート、キャラメルなどの製菓、マーガリン・ショートニング、マカロニなどの麺類製造における乳化（食品原料中の油脂・水分を均一化させる）のほか、豆腐製造・アルコール発酵飲料製造時の消泡、液状食品の安定化、でんぷん・タンパク質食品の改質が挙げられます。コンビニエンスストアの東南アジア進出においては、総菜製造用として乳化剤などを製剤化し、現地でも日本並みの総菜製造を行うなどの取り組みが試みられています。

食品用乳化剤は大きく合成系と天然系に分かれますが、内需全体では2万5,000～2万8,000トン規模で推移しているとみられます。合成系の主力はグリセリン脂肪酸エステルで、内需はおよそ1万3,000トンです。脂肪酸モノグリセリドが大半を占めており、同1万トン程度の需要があるとみられます。でんぷん・タンパク質の改質機能があるほか、工業用途としては乳化剤、プラスチック可塑剤としても需要があります。天然系の主力はレシチン類です。植物系から動物系など多様で、大豆、ナタネ、ヒマワリなどを原料とする植物レシチン、分別レシチン、卵黄レシチン、酵素処理レシチンおよび酵素分解レシチンの5タイプに分けられます。用途に応じた需要があり、内需は1万トン程度とみられます。取り扱いの多い大豆レシチンの国内需要規模はおよそ7,000トンです。

【増粘安定剤】

［カルボキシメチルセルロースナトリウム（CMC）、アラビアガム、カラギナン、ペクチン、グアーガム、キサンタンガムなど］

増粘安定剤（糊料）は、加工食品に粘性を与え、「滑らかさ」や「粘り気」といった食感を生み出します。この特性を食品加工に適用することで、分散安定剤、結着剤、保水剤、被覆剤といった役割が得られます。一般的には粘性付与を目的とする「増粘剤」と、ゼリー状に加工する「ゲル化剤」に大別されます。食品そのものにも同様の性質を持つものがあり、小麦粉に含まれるグルテンなどはその一例です。

アルギン酸ナトリウムやCMCなど合成物のほか、同様の機能を持つ天産物も多く、種子、樹脂、海藻、植物や甲殻類などの多糖類から抽出されたものが利用されています。増粘安定剤として最も需要量が大きいのは動物性タンパク質であるゼラチンで、年1万2,000トン程度です。これに次いで多いのが種子多糖類で、大

豆、ローカストビーンガム、タマリンドガムなどが代表例です。これらのガム類を合わせると年8,000トン程度の需要量があります。天産物については、天候要因や輸出規制などの外的要因で原料需給が変動します。

また、増粘安定剤のいくつかは工業用途としても利用されています。種子由来の増粘安定剤については一時期、シェールガス井掘削用とみられる分野にも応用され需給がひっ迫しましたが、現在はこうした特殊要因は消失し落ち着きをみせています。分散性の付与を目的にアイスクリーム、各種のソース類、麺類加工などに利用されるCMCは食品用途として年600トン程度の需要がありますが、一方で、植物繊維（セルロース）を加工して得られ、微粒子分散性が高いという特徴を生かして繊維産業での捺染剤、排水処理分野での凝集剤や医薬部外品などでの用途もあります。

近年では、「飲みこみやすさ」を向上させるものとして、介護食品向けの需要が注目されています。

【甘　味　料】

［サッカリン、アスパルテーム、D-ソルビトール、キシリトール、ステビオサイド、甘草、トレハロース］

一般的に甘味料というとショ糖（砂糖）、ブドウ糖、果糖などを指しますが、これらは食品扱いで、加工食品などに用いても食品添加物の対象とはなりません。食品添加物としての甘味料は、砂糖・水飴などの「食品」とは区別され、加工食品・清涼飲料水に甘味を付与するために用いられます。食品に悪影響を与える雑菌（酵母など）を増殖させてしまう砂糖などを味覚面で代替する材料として開発されてきた経緯がありますが、過去にチクロなどのサイクラミン酸塩が使用禁止になったことがあり厳しい目が向けられる傾向があります。一方で、低カロリー

性や虫歯になりにくい抗う蝕性など健康面での機能についても理解が進んできており、食品開発においてはこうしたリスクコミュニケーションが欠かせません。上記したもののほか、ショ糖の1万倍の甘味度を持つ超高甘味度甘味料として2007年にネオテーム、2014年には同4万倍以上のアドバンテームが新規指定を受けています。ごく少量の使用で甘味を付与することが可能で、低カロリー食品開発につながる素材として注目されています。また逆に、ショ糖の4割程度の甘味しかないニゲロオリゴ糖などの低甘味度甘味料も、甘味の切れを向上させる素材として開発されています。

【栄養強化剤】

［ビタミン類：　L-アスコルビン酸（ビタミンC）、トコフェロール酢酸エステル（ビタミンE）、エルゴカルシフェロール、β-カロテンなど、ミネラル類：炭酸カルシウム、乳酸カルシウムのほか、亜鉛塩類、塩化カルシウム、塩化第二鉄など、アミノ酸：L-アスパラギン酸ナトリウム、DL-アラニン、L-イソロイシンなど］

栄養強化剤は、戦後の食糧事情が悪かった時期においては不足する栄養成分を積極的に補給する目的で、主にコメ、ムギ、パン、麺などの主食を対象に用いられたほか、醤油・味噌、バター・マーガリンや、粉乳、清涼飲料などにも応用されてきました。

今日では食品加工時および保存時に失われてしまう栄養成分を補う目的で、アミノ酸類、ビタミン類、ミネラル類が指定されています。このほか既存添加物も合わせた国内需要規模は2万数千トン規模とみられます。最も需要の多いのが炭酸カルシウムで、市場規模は1万3,000トンです。即席麺や菓子類、乳飲料向けが中心です。ビタミンCは酸化防止剤としての用途もありますが、栄養強化剤としては5,000

トン弱の市場と推定されています。

　食品素材によっては、不足している成分を強化して栄養価を高めるために用いられます。栄養強化目的で使用した場合には食品衛生法上、使用した食品添加物の表示義務はありませんが、通常は表示されるのが一般的です。また、保健機能食品（特定保健用食品および栄養機能食品）の栄養成分としても、これらの食品添加物が用いられています。

【調　味　料】

［L-グルタミン酸ナトリウム、5-イノシン酸2ナトリウムなど］

　調味料は食品に「味」や「うまみ」を付与し、調整する目的で用いられるもので、食品香料と組み合わせて用いられることもあります。一般に調味料というと味噌、醤油、食塩などを指しますが、これらは「食品」扱いであるため食品添加物には含めません。また天然系調味料であるビーフエキス、酵母エキス、タンパク質分解物なども、食品素材そのものであるため除かれ

ます。

　食品添加物として「調味料」の一括表示が認められているものは「アミノ酸系」「核酸系」「有機酸系」「無機塩系」に大別されます。代表的なのはアミノ酸系の「L-グルタミン酸ナトリウム」（MSG）で、いわゆる「昆布のうま味」成分です。発酵法によって工業生産され、国内では12万トン、全世界では年300万トン規模の需要があります。家庭用から飲食店向けまで幅広く用いられるほか、加工食品製造としては水産・食肉加工製品、インスタント食品類や缶詰・瓶詰食品などを中心に広く用いられています。また、核酸系調味料である「5-イノシン酸2ナトリウム」などと組み合わせるとさらにうまみが向上するため、アミノ酸系と核酸系を合わせた調味料も開発されています。

　調味料単独の製品ではありませんが、近年の野菜摂取志向の高まりで鍋つゆが人気となっているほか、家庭で本格的な味が再現できるメニュー調味料も、中華風や韓国風に加え和風や洋風が登場したことで急速に市場を拡大しています。

4. 4 農　　薬

農薬の使用を規制する農薬取締法では、農薬を「農作物(樹木及び農林産物を含む)を害する菌、線虫、だに、昆虫、ねずみその他の動植物又はウイルスの防除に用いられる殺菌剤、殺虫剤その他の薬剤及び農作物等の生理機能の増進又は抑制に用いられる植物成長調整剤、発芽抑制剤その他の薬剤をいう。」と規定しています。用途別に、殺虫剤(農作物を加害する害虫を防除する)、殺菌剤(農作物を加害する病気を防除する)、殺虫・殺菌剤(農作物の害虫、病気を同時に防除する)、除草剤(雑草を防除する)、殺そ剤(農作物を加害するノネズミなどを防除する)、植物成長調整剤(農作物の生育を促進したり、抑制する)、誘引剤(主として害虫をにおいなどで誘き寄せる)、忌避剤(農作物を加害する哺乳動物や鳥類を忌避させる)、展着剤(他の農薬と混合して用い、その農薬の付着性を高める)に分類することができます。

動植物のどこにどう作用して効力を発揮するかは製品ごとに異なります。例えば、殺虫剤の場合、昆虫の神経に作用するもの、脱皮や変態を妨げるもの、昆虫の筋肉細胞に作用し、筋収縮を起こして摂食行動を停止させるものなどがあります。

農薬市場は、国内は3,707億円とほぼ横ばい推移ですが、世界市場は650億ドル超と毎年伸びており、2026年には734億ドルまで拡大すると予想されています。

国内では、少量で高い効果があり、しかも人や有用昆虫にほとんど影響を与えない安全性の高い高付加価値タイプの新規有効成分、製剤が開発され、相次ぎ市場に投入されています。

海外では、市場が順調に伸長している北米に加え、世界最大の農薬使用国であるブラジルを含む南米や、アジアでは人口の多いインド、中国による旺盛な需要が牽引しています。

化学農薬の規制が強化されている欧州市場では、農業生産者の選択肢が狭まる中、日系メーカーの開発した安全で効果のある成分が採用されるケースが目立っています。また、欧州をはじめ北米・南米では、生物農薬、植物本来が持つ環境ストレスに対する耐久力・免疫力・抵抗力を高めるバイオスティミュラント製剤の需要が伸びており、日系農薬メーカーもこうした需要を取り込むための開発やリサーチなどの取り組みに動き出しているようです。

スマート農業への推進へ農薬メーカー各社が力を注ぐのが、農業従事者の作業の効率化や省力化ができるドローン対応です。製剤技術の研究開発を強化し、持続可能な農業に適した製品の提供が進んでいます。農林水産省では、ドローンに適した農薬の登録数を拡大するために2019年3月に普及計画を開始し、農薬の登録を行う際に必要な試験成績の簡略化を図りました。2022年9月現在、460品目が追加され、従来の登録品目とあわせるとその数は1,106品目に上ります。また、スマートフォンやタブレット端末を用いた病害虫や雑草診断アプリケーション提供によるサービスも若い農業従事者から高い関心を集め、利用者が増えつつあります。

これら農薬ドローン対応をはじめ、農業の世界にはいま、デジタルトランスフォーメーション(DX)の波が押し寄せつつあります。

農業DXは、農業生産者、資材メーカー・ベンダー、流通・小売業者、消費者、行政といった農業に携わる関係者が自律分散的にデータを

やり取り、連携することで農業におけるサステナブル、エコシステムを実現することを目的としています。

いま生産現場では、施設内の収穫物の自動摘み取り、水管理、農機の自動運転、ドローンによる農薬散布などにICT（情報通信技術）やロボット、AIを活用するなど、スマート農業への取り組みが進んでいます。

国による農林水産2022年度予算による取り組みによれば、DXの基点となる行政実務系プロジェクトとして農林水産省共通申請サービス（eMAFF）による行政手続きの抜本的効率化が進められています。同省とデジタル庁が手がける計画で、同省所管の行政手続きの申請書類や項目などを見直しながら、農林漁業者が自らのスマートフォンやタブレット、パソコンから補助金などの申請が行えるよう行政手続きのオンライン化を図るというのがその内容です。

現状、同省だけでなく、地方自治体や関係団体が関与する手続きも多く、さらに補助金・交付金を得るには紙による申請や手作業での審査が必要で、申請者、行政側ともに煩雑な作業を強いられる状態にありますが、2022年度までにはオンライン化率100％、2025年度までに同利用率60％を達成することを目標としています。

デジタル技術を活用して農業生産者とつながる農薬メーカーによるDXサービスでは、病害虫診断が広がってきています。住友化学が農薬を中心に資材、サービスを提供する生産者とのコミュニケーションサイト「i-農力」の機能強化のため、診断アプリ「EXPESTS（エクスペスツ）」の対象作物にこれまでのトマト、イチゴ、キャベツに、キュウリ、ナスを追加し、2022年6月から配信しています。このアプリでは、撮影写真やギャラリーから写真を選択し、送信するだけで、診断結果が得られ、防除に適した農薬の選択が可能となっています。

2020年4月からスマホ用アプリ「レイミーのAI病害虫雑草診断」を展開している日本農薬では、3月にトマト、キュウリ、ナス、イチゴの4作物を追加し、10作物を診断対象に拡大さ

◎種類別農薬出荷

（単位：トン、億円）

種　別	数　　量			金　　額		
	2019年度	2020年度	2021年度	2019年度	2020年度	2021年度
殺　虫　剤	58,247	56,220	55,100	960	944	937
殺　菌　剤	37,643	35,290	35,989	747	721	745
殺虫殺菌剤	16,474	17,043	17,715	336	351	390
除　草　剤	66,647	67,146	67,293	1,270	1,286	1,287
植調剤ほか	4,998	4,853	4,870	90	89	92
合　　計	184,008	180,552	180,969	3,403	3,391	3,452

資料：農薬工業会

◎使用分野別農薬出荷

（単位：トン、億円）

使用分野	数　　量			金　　額		
	2019年度	2020年度	2021年度	2019年度	2020年度	2021年度
水　　稲	54,577	55,058	53,990	1,142	1,171	1,190
果　　樹	18,295	17,730	17,525	472	466	468
野菜・畑作	76,644	72,145	72,650	1,246	1,212	1,227
そ　の　他	29,494	30,766	31,933	452	453	474
分類なし	4,998	4,853	4,871	90	89	92
合　　計	184,008	180,552	180,969	3,403	3,391	3,452

資料：農薬工業会

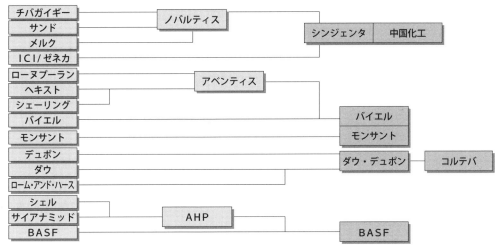

◎農薬大手企業の主な合併・統合の推移

せました。病害虫・雑草に効く農薬検索には、同社をはじめ、日産化学、日本曹達、三井化学アグロ、エス・ディー・エス　バイオテック、丸和バイオケミカルの製品が選択可能になっています。

　ロボティック・プロセス・オートメーショ ン（RPA）の導入を進めるJAグループによるファクトブックによれば、DX化はJA山口県下関統括本部の肥料、農薬の予約販売で業務の大幅な省力化を実現したそうです。従来、7人で約1,700時間かかった予約注文票のデータ化作業が80％も削減できたと報告されています。

4.5 塗　　料

身の回りに当たり前に存在するという意味で、塗料業界ではしばしば、「塗料は空気のようなもの」といわれます。実際、住宅の外壁や屋根はもちろん、スマートフォンや自動車のボディ、テレビや冷蔵庫、椅子や机、食器、路面標示など、塗装されているものを挙げていったら切りがありません。塗料の役割には、色付けや艶出しといった美観の付与だけではなく、金属や木材などを雨やサビ、汚れ、カビなどから保護する機能があります。また、火災から守る難燃・耐火、表面の平滑化、撥水など様々な機能を素材に付与することも可能です。例えば自動車では0.1mmの塗膜のなかに、防錆の役割を果たす下塗りからトップコートまでが何層にも塗布されます。橋梁では長期にわたる耐候性、船舶では燃費向上や生物の付着防止など、それぞれの用途に応じた塗料が採用されています。

塗料は成分により油性塗料、繊維素系塗料、溶剤系・水系および無溶剤、合成樹脂塗料、無機質塗料などに分類されますが、現在生産されている製品は様々な配合が行われており、上記の分類では区分が難しくなっています。組成中に顔料を含み不透明仕上がりになるものをペイントまたはエナメル、顔料を含まないか少量含んでも透明仕上がりになるものをワニスまたはクリヤーとする一般的な区分もあります。

2021年度における塗料業界の動向は、個人消費が回復した一方、半導体不足などの供給制約を受け、回復ペースが鈍化しました。経済産業省『生産動態統計』によると、2021年の塗料生産量は151万8,828トンでした。前年と比較すると2.6%増とはなったものの、コロナ禍以前の2019年度と比較すると6.5%減と厳しい状況が続いています。

さらに2021年から関係者を悩ませているのが、塗料の主要原料である溶剤・樹脂・顔料などの価格高騰です。2022年5月に発表された大手・中堅塗料メーカーの2023年3月期業績予想をみると、多くの企業が利益面で苦戦を強いられる見込みであることがうかがえます。さらに、コンテナ不足による輸送賃の値上げや物流費の高騰、為替・金融資本市場の変動なども追い打ちをかける形です。これらに対し、各塗料メーカーは経営戦略の強化や価格転嫁を継続して進めており、製品の安定供給に努めています。

一方、製品面ではコロナ禍を受け、抗菌・抗ウイルスに着目した塗料製品が話題となっています。光触媒機能を活用した塗料や漆喰の強アルカリ性を利用した製品など、各社がそれぞれの特徴を生かしたラインアップを充実させています。市場は活況を呈していますが、消費者が製品を選定する段階でどういった製品を選べばいいのか分からないといった声もあがっていることも見過ごせません。これを受け日本塗料工業会（日塗工）では、2002年度にまとめた「抗菌塗料製品管理のためのガイドライン」を見直し、抗ウイルス塗料にも対応した「抗菌・抗ウイルス塗料製品管理のためのガイドライン（仮

◎塗料の需要実績

（単位：トン、100万円）

	2019年	2020年	2021年
生 産 量	1,646,074	1,486,415	1,528,113
出 荷 量	1,712,090	1,564,842	1,607,603
出 荷 額	679,520	621,977	653,381

資料：日本塗料工業会

称）」を2022年度にも発行する見通しです。

コロナ禍によって塗料需要が落ち込むなか、伸長したのがDIY塗料です。2019年度の出荷量が2万6,800トンだったのに対し、2020年度は2万9,000トンと好調でした。2021年度は2万7,000トンと落ち着きをみせましたが、近年は水系塗料など安全性の高い製品が増えたほか、意匠性にこだわった製品も続々販売されて

◎塗料の輸出入実績

（単位：トン、100万円）

	2019年	2020年	2021年
輸 出 量	133,835	132,346	145,929
輸出金額	209,883	215,005	240,656
輸 入 量	66,112	61,326	67,210
輸入金額	33,499	30,456	37,425

〔注〕 塗料製品のほかワニスなど原材料も含む。
　　　輸出金額はFOB、輸入金額はCIF。
資料：日本塗料工業会

おり、業界としてはリピーター層への拡販を中心に市場規模の拡大を図っていきたい考えです。

また、サステナビリティやカーボンニュートラルに配慮した取り組みも求められます。塗料業界は揮発性有機化合物（VOC）低減を目的に水系塗料への変更が叫ばれて久しいですが、溶剤系塗料の使用はまだまだ少なくありません。普及が進まない主な理由は、水系塗料が抱える速乾性や耐久性などの課題があるからです。しかし、近年は水系であっても溶剤系と同等の作業性や性能を持つ塗料が多く展開されています。さらに、塗料メーカーも水系塗料への切り替えをさらに進めるべく一層の研究開発を進めています。代替が一気に進むことは難しいですが、こういった製品への世間的な理解が進むことにより、塗料業界におけるカーボンニュートラル

◎塗料の品種別生産・販売実績および平均単価（2021年）

（単位：トン、円／kg）

品　　　目		生産量	出荷量	平均単価
ラッカー		16,396	14,941	589
電気絶縁塗料		24,606	24,498	818
アルキド樹脂系	ワニス・エナメル	17,107	14,455	508
	調合ペイント	13,145	11,182	440
	さび止めペイント	36,603	30,669	250
アミノアルキド樹脂系		54,627	51,046	595
アクリル樹脂系	常温乾燥型	47,930	39,986	604
	焼付乾燥型	31,162	21,939	861
エポキシ樹脂系		103,244	86,900	414
ウレタン樹脂系		116,585	104,920	756
不飽和ポリエステル樹脂系		7,087	4,474	816
船底塗料		12,304	12,317	650
その他の溶剤系		71,897	65,228	730
溶剤系計		511,691	443,116	604
エマルションペイント		233,057	221,509	305
厚膜型エマルション		22,526	21,246	161
水性樹脂系塗料		147,274	88,908	425
水系計		402,857	331,663	337
粉体塗料		40,018	17,641	713
トラフィックペイント		55,148	53,899	110
無溶剤計		95,166	71,540	383
合成樹脂塗料計		1,009,714	846,319	477
その他の塗料		65,982	60,879	553
シンナー		411,415	410,977	182
合　　　計		1,528,113	1,357,614	406

資料：日本塗料工業会

が加速していくでしょう。

　バイオマス原料を使用した塗料の開発も各社で進められています。最近では、BMWグループが完成車メーカーとして初めて、バイオマス原料を利用したBASF製塗料を採用したと発表しました。植物由来のセルロースナノファイバーやリグニンの塗料への適用検討も進んでおり、今後塗料業界でも再生可能原料の適用が期待されています。

4.6　印刷インキ

印刷は文明度や経済状態を反映するといわれています。文化水準が高ければ印刷物は多く、インキ需要も伸びるほか、経済活動が活発なときには印刷物が増えます。文字、写真、絵画など各種の原稿にしたがって作製した版の上へ印刷機のロールによってインキをつけ、紙・その他の印刷素材の上へ印圧によってインキを転移させ、原稿の画線を再現するのが印刷という作業であり、インキはこれらの諸要素を結びつけて印刷面を形成する重要な役割を担っています。

印刷インキには用途、印刷方法によって様々なタイプがあります。代表的なものは、平版インキ（オフセットインキ。ポスター、雑誌、カタログ）、樹脂凸版インキ（フレキソインキ。紙袋、包装紙、段ボール）、グラビアインキ（化粧合板、携帯電話、菓子袋）、スクリーンインキ（自動車パネル、看板、CD・DVD）、特殊機能インキ（液晶テレビ、プラズマテレビ、電子基盤）、新聞インキ（新聞印刷）などで、出版印刷、商業印刷、包装印刷、有価証券印刷、事務印刷、特殊印刷など多くの分野に対応する多種類のインキがあります。

印刷インキの種類は印刷素材、版式、後加工の有無や要求特性によって異なり、それぞれに適した原材料を選択して製品設計を行います。高粘度のペースト状インキ（平版や凸版インキなど）と低粘度の液状インキ（グラビアインキなど）に大別されますが、基本的にはワニス製造、練肉・分散、調整の工程からなっています。高粘度のペースト状インキは、まず原料である合成樹脂（ロジン変性フェノールアルキド）、乾性油（亜麻仁油、桐油、大豆油）、高級アルコールなどの溶剤を加熱・溶解してワニスを作り、これに顔料を加えてよく混ぜた後、希釈ワニス、溶剤を加えてベースを生産、色・粘度調整を行い製品に仕上げます。低粘度の液状インキは樹脂と溶剤を攪拌・溶解してワニスを製造し、練肉・分散工程を経て、色・粘度調整、品質チェックを行います。

インキ工業では、植物油インキのうち大豆油を原料とするものについて、環境にやさしいインキとして普及活動を展開し、新聞インキや平版インキのほとんどで大豆インキを使用するまでになっていますが、食用穀物の確保などの点から大豆油に限定せず、各種植物油に対象を広げ、植物油インキの拡大を推進しようとしています。

印刷インキを構成する主成分は、“色料”“ビヒクル”“補助剤”です。色料は、インキに色を与えるのが主な役目でありますが、同時にインキの流動性や硬さ、乾燥性、光沢、その他の性状にも密接な関連を持っています。色料は顔料と染料に分けられますが、インキに染料が使われるのはごく特別な場合で、大部分のインキには顔料が用いられます。ビヒクル（Vehicle）は英語で荷車のことで、顔料粒子を印刷機の肉つぼから版を通って紙まで運ぶ役目を担います。また、紙へ移された後は乾燥固化して顔料粒子を紙面に固着させるという重要な役割もあります。補助剤は、これらインキの流動性や乾燥性などを調整するために少量添加されるもので、いろいろな種類があり、インキメーカーがインキ製造時に入れておく場合と、印刷担当者が印刷時に様々な条件の変化に対応するために加える場合とがあります。最近はそのまま使用でき

◎印刷インキの需給実績

(単位：トン)

	2019年		2020年		2021年	
	生産量	出荷量	生産量	出荷量	生産量	出荷量
平版インキ	87,836	99,214	68,192	77,669	67,290	76,258
樹脂凸版インキ	21,260	22,210	19,192	20,446	20,033	21,157
金属印刷インキ	10,609	12,633	10,020	11,792	9,747	11,674
グラビアインキ	124,415	150,303	118,628	145,278	121,860	150,758
その他のインキ	41,437	41,740	36,434	37,426	36,651	39,389
一般インキ合計	285,557	326,100	252,466	292,611	255,581	299,236
新聞インキ	32,016	30,921	26,624	25,357	24,963	22,958
合　　計	317,573	357,021	279,090	317,968	280,544	322,194

資料：経済産業省『生産動態統計』

る「プレスレディ」タイプのインキが増えており、印刷担当者による調整作業は大幅に減少してきています。

経済産業省『生産動態統計』による2021年の印刷インキ生産量は、前年比0.5％増の28万544トン、出荷量は同1.3％増の32万2,194トンと前年比ほぼ横ばいでした。

情報媒体のデジタル化による紙印刷物の減少は止まらず、平版インキや新聞インキはさらに減少した一方、包装材・梱包材の用途が中心の樹脂凸版インキやグラビアインキは増加しました。その要因として考えられるのが、通信販売の普及や、家庭での食事回数の増加です。

樹脂凸版インキは段ボールをメインに、紙袋や包装紙などの印刷に使われますが、近年利用の機会が大きく増えた通信販売がその需要を後押ししたとみられています。

また、食品包装の印刷が主体であるグラビアインキは、2020年に需要が一時的に落ち込むものの、その後は順調に生産量・出荷量とも

に増加し、2022年上期（1〜6月）には生産量6万1,554トン（前年同期比3.2％増）、出荷量7万6,102トン（同3.3％増）という結果を残しました。これには、コロナ禍により家庭での食事の機会が増えたことで冷凍食品やカップ麺などの消費が増え、包装印刷向けの需要がさらに増加したことが関係していると考えられています。

なお、現在印刷インキメーカーは高付加価値化が図れる電子材料向けのUVインキ、レジストインキやバイオマスインキなどの環境対応製品に力を入れている模様です。

バイオマスインキ普及の動きでは、大日本印刷が軟包材用のグラビアインキをバイオマス品に転換したほか、凸版印刷も紙容器に油性バイオマスインキと水性パックニスを組み合わせた新オフセット印刷の展開を開始しました。バイオマスインキは脱炭素のニーズを受けて、世界的に需要が拡大することが見込まれています。

4. 7 接　着　剤

接着剤は建築、自動車、電機、医療分野などの工業用から一般家庭用まで幅広い場面で使われており、多くの種類があります。接着剤の性能は主成分（主に高分子化合物）の持つ性質によって異なり、その性質を効果的に発揮させるための様々な添加物が加えられています。接着剤を使用する際には、その性質をよく把握したうえで、被接着物質の種類や用途に合うものを選ぶ必要があります。

接着の仕組みには様々な説があり、化学的接着（化学反応が起きる）、機械的接着（微細な凹凸にひっかかる）、物理的接着（分子間力が働く）などが考えられています。接着のメカニズムは完全には解明されていませんが、接着剤が液体として細かい隙間にも流れ込み被着材表面をよく濡らし、固まった後、強靭な接着剤の層を形成することが重要とされています。

接着剤と同じ「物にくっつくもの」として、粘着テープがあります。粘着テープは基材フィルムの片面に粘着剤、裏面にはく離剤を塗布したテープで、ほとんどすべての物質によく接着するため作業能率がよく、包装用、その他に広く使われています。粘着剤は塗布したのち溶剤が揮散しても固化せず粘着力を失いません。したがって、必要なときに被着物に圧着すれば貼り合わすことができますが、接着剤ほど接着力は強くありません。

2021年の接着剤の生産量は85万4,751トンとなり、2020年の85万1,191トンから横ばいで推移しました。COVID-19の影響を受けつつもベースの需要は大きく変わらない一方で、接着剤の使われ方は供給分野の技術革新、市場動向にともなって変化し続けています。ここにサステナブルの潮流も加わり、低VOC（揮発性有機化合物）化のさらなる拡大に加え、材料ベースの天然化の流れも加速するものと予想されています。

これらの動きは、いずれもイノベーションが求められるとともに、新しいビジネスチャンスの台頭も期待できます。ですが、接着剤がもたらす価値は最先端分野だけにみられるものではありません。

幅広い分野で活躍する接着剤の認知度を高めるため、日本接着剤工業会が「くっつく」にちなんだ9月29日を「接着の日」として定めたのは2010年のことです。この日に合わせて同会は各種イベントを開催していますが、その活動の一環に全国の小学生を対象とした「接着」をテーマにしたポスターコンクールがあります。2022年の会長賞を受賞したのは熊本県の小学1年生でした。晴れ渡った青空の下、熊本城を背景に、笑顔いっぱいの子どもたちが手をつないで立っている構図の作品です。

2016年に発生した地震によって、熊本城は甚大な被害を受けました。この復旧に大きな役

◎接着剤形別生産量

（単位：トン）

	2019年	2020年	2021年
ホルムアルデヒド形	245,258	222,885	232,876
溶　剤　形	37,543	33,311	30,079
水　性　形	236,920	217,414	223,493
ホットメルト形	112,513	103,304	100,614
反　応　形	101,888	92,222	87,205
感　圧　形	137,909	126,026	126,833
天然形・水溶性形	38,153	30,258	31,345
そ　の　他	24,804	25,774	22,308
合　　　計	934,988	851,194	854,751

資料：日本接着剤工業会

割を果たしているのが接着剤です。落ちた瓦、割れた石垣、崩れた木組みなどを、元の材料を生かしつつ、エポキシ系接着剤などを用いて再建が進められています。受賞したポスターの城の各部分がつたない筆致ながらも細かく描き込まれているのは、そういった理由があったからだとも読み取ることができます。

2022年11月末には日本接着剤工業会の土田耕作会長が小学校を訪問し、受賞者を表彰する予定だといいます。また、その後受賞作はポスターに掲載し、プロモーションに活用されるとのことです。同会では熊本城の復旧に接着剤が使われていることは把握していなかったといい、「くっつく」の活動を通じて接着剤の存在意義が改めて浮き彫りになったかたちとなりました。

熊本城は地元の人にとって大切な存在であり、その復旧は復興のシンボルでもあります。熊本城に限らず、歴史的価値があったり、人々の思いが宿る建造物を保存するための補修ニーズの重要性も、最先端分野のニーズに勝るとも劣らないものです。高度経済成長期に建造され、補修を必要としているインフラ需要が膨大とされるなか、接着剤の果たすべき社会的役割はいよいよ高まってきたといえるでしょう。

接着剤の認知拡大に取り組む動きは、日本から世界に向けその輪を広げています。2022年4月、日本接着剤工業会が提案し、世界接着剤・シーリング材会議で「世界接着の日」（同じく9月29日）を制定することが決定しました。今後、各国でのプロモーション、世界共通のロゴ策定など、国際連携を強めていくこととなります。

4.8 電子材料

【電　　池】

　電池の種類は大きく分けて2つ、充電できない使いきりの一次電池と、充電すれば繰り返し使える二次電池があります。度重なる自然災害への備えとして、乾電池の備蓄が改めて見直されているほか、電気自動車（EV）向けや、出力が不安定な再生可能エネルギーの導入拡大にともなう電力需給調整対策として蓄電池が大きく期待されています。電池はエネルギーインフラにもなりうるものであり、その進化は今後の社会全体の発展を左右するともいえます。

　世の中に様々な電池が存在するなか近年最も注目を集めるのがリチウムイオン二次電池（LiB）です。民生用途を中心に拡大した同電池ですが、電気自動車用としても搭載が進んでいます。航続距離の向上が課題として挙げられていますが、この解決に向け化学メーカーの技術力は欠かせません。部材メーカー各社は、安全性を絶対条件に、LiBの容量増加に寄与する研究開発を加速しています。

　EVの普及を主な背景に、LiBを構成する材料の世界市場は右肩上がりの成長を遂げるとみられています。マーケット調査会社の富士経済の調べによると、LiB材料の世界市場は2025年、2020年比で4.1倍の12兆2,312億円にまで拡大すると予想されています。

　LiB材料は、正極材と負極材、電解液、絶縁膜（セパレーター）が4大部材として知られています。富士経済では各材料もそれぞれ伸長し、「正極活物質」は同5.0倍の7兆8,392億円、「負極活物質」は同2.7倍の8,526億円、「電解液」は同2.9倍の7,529億円、「セパレーター」は同3.0倍の9,080億円と試算しています。また、アルミ箔や銅箔などの集電体や活物質を集電体に活着させる役割を担うバインダー、カーボンブラックなどが用いられる導電助剤、外装材を「その他」に分類し、このカテゴリーも同3.2倍の1兆8,785円と予測しています。

　各部材のうち、最も伸びしろのあるのが正極材です。現在の正極材は、ニッケル・マンガン・コバルトなどを使用した三元系がEVに多く使用されています。とくに自動車メーカーから航続距離の改善が求められているなか、電池メーカーにとってLiBの高容量化は最重要課題の一つとして挙げられています。このため、ニッケルの比率を8割にまで高めたハイニッケル系や5ボルト級の電圧をもった正極材の開発などが活況を呈しています。

　一方、高容量化と並び永遠のテーマとされるのが、コストダウンです。単価が高く、資源問題などもあってニッケルやコバルトを使用しないLiBも近年のトレンドといえます。例えばリ

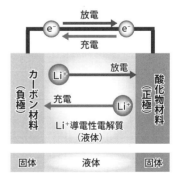

〔注〕Li⁺：リチウムイオン
資料：新エネルギー・産業技術総合
　　　開発機構（NEDO）
◎リチウムイオン二次電池の仕組み

ン酸鉄リチウムはその性質上、高容量化には適していない正極材料ですが、廉価で高い安全性が注目されています。自動車メーカーはエントリーモデルのEVにこのリン酸鉄リチウムを使用したLiBの投入を本格化するなど、今後も引き続き同材料の採用が拡大すると予想されています。

負極材でも高容量化対応が目立ちます。シリコンを含有させることで容量の拡大が可能になることから、黒鉛系にシリコンを加えた取り組みなどが行われています。

黒鉛系は、人造と天然の2つのタイプに大別されます。例えば、天然黒鉛系は、人造黒鉛系に比べ低価格・高容量という利点を有しています。しかし、急速充電によって膨張しやすくなるなど、一般的に長寿命化は難しいといわれている材料です。ただ、近年ではこの課題を解決すると同時に製造時のCO$_2$排出量の少ない新規天然黒鉛系の開発も進んでおり、天然系のさらなる普及拡大に期待が寄せられています。

また、東芝が展開するチタン酸リチウム（LTO）負極なども市場では高い評価を得ています。急速充電に適した材料とあって、今後も採用件数は増加するとみられています。

電解液は、組成の見直しとともに添加剤技術の融合で、顧客の要望に対応する動きが目立っています。富士経済は、「化学物質規制の影響で他エリアから欧州への電解液自体の持ち込みが困難であり、輸送期間の長期化による品質面での懸念がある」と指摘。このため、「現地生産のメリットが大きく、ほかの材料に先行して大手メーカーによる欧州生産拠点の新設・増設が進んでいる」と分析しています。

ここ数年で、プレーヤーや市場環境が激変したのがセパレーターです。旭化成を抜き世界のシェアトップには上海エナジーが浮上しました。また、EV向けのセパレーター価格が下落するなど、目まぐるしい変化が続いています。

このセパレーターのトレンドの一つとして、薄膜化が挙げられています。セパレータは正極と負極の短絡を防止する役割を担うものです。近年では耐熱性を向上させるため、湿式タイプのセパレーターにセラミックやアラミドなどをコーティングしたタイプがEVに多く採用されています。

LiBの設計には欠かすことのできないセパレーターですが、厚みがあるほど活物質の使用量が制限されてしまいます。そこでセパレーターメーカーは、薄肉化で活物質量の増加へとつなげようと試みています。この手法としては、基材自体の薄膜化対応に加え、塗工技術の改善で、総厚みの削減をはかる方針とのことです。現状のEV向けでは総厚み十数マイクロメートル程度と予想されますが、将来的には1ケタマイクロメートル品の適用も予想されています。

EV用途の拡大に加え、LiBは今後、再生可能エネルギー向け電力貯蔵システム（ESS）向け需要の拡大も確実視されています。このESS向けには今後、乾式セパレーターが最適とあって、ESS向けを中心に乾式セパレーターの存在感がますます高まりそうです。

【有 機 Ｅ Ｌ】

有機EL（エレクトロ・ルミネッセンス）とは、電圧をかけると自ら発光する性質を持つ有機材料です。電圧をかけて注入された電子（－）と正孔（＋）が、有機材料で形成された発光層で結合することによって発光する仕組みです。この仕組みを用いたデバイスも含めて有機ELと呼ばれています。液晶テレビに使われる液晶の場合、それ自体は発光しないため光源としてバックライトが必要ですが、自発光材料である有機ELには光源が不要です。しかも有機ELは液晶に比べて素子の動作が高速で、コントラストも優れるとあって、理想的な薄型テレビが実現すると期待が高まっています。また、薄型・軽量、デザイン性の高さ、フレキシブル

性(プラスチック基板。曲げることができる)など、液晶にはない特性もあります。

　有機ELの構造はLED(発光ダイオード)と同様のため、海外では一般にOLED(オーガニック・ライトエミッティング・ダイオード)と呼ばれます。要の発光材料には低分子系と高分子系があり、現在実用化されているのは光の三原色(赤・緑・青)の各有機材料を加熱して気化させ、微細なスリットの入った板(シャドウマスク)を通し、ガラスや樹脂の基板に積層する低分子法(蒸着法)です。比較的単純な工程で材料の純度を上げやすく寿命を延ばせますが、熱膨張の影響を受けることなどから、精緻な積層が困難でコスト高につながっています。

　ぎらぎらした感じのあるLEDと違い、有機ELはパネル全体が均一に発光するため、柔らかな感じがあり、その特性を照明に活かす動きも国内外で活発化しています。デザイン性に優れ自然な色合いを表現できる有機EL照明は、ショールームや飲食店だけではなく、医療関係者にも注目されています。今後、有機EL照明の普及にとって課題になるのはLED照明よりも高価格なことです。製造過程に工夫を凝らしつつ、有機EL照明の持つ特性を追求していくことが重要です。

　有機EL市場の拡大を牽引するのはスマートフォン(スマホ)です。もはや全世界的な生活必需品となっており、開発途上国の農村にも浸透しています。また2～3年で買い換える必要があるため、継続的な需要が見込めます。2017年秋にはアップル社の「iPhoneX」が有機ELを初搭載し、次世代ディスプレイの筆頭が有機ELであることを全世界に印象付けました。有機ELディスプレイは韓国勢が先行しており、中小型フレキシブル有機ELではサムスンディスプレイが世界シェアの9割以上を占める状態が続いていましたが、2019年に入って8割に縮小するなど勢力図に変化がみられます。ホワイト有機ELパネルで大型市場を独占するLGディスプレイが存在感を強めており、アップル社製品向けの供給が大きく牽引しています。今後、中小型市場におけるサムスンのシェアは徐々に落ち込んでいくとの見方も浮上しています。

　有機EL市場は拡大を続けていますが、スマホ以外の用途では厳しい状況にあります。特にテレビ向けの大型はLGディスプレイが手掛けるのみとなっています。液晶を上回る表示性能を有しながらも、高価格が普及の足かせとなっています。既存の蒸着プロセスから、材料の使用効率が格段に上がる塗布・印刷プロセスに移行すれば、有機ELテレビが一気に普及するといわれています。化学各社では、塗布プロセスに対応する発光材料の開発に力を入れており、塗布型有機ELパネル市場は間もなく本格化する見込みです。

【液晶ディスプレイ】

　液晶とは液体と固体(結晶)の中間の状態のことで、液体と固体の両方の性質を兼ね備えてい

◎有機ELの主な概要

発 光 材 料	主 な 用 途	特 長 (ディスプレイの場合)
・蛍光材料 　高分子材料 　(ポリマー状の分子を用いたもの) 　低分子材料 　(それ以外の分子を用いたもの) ・燐光材料 　(高発光、高効率)	・スマートフォンなどの小型端末 ・薄型テレビ ・パソコンなどのディスプレイ ・照明(家庭用、事務用、フレキシブルなど) ・誘導灯 ・スピーカー　ほか	・コントラストが鮮明 ・消費電力が低い ・薄型軽量(バックライト不要) ・高速応答 ・広い視野角

ます。液体のように流動性を示す一方で、結晶のように構造上の規則性があり、電磁力や圧力、温度に敏感に反応することからディスプレイなどに利用されます。

一般的な液晶ディスプレイは、偏光フィルター、ガラス基板、透明電極、配向膜、液晶、カラーフィルター、バックライトが、サンドイッチのように層状に重なった構造をしています。バックライトから出た光は、まず偏光フィルター（特定の種類の光しか通さない）を通り、次に液晶に向かいます。液晶に電圧をかけると分子の配列が変わり、光を通したり通さなかったり、ちょうど窓のブラインドのような役目を果たします。液晶を通った光はカラーフィルターを通って色の付いた光となり、第2の偏光フィルターを通過して私たちの目に届きます。以上が液晶ディスプレイの仕組みです。

中期的なトレンドとしては、中小型に限らずFPD（フラットパネルディスプレイ）市場全体における液晶のシェアは年々減少していくとされていますが、液晶がすぐに有機ELに代替されることはありません。英IHS Markitは、2025年の勢力図を液晶66％：有機EL33％と予測しています。多くの用途において生産技術が確立し、さらなる進化も見込める液晶が引き続き優位性を発揮するとみられます。有機ELディスプレイ市場の拡大を受け、液晶ディスプレイ市場の縮小が見込まれていますが、有機EL同様にワイド・フルスクリーンを実現できる低温ポリシリコン（LTPS）液晶は堅調に推移する見通しです。

シャープのIGZO（インジウム・ガリウム・亜鉛からなる酸化物半導体）液晶ディスプレイやジャパンディスプレイのLTPSなどバックプレーンの進化によって、人間の目の限界とされる画素800ppiを見据えた開発が行われています。LTPSはディスプレイの大きさに合わせて高精度なトランジスタを形成でき、IGZOは高速応答性、表示性能向上、低消費電力といった

強みを持ちます。バックプレーンは液晶だけでなく有機ELにも必要であり、LTPSとIGZOの存在感は今後、重みを増していくとみられます。液晶と有機ELが併存し、競合するなかでより進化した次世代ディスプレイが生まれることになるでしょう。

【半　導　体】

半導体はアルミニウムや銅線からなる膨大な電気回路を集積したもので、ウエハーと呼ばれる基板材料には、主にシリコンでできたシリコンウエハーが使用されます。半導体はより小さなサイズで高性能を発揮できるように配線幅が年々狭くなっていますが、これを支えるのがフォトレジスト（感光性樹脂）を用いるリソグラフィ（回路転写）技術です。表面を酸化させたシリコンウエハー上にフォトレジストを薄く塗布した後、回路原板（フォトマスク）越しに露光機（スキャナー）から光を照射すれば、光が当たったフォトレジスト部分だけが現像後に残るか（ネガ型）、または熔解します（ポジ型）。光が当たらず反応しなかった部分は現像液で除去し、次に腐食液やガスを使ってシリコンウエハーの酸化した表面を除去します（エッチング）。こうしてできた凹部に不純物（ホウ素やリンなど）を注入することで半導体領域が形成されます。そして銅やアルミニウムの薄膜を作り電気回路にします。その後、ウエハーをチップの大きさに切断し、配線を取り付け、最後に半導体チップを汚れや衝撃から保護するため、樹脂などでできた封止材で固めます。日本の最大の強みは原材料から製品までのサプライチェーンが国内で完結することで、技術課題が高くなるほどシェアを拡大してきた実績があります。

需要を牽引しているのはスマホですが、加えて自動車や大型サーバーも大きく貢献しています。スマホの成長期が終わった後のカギを握るのがIoTといえます。あらゆる種類の半導体

を量産可能な日本には、大きく躍進する潜在力があります。

世界半導体市場統計（WSTS）による2021年の半導体生産予測は2018年を大きく上回る5,529億6,100万ドルで、2022年は6,014億9,000万ドルと急伸が続く見込みです。ロジック・メモリーともに2年連続で2ケタ増が見込まれ、アナログやマイクロも大きく伸長しました。SEMIによる2021年の前工程製造投資予測も前年比44％増の900億ドル超と、まさに空前の規模になっています。

量だけではなく質的拡大も進行しています。ロジックではTSMCが5ナノメートル世代の本格量産に続き最先端をひた走り、足元では1.5ナノメートル世代の要素開発が始まっています。DRAMも韓サムスンがEUV（極紫外線）を用いる14ナノメートル世代のDDR5品を量産開始し、3DNANDも米マイクロンが176層品を展開するなど、量だけではなく質でも最先端品の開発が激化しています。

チップを実装する後工程の存在感も増しています。ロジック、メモリー間の通信経路（バス）を短くすれば高速動作が可能になり省エネ化にもつなげることができます。また、通信、電力制御などさまざまな機能を持つチップ群をより小型かつ効率的に集約するため、立体的なデバイス構造が求められます。大日本印刷がインターポーザーに参入、JSRや富士フイルムなどが再配線層の製品開発を強化するなど、2.5D／3D実装に向けた取り組みが活発化しています。

2021年10月に始動した「先端半導体製造技術つくば拠点」では、つくばイノベーションアリーナ（TIA）や産業技術総合研究所（産総研）スーパークリーンルームなどの基盤を生かして、前工程と後工程の次世代技術開発を推進します。日本は材料・装置で存在感がある企業が多くあり、日本発の先端プロセス開発や社会実装に期待が集まっています。

半導体需要の背景にあるのはデジタル社会の発展と環境対応です。国際電気通信連合（ITU）による統計では、越境データ流通量が2020年に719、2021年見込みは932テラビット毎秒と急激に拡大しました。コロナ禍では動画配信やネットワーク会議など、通信網やデータセンター（DC）を前提としたサービスの利用が全世界規模で加速しました。企業から行政までデータ利用が進行し、3DNANDメモリーで構成されるオールフラッシュストレージの普及も進んでいます。スマートフォンも5G（第5世代通信）により半導体量が1割以上増加し、より省エネ化のための細やかな電力制御などもデバイス高度化を牽引している模様です。

とくに利用が進むのはAI技術です。深層学習で従来難しかったさまざまな領域でデータ間の相関などを取得することができ、画像などの認識から機械動作などの制御最適化、データ分析まで普遍的に利用が始まっています。膨大なデータや計算力がいるAI学習をDCで行い、学習済みAIをエッジコンピューターで活用するなど、利用シーンの全面に半導体が携わっています。

スマートフォンではハイエンド品にNPU（ニューラルプロセッサー）の搭載が標準化しています。画像加工や動画処理などの迅速化に利用されています。マイコンでもルネサスエレクトロニクスやSTマイクロなどがAI機能の搭載を推進しています。データ利用増加にともない通信負担も課題になってきているなか、エッジAIによるその場で処理が負担軽減のカギとして注目されています。エッジAIはセキュリティや通信環境に依存しないなどの利点もあり、OKIが専用コンピューターを製造業やインフラ、船舶などに展開するなど、設備活用の1手段として導入が進んでいます。

もう一つの大きな潮流が環境対応です。サーバーや社会全体でのカーボンニュートラル（CN）が世界的に求められるなかで、計算によ

る詳細制御やセンサーを用いることによる省エネ化の導入も注目されています。半導体業界自身もCN目標を設け、再生可能エネルギーなどの導入が進行しています。サプライヤー側も装置企業が相次いで目標を発表し、材料企業も動向を視野に入れています。また、主要製造地となる台湾の水不足などを要因とした節水化も新しいトレンドになっています。

　川下産業のCN化も進行しています。再生可能エネルギーはコスト高になるため、機器自体の省電力化も重要視されています。電気自動車（EV）も注目分野の一つです。欧州などが化石燃料からの脱却でEVへの切り替えを推進し、2025年にはEV世界販売台数が1,500万台程度になると試算されています。EVの省エネ化は航続距離につながるため、パワー半導体モジュールの高機能化が製品の魅力に直結します。シリコン（Si）ウエハーの供給タイト化もあり、大電力用途で省エネ化が可能なSiC（炭化ケイ素）デバイスの導入が前倒しで進んでいます。

　2021年夏にはSTマイクロエレクトロニクスが試作用SiC200ミリメートルウエハー製造を発表しました。昭和電工が東芝やロームにSiCエピウエハーの長期供給契約を締結するなど、大量生産に向けた取り組みが加速しています。Si品も300ミリメートルウエハーの導入が拡大しました。独インフィニオンが新工場の操業を開始、東芝も設備投資を進めるなど、各社はプロセスの高度化で需要拡大に応えていく方針です。

　コロナ禍では、テレワークにともなうウェブ会議などの利用や3Dデータの活用、オンラインイベントの一般化が進行し、ネットワーク上に構成された3D空間を新たな場として社会の各シーンで利用する「メタバース」に注目が集まっています。「オキュラス」ブランドでヘッドマウントディスプレイ（HMD）を展開してきた米フェイスブックが「META」（メタ）に社名を変更、ブランドを統一するなど、IT世界大手

も本腰を入れています。

　メタバースではパソコンやスマホに加えて、より身体を自由に活用できるVR／AR（仮想／拡張現実）などのXR（クロスリアリティ）技術が基幹要素になっています。XRはスマートグラスやHMDによる映像表示、センサーやカメラによる動作取得、テレイグジスタンス（遠隔存在）による遠隔操作などさまざまですが、精緻な3D空間を快適に利用するためには低遅延・大容量通信や高度な情報処理が不可欠です。通信規格などの整備も進行しており、新たな半導体の用途先として期待が高まっています。

【5 G】

　5Gというのは、「移動通信規格の第5世代」のことです。ここで、移動通信システムの歴史を振り返ってみましょう。第1世代（1G）はアナログ無線技術を用いた通話機能のみのもので、もともとは自動車用電話として開発が進められました。バブル時代の象徴として1985年に登場した「ショルダーフォン」も第1世代です。1990年代に普及した第2世代（2G）はデジタル無線技術を用いたもので、メールが利用できるようになりました。2000年代に登場した第3世代（3G）では、ユーザーの要望に応え通信の高速化とともに、通信規格の世界標準化が図られました。2015年頃から広まった第4世代（4G／LTE）では、さらなる大容量・高速通信化が可能となりました。5Gは4Gの100倍の通信速度を持ちます。2時間の映画を3秒でダウンロード可能で、タイムラグを意識せずに遠隔地のロボットをリアルタイムで操作することも可能になると見込まれています。

　これまでの経緯をみると5Gは《高速ネットワークの改良版》と思われがちですが、「インターネットが普及したとき以上の変革が起きる」（ソフトバンク）という予想もあり、単なる改良ではなく《新たな超高速ネットワークの出

現》と捉えるのが正しいようです。今までにない高周波帯域（RF）を利用することで、「超高速」「大容量」「超低遅延」「超多接続」を実現し、社会に大きな変化をもたらすことになります。

5G社会を実現するためには、電子デバイスだけでなく電子材料にもイノベーションが不可欠で、基地局、中継局、アンテナ、端末とそれぞれに商機があり、様々な技術課題を解決すべく化学メーカーの取り組みが進行しています。

5G向けの高速伝送用フレキシブルプリント基板には、高速通信を阻害しない低誘電率、低誘電正接などの特徴が求められます。ベースフィルムは、電気特性に優れる液晶ポリマーフィルムが最有力候補と目され、各社がしのぎを削っています。同様に高いポテンシャルを持つのがフッ素樹脂で、フッ素樹脂メーカーも虎視眈々と市場を狙うほか、エンプラメーカーも参入を目指しており、市場は今後、要求性能に合わせた棲み分けが進むとみられます。

情報通信の基幹を担う光ファイバーは、有線・無線通信に関わらず、バックボーンとなる設備や施設、大陸間をつなぐ重要な役割を果たしています。5Gでは全体通信量・無線通信量ともに増大するため、親局－子局、交換局間の大容量化や、データセンターなど大量データ処理に

ともなうバックホール回線の強化、施設内接続の増強などが求められています。日本電線工業会によると、光ファイバーの2019年度の国内需要は642万キロメートルコア（kmc、前年度比1.7％増）で、2020年度はCOVID-19の影響から601万kmc（同6.3％減）と減少します。長期的には堅調に推移していくとみられていますので、日系メーカーは強みを持つ超多心品を筆頭に、高付加価値品に注力することで業容拡大を進めています。

光ファイバー業界の世界市場規模は約3,000～5,000億円程度と推計されます。

基地局で電波を選り分けるフィルターやRFデバイスのパッケージは信頼性の高いセラミックス製が台頭する見込みです。チップセットなどの実装材料も低誘電率のものが主流になりそうです。

5Gの応用範囲は幅広く、スマートフォン向けの4.5ギガヘルツ以下よりもロボット制御や施設運営、自動運転などにより使いやすい広帯域の28ギガヘルツ帯サービスが「本番」といえます。周波数が高まるにつれ、求められる材料も変わります。期待が寄せられる高周波対応の実現が、ビジネス拡大のカギを握るといえそうです。

●データ爆増、磁気テープ復権

　記録メディアのなかでも「古い」「過去の技術」といったイメージの強かった磁気テープを取り巻く環境が大きく変化しています。意外に思われる方も多いでしょう。しかし現状、「GAFAM」や中国の「BAT」など巨大IT企業がこぞって採用に乗り出し、自動車や化学など製造業、アカデミアの現場でも注目され始めています。その背景にはIoT（モノのインターネット）やデジタル・トランスフォーメーション（DX）などの普及にともなうデータ量の爆発的な増加やランサムウエア（身代金要求型ウイルス）などの脅威、拡大する二酸化炭素（CO_2）排出量への対応ニーズがあります。

◆大容量に巨大ITも注目◆

　実際、アルファベット（グーグル持株会社）やアマゾン・ドット・コム、フェイスブック（現メタ）、アップル、マイクロソフトの「GAFAM」や、中国の百度（バイドゥ）、アリババ集団、テンセントの中国IT3強から成る「BAT」などが続々と採用し始め、他の製造業やアカデミアでもデータの貯蔵に採り入れる動きが進んでいます。

　その背景にあるのは（1）超高容量化（2）データを守る信頼性（3）低消費電力の3点です。詳しく見ていきましょう。

　まずは、爆発的に増えるデータの保管ニーズの高まりが要因として挙げられます。IoTを活用する世界では年々、より大規模なビッグデータが利用されるようになり、情報を高速に処理するだけではなく、処理した結果を検証するためにも安定的にデータを保存する必要性が高まっています。こうした用途には安価で低消費電力、さらには小さなスペースに保管できるテープストレージが適していることがわかってきました。

　テープ技術のなかで世界的に最もメジャーなシステムがLTO（リニア・テープ・オープン）というオープン規格システムです。LTOテープは現行の第9世代の1巻当たり容量が18テラバイト（圧縮時は45テラバイト）であるのに対し、米ヒューレット・パッカード・エンタープライズなどが参画する業界団体は今後のロードマップを公表し、およそ3年おきに世代交代を進めながら、2030年あたりの第12世代では144テラバイトまで容量が増えるとの見通しがあります。同時期のHDDは50テラバイト前後といわれ、磁気テープの高容量化が際立っています。

　また、2020年12月にはIBMと富士フイルムが、1巻当たりの記録容量が従来比約50倍となる世界最大容量580テラバイトのデータカートリッジの実現を可能とする技術を開発したと発表しました。現在は磁気テープのコーティングにバリウム・フェライト微粒子が使用されていますが、富士フイルムは記録密度をさらに高めるため、ストロンチウムフェライトという磁性体を開発しました。これが実現すれば、DVD約12万枚相当のデータが保存可能となります。

◆オフラインで安全確保◆

　IoTの普及やテレワークの定着でランサムウエアを含めたサイバー攻撃のリスクが拡大しており、近年では国内大手製造会社を狙ったケースも散見されます。停電や自然災害などからデータを守る観点からも、今後、オフラインで保管する磁気テープの特徴が生かされそうです。

◆消費電力低くCO_2大幅削減◆

　最後は環境対応の側面であり、その圧倒的な低消費電力です。HDDは常に通電の必要があり、データの読み書き実行時にしか大きな電力を消費しないLTOテープは、データ保存時の消費電力によるCO_2排出量を最大95％削減することが可能です（100ペタバイトのデータを10年間保存する場合のHDDとLTO8の比較）。

　さらに、昨今注目される電気電子機器廃棄物（e-weste）の問題の1つの解としても注目されています。世界のe-westeは2030年までに7,470万トンに達し、年間総量は2016年で倍増するとの報告もあります。HDDは100ペタバイトのデータを10年間保存する場合、5年後に交換する必要があり、9.2トンの電子機器廃棄物が発生するといいます。一方、テープは10年間同じ媒体を使用できることから最大80％の削減につながるとみられています。

第3部

主な化学
企業・団体

日本の化学関連企業ランキング（2021年度 連結決算）

＊ 146〜156 ページのランキングは、売上高が 200 億円以上の関連企業を対象に作成したものです。

◎売上高

企業が営業活動によって稼いだ売上げの総額を表しています。売上高からは、その企業の事業規模を測ることができます。

・売上高トップ100

（単位：100万円）

順位	社　名	売上高	営業利益	経常利益（税引前利益）	純利益	売上高営業利益率（%）	売上高経常利益率（%）（売上高税前利益）	海外売上高構成比率（%）	ROE（%）	ROA（%）
1	三菱ケミカルＨＤ[*1]	3,976,948	303,194	290,370	177,162	7.6	7.3	47	13.2	3.2
2	武田薬品工業	3,569,006	460,844	302,571	230,059	12.9	8.5	82	4.2	1.7
3	ブリヂストン	3,246,057	376,799	377,594	394,037	11.6	11.6	83	16.5	8.6
4	ダイキン工業	3,109,106	316,350	327,496	217,709	10.2	10.5	79	12.0	5.7
5	住友化学	2,765,321	215,003	251,136	162,130	7.8	9.1	68	14.5	3.8
6	富士フイルムＨＤ	2,525,773	229,702	260,446	211,180	9.1	10.3	61	9.0	5.3
7	旭化成	2,461,317	202,647	212,052	161,880	8.2	8.6	48	10.2	5.1
8	東レ	2,228,523	100,565	120,315	84,235	4.5	5.4	60	6.4	2.8
9	信越化学工業	2,074,428	676,322	694,434	500,117	32.6	33.5	77	16.3	12.3
10	ＡＧＣ	1,697,383	210,247	210,045	123,840	12.4	12.4	34	10.2	4.6
11	三井化学	1,612,688	147,310	141,274	109,990	9.1	8.8	48	16.7	5.7
12	大塚ＨＤ	1,498,276	154,497	163,638	125,463	10.3	10.9	57	6.5	4.4
13	昭和電工	1,419,635	87,198	86,861	△12,094	6.1	6.1	47	△2.6	△0.6
14	花王	1,418,768	143,510	150,002	109,636	10.1	10.6	42	11.6	6.4
15	アステラス製薬	1,296,163	155,686	156,886	124,086	12.0	12.1	80	8.7	5.3
16	積水化学工業	1,157,945	88,879	97,001	37,067	7.7	8.4	28	5.5	3.1
17	味の素	1,149,370	124,572	122,472	75,725	10.8	10.7	58	11.6	5.2
18	第一三共	1,044,892	73,025	73,516	66,972	7.0	7.0	47	5.1	3.0
19	資生堂	1,035,165	41,586	44,835	42,439	4.0	4.3	69	8.2	3.6
20	中外製薬	999,759	421,897	419,385	302,995	42.2	41.9	48	28.0	19.7
21	日本ペイントＨＤ	998,276	87,615	86,467	67,569	8.8	8.7	84	8.8	3.5
22	日本酸素ＨＤ	957,169	101,183	91,611	64,103	10.6	9.6	59	11.2	3.2
23	住友ゴム工業	936,039	49,169	44,765	29,470	5.3	4.8	68	6.2	2.7
24	帝人	926,054	44,208	49,692	23,158	4.8	5.4	49	5.5	1.9
25	東ソー	918,580	144,045	160,467	107,938	15.7	17.5	51	16.3	9.9
26	エア・ウォーター	888,668	65,174	64,230	43,214	7.3	7.2	-	11.4	4.4
27	ＤＩＣ	855,379	42,893	43,758	4,365	5.0	5.1	67	1.3	0.4
28	日東電工	853,448	132,260	132,378	97,132	15.5	15.5	80	12.6	8.9
29	豊田合成	830,243	34,172	37,696	23,352	4.1	4.5	55	5.7	2.7
30	ユニ・チャーム	782,723	118,272	121,977	72,745	15.1	15.6	62	13.8	7.4

（続き）

順位	社　　　名	売上高	営業利益	経常利益 （税引前利益）	純利益	売上高営業利益率（%）	売上高経常利益率（%） （売上高税前利益）	海外売上高構成比率（%）	ROE（%）	ROA（%）
31	ダイワボウHD	763,838	24,059	24,554	16,988	3.1	3.2	−	12.8	4.9
32	エ ー ザ イ	756,226	53,750	54,458	47,954	7.1	7.2	68	6.6	3.9
33	三 菱 ガ ス 化 学	705,656	55,360	74,152	48,295	7.8	10.5	56	8.8	5.2
34	カ ネ カ	691,530	43,562	40,816	26,487	6.3	5.9	45	7.1	3.6
35	横 浜 ゴ ム	670,809	83,636	85,199	65,500	12.5	12.7	64	13.9	6.6
36	UBE（旧 宇部興産）	655,265	44,038	41,549	24,500	6.7	6.3	37	6.7	2.9
37	T O T O	645,273	52,180	56,870	40,131	8.1	8.8	27	10.4	6.3
38	ク ラ レ	629,370	72,256	68,765	37,262	11.5	10.9	73	7.0	3.4
39	日 本 板 硝 子	600,568	23,626	11,859	4,134	3.9	2.0	−	4.0	0.4
40	住友ファーマ（旧 大日本住友製薬）	560,035	60,234	82,961	56,413	10.8	14.8	60	9.5	4.3
41	日 清 紡 H D	510,643	21,788	25,358	24,816	4.3	5.0	48	10.2	4.1
42	日本碍子（日本ガイシ）	510,439	83,527	86,248	70,851	16.4	16.9	76	12.9	7.2
43	日 本 特 殊 陶 業	491,733	75,512	83,642	60,200	15.4	17.0	83	12.5	7.3
44	ダ イ セ ル	467,937	50,697	57,291	31,254	10.8	12.2	56	12.3	4.5
45	住 友 理 工	445,985	1,110	387	△6,357	0.2	0.1	-	△4.1	△1.6
46	関 西 ペ イ ン ト	419,190	30,096	37,611	26,525	7.2	9.0	65	8.7	4.4
47	イ ビ デ ン	401,138	70,821	74,394	41,232	17.7	18.5	77	12.1	6.2
48	T O Y O T I R E	393,647	53,080	55,909	41,350	13.5	14.2	74	16.5	7.8
49	デ ン カ	384,849	40,123	36,474	26,012	10.4	9.5	43	9.4	4.7
50	東 洋 紡	375,720	28,430	23,092	12,865	7.6	6.1	33	6.8	2.5
51	日 本 触 媒	369,293	29,062	33,675	23,720	7.9	9.1	57	7.2	4.6
52	ラ イ オ ン	366,234	31,178	34,089	23,759	8.5	9.3	28	9.8	5.6
53	A D E K A	363,034	34,927	35,770	23,744	9.6	9.9	53	9.9	5.0
54	日 本 ゼ オ ン	361,730	44,432	49,468	33,413	12.3	13.7	61	10.9	6.9
55	小 野 薬 品 工 業	361,361	103,195	105,025	80,519	28.6	29.1	33	12.4	10.8
56	協 和 キ リ ン	352,246	60,055	60,050	52,347	17.0	17.0	54	7.3	5.7
57	J S R	340,997	43,760	45,521	37,303	12.8	13.3	68	10.5	4.6
58	塩 野 義 製 薬	335,138	110,312	126,268	114,185	32.9	37.7	64	12.5	9.9
59	ト ク ヤ マ	293,830	24,539	25,855	28,000	8.4	8.8	30	13.2	6.5
60	日 本 電 気 硝 子	292,033	32,779	44,979	27,904	11.2	15.4	86	5.8	4.0
61	東洋インキSCHD	287,989	13,005	15,442	9,492	4.5	5.4	50	4.4	2.3
62	ニ フ コ	283,777	30,540	33,602	22,959	10.8	11.8	67	12.2	7.1
63	大 正 製 薬 H D	268,203	10,743	18,412	13,122	4.0	6.9	37	1.8	1.5
64	参 天 製 薬	266,257	35,886	35,616	27,218	13.5	13.4	35	8.4	6.3
65	住友ベークライト	263,114	24,887	25,880	18,299	9.5	9.8	61	8.5	4.9
66	東 海 カ ー ボ ン	258,874	24,647	24,770	16,105	9.5	9.6	76	7.5	3.1
67	リ ン テ ッ ク	256,836	21,584	22,698	16,641	8.4	8.8	50	8.2	5.7
68	コ ー セ ー	224,983	18,852	22,371	13,341	8.4	9.9	49	7.5	5.6
69	ア イ カ 工 業	214,514	20,348	21,840	13,117	9.5	10.2	49	9.4	5.5
70	日 産 化 学	207,972	50,959	53,690	38,776	24.5	25.8	52	19.1	14.2

（続き）

順位	社　　名	売上高	営業利益	経常利益（税引前利益）	純利益	売上高営業利益率（%）	売上高経常利益率（%）（売上高税前利益）	海外売上高構成比率（%）	ROE（%）	ROA（%）
71	セントラル硝子	206,184	7,262	11,936	△39,844	3.5	5.8	50	△27.3	△13.7
72	アース製薬	203,785	10,667	11,362	7,142	5.2	5.6	—	12.4	5.9
73	東洋エンジニアリング	202,986	2,963	3,126	1,620	1.5	1.5	57	3.8	0.7
74	ロート製薬	199,646	29,349	29,084	21,018	14.7	14.6	37	12.6	7.7
75	エフピコ	196,950	15,884	16,703	11,206	8.1	8.5	—	8.7	4.4
76	サワイグループHD	193,816	△35,888	△36,214	△28,269	—	—	—	△13.8	△8.1
77	日油	192,642	35,595	37,624	26,690	18.5	19.5	33	12.6	9.2
78	日本化薬	184,805	21,050	23,154	17,181	11.4	12.5	31	7.3	5.4
79	サカタインクス	181,487	7,414	8,506	4,933	4.1	4.7	65	6.1	3.0
80	日医工	179,060	△110,051	△107,842	△104,984	—	—	23	△169	△40.3
81	ポーラ・オルビスHD	178,642	16,888	18,968	11,734	9.5	10.6	18	6.9	5.6
82	ク　レ　ハ	168,341	20,142	20,398	14,164	12.0	12.1	37	7.4	5.0
83	東和薬品	165,615	19,205	22,739	15,914	11.6	13.7	24	12.8	4.8
84	三洋化成工業	162,526	11,868	12,771	6,699	7.3	7.9	43	4.7	3.3
85	高砂香料工業	162,440	8,812	10,165	8,909	5.4	6.3	58	8.5	4.5
86	東亞合成	156,313	17,676	18,983	13,771	11.3	12.1	19	7.0	5.3
87	小林製薬	155,252	26,065	28,015	19,715	16.8	18.0	19	10.4	7.8
88	日本曹達	152,536	11,930	16,512	12,683	7.8	10.8	—	8.4	5.2
89	タキロンシーアイ	141,936	8,651	9,084	6,660	6.1	6.4	18	7.6	4.5
90	東京応化工業	140,055	20,707	21,664	17,748	14.8	15.5	79	11.5	8.2
91	日本新薬	137,547	28,299	29,773	23,044	20.6	21.6	31	13.6	11.0
92	クラボウ	132,215	7,528	8,783	5,602	5.7	6.6	24	5.9	3.3
93	ツ　ム　ラ	129,546	22,376	25,904	18,836	17.3	20.0	—	8.2	5.4
94	森六HD	128,842	2,846	2,965	4,259	2.2	2.3	72	6.1	3.1
95	藤森工業	127,819	10,341	11,102	7,693	8.1	8.7	—	10.2	6.0
96	ノリタケカンパニーリミテド	127,641	9,353	12,509	9,068	7.3	9.8	44	7.9	5.5
97	グ　ン　ゼ	124,314	4,880	5,399	2,939	3.9	4.3	19	2.6	1.9
98	大日精化工業	121,933	7,446	8,315	6,166	6.1	6.8	26	5.9	3.1
99	久光製薬	120,193	9,337	12,638	9,658	7.8	10.5	34	3.8	3.2
100	クミアイ化学工業	118,176	8,456	12,829	9,023	7.2	10.9	47	8.9	5.3

＊1．三菱ケミカルグループに商号変更（2022年7月1日付）

◎営業利益

企業が本業で稼いだ利益を表しています。営業利益からは、その企業の本業の
収益力を測ることができます。

・営業利益トップ50 (単位：100万円)

順位	社　　名	営業利益	順位	社　　名	営業利益
1	信越化学工業	676,322	26	横浜ゴム	83,636
2	武田薬品工業	460,844	27	日本碍子（日本ガイシ）	83,527
3	中外製薬	421,897	28	日本特殊陶業	75,512
4	ブリヂストン	376,799	29	第一三共	73,025
5	ダイキン工業	316,350	30	クラレ	72,256
6	三菱ケミカルHD	303,194	31	イビデン	70,821
7	富士フイルムHD	229,702	32	エア・ウォーター	65,174
8	住友化学	215,003	33	住友ファーマ（旧 大日本住友製薬）	60,234
9	AGC	210,247	34	協和キリン	60,055
10	旭化成	202,647	35	三菱ガス化学	55,360
11	アステラス製薬	155,686	36	エーザイ	53,750
12	大塚HD	154,497	37	TOYO TIRE	53,080
13	三井化学	147,310	38	TOTO	52,180
14	東ソー	144,045	39	日産化学	50,959
15	花王	143,510	40	ダイセル	50,697
16	日東電工	132,260	41	住友ゴム工業	49,169
17	味の素	124,572	42	日本ゼオン	44,432
18	ユニ・チャーム	118,272	43	帝人	44,208
19	塩野義製薬	110,312	44	UBE（旧 宇部興産）	44,038
20	小野薬品工業	103,195	45	JSR	43,760
21	日本酸素HD	101,183	46	カネカ	43,562
22	東レ	100,565	47	DIC	42,893
23	積水化学工業	88,879	48	資生堂	41,586
24	日本ペイントHD	87,615	49	デンカ	40,123
25	昭和電工	87,198	50	参天製薬	35,886

◎経常利益（税引前利益）

企業が本業を含めた財務活動によって得られた利益を表しています。経常利益（税引前利益）からは、その企業の財務力を含めた総合的な実力を測ることができます。

・経常利益トップ50

（単位：100万円）

順位	社　　名	経常利益	順位	社　　名	経常利益
1	信越化学工業	694,434	26	日本碍子（日本ガイシ）	86,248
2	中外製薬	419,385	27	横浜ゴム	85,199
3	ブリヂストン	377,594	28	日本特殊陶業	83,642
4	ダイキン工業	327,496	29	住友ファーマ（旧 大日本住友製薬）	82,961
5	武田薬品工業	302,571	30	イビデン	74,394
6	三菱ケミカルHD	290,370	31	三菱ガス化学	74,152
7	富士フイルムHD	260,446	32	第一三共	73,516
8	住友化学	251,136	33	クラレ	68,765
9	旭化成	212,052	34	エア・ウォーター	64,230
10	AGC	210,045	35	協和キリン	60,050
11	大塚HD	163,638	36	ダイセル	57,291
12	東ソー	160,467	37	TOTO	56,870
13	アステラス製薬	156,886	38	TOYO TIRE	55,909
14	花王	150,002	39	エーザイ	54,458
15	三井化学	141,274	40	日産化学	53,690
16	日東電工	132,378	41	帝人	49,692
17	塩野義製薬	126,268	42	日本ゼオン	49,468
18	味の素	122,472	43	JSR	45,521
19	ユニ・チャーム	121,977	44	日本電気硝子	44,979
20	東レ	120,315	45	資生堂	44,835
21	小野薬品工業	105,025	46	住友ゴム工業	44,765
22	積水化学工業	97,001	47	DIC	43,758
23	日本酸素HD	91,611	48	UBE（旧 宇部興産）	41,549
24	昭和電工	86,861	49	カネカ	40,816
25	日本ペイントHD	86,467	50	豊田合成	37,696

◎純利益

企業が得た利益（経常利益）から法人税などを差し引いたもので、企業が当該年度に稼いだ最終利益を表しています。純利益からは、その企業の成長性や規模を測ることができます。

・純利益トップ50 （単位：100万円）

順位	社名	純利益	順位	社名	純利益
1	信越化学工業	500,117	26	日本酸素HD	64,103
2	ブリヂストン	394,037	27	日本特殊陶業	60,200
3	中外製薬	302,995	28	住友ファーマ（旧 大日本住友製薬）	56,413
4	武田薬品工業	230,059	29	協和キリン	52,347
5	ダイキン工業	217,709	30	三菱ガス化学	48,295
6	富士フイルムHD	211,180	31	エーザイ	47,954
7	三菱ケミカルHD	177,162	32	エア・ウォーター	43,214
8	住友化学	162,130	33	資生堂	42,439
9	旭化成	161,880	34	TOYO TIRE	41,350
10	大塚HD	125,463	35	イビデン	41,232
11	アステラス製薬	124,086	36	TOTO	40,131
12	AGC	123,840	37	日産化学	38,776
13	塩野義製薬	114,185	38	JSR	37,303
14	三井化学	109,990	39	クラレ	37,262
15	花王	109,636	40	積水化学工業	37,067
16	東ソー	107,938	41	日本ゼオン	33,413
17	日東電工	97,132	42	ダイセル	31,254
18	東レ	84,235	43	住友ゴム工業	29,470
19	小野薬品工業	80,519	44	トクヤマ	28,000
20	味の素	75,725	45	日本電気硝子	27,904
21	ユニ・チャーム	72,745	46	参天製薬	27,218
22	日本碍子（日本ガイシ）	70,851	47	日油	26,690
23	日本ペイントHD	67,569	48	関西ペイント	26,525
24	第一三共	66,972	49	カネカ	26,487
25	横浜ゴム	65,500	50	デンカ	26,012

◎売上高営業利益率

企業の売上高に対する営業利益の占める割合を表しています。売上高営業利益率からは、その企業の本業の活動での収益性を判断することができます。この比率が高いほど、本業で利益を生み出す力が高いといえます。

・売上高営業利益率トップ50　　　　　　　　　　　　　　　　　（単位：％）

順位	社　名	売上高営業利益率	順位	社　名	売上高営業利益率
1	中外製薬	42.2	26	アステラス製薬	12.0
2	塩野義製薬	32.9		クレハ	12.0
3	信越化学工業	32.6	28	ブリヂストン	11.6
4	小野薬品工業	28.6		東和薬品	11.6
5	日産化学	24.5	30	クラレ	11.5
6	日本新薬	20.6	31	日本化薬	11.4
7	日油	18.5	32	東亞合成	11.3
8	イビデン	17.7	33	日本電気硝子	11.2
9	ツムラ	17.3	34	味の素	10.8
10	協和キリン	17.0		ダイセル	10.8
11	小林製薬	16.8		ニフコ	10.8
12	日本碍子（日本ガイシ）	16.4		住友ファーマ（旧 大日本住友製薬）	10.8
13	東ソー	15.7	38	日本酸素HD	10.6
14	日東電工	15.5	39	デンカ	10.4
15	日本特殊陶業	15.4	40	大塚HD	10.3
16	ユニ・チャーム	15.1	41	ダイキン工業	10.2
17	東京応化工業	14.8	42	花王	10.1
18	ロート製薬	14.7	43	ＡＤＥＫＡ	9.6
19	TOYO TIRE	13.5	44	東海カーボン	9.5
	参天製薬	13.5		アイカ工業	9.5
21	武田薬品工業	12.9		住友ベークライト	9.5
22	ＪＳＲ	12.8		ポーラ・オルビスHD	9.5
23	横浜ゴム	12.5	48	三井化学	9.1
24	ＡＧＣ	12.4		富士フイルムHD	9.1
25	日本ゼオン	12.3	50	日本ペイントHD	8.8

◎売上高経常利益率（売上高税引前利益率）

企業の売上高に対する経常利益の占める割合を表しています。売上高経常利益率（売上高税引前利益率）からは、その企業の本業、財務を含めた事業活動全体における総合的な収益性を判断することができます。この比率が高いほど、収益性が高いといえます。

・売上高経常利益率トップ50 （単位：％）

順位	社　名	売上高経常利益率	順位	社　名	売上高経常利益率
1	中外製薬	41.9	26	横浜ゴム	12.7
2	塩野義製薬	37.7	27	日本化薬	12.5
3	信越化学工業	33.5	28	ＡＧＣ	12.4
4	小野薬品工業	29.1	29	ダイセル	12.2
5	日産化学	25.8	30	東亞合成	12.1
6	日本新薬	21.6		クレハ	12.1
7	ツムラ	20.0		アステラス製薬	12.1
8	日油	19.5	33	ニフコ	11.8
9	イビデン	18.5	34	ブリヂストン	11.6
10	小林製薬	18.0	35	クラレ	10.9
11	東ソー	17.5		大塚ＨＤ	10.9
12	協和キリン	17.0		クミアイ化学工業	10.9
	日本特殊陶業	17.0	38	日本曹達	10.8
14	日本碍子（日本ガイシ）	16.9	39	味の素	10.7
15	ユニ・チャーム	15.6	40	ポーラ・オルビスＨＤ	10.6
16	日東電工	15.5		花王	10.6
	東京応化工業	15.5	42	ダイキン工業	10.5
18	日本電気硝子	15.4		久光製薬	10.5
19	住友ファーマ（旧 大日本住友製薬）	14.8		三菱ガス化学	10.5
20	ロート製薬	14.6	45	富士フイルムＨＤ	10.3
21	TOYO TIRE	14.2	46	アイカ工業	10.2
22	東和薬品	13.7	47	コーセー	9.9
	日本ゼオン	13.7		ＡＤＥＫＡ	9.9
24	参天製薬	13.4	49	住友ベークライト	9.8
25	ＪＳＲ	13.3		ノリタケカンパニーリミテド	9.8

◎海外売上高構成比率

企業の売上高における海外での売上高の占める割合を表しています。

・海外売上高構成比率トップ50

(単位：％)

順位	社　　名	海外売上高構成比率	順位	社　　名	海外売上高構成比率
1	日本電気硝子	86.0	26	塩野義製薬	64.0
2	日本ペイントHD	84.0		横浜ゴム	64.0
3	日本特殊陶業	83.0	28	ユニ・チャーム	62.0
	ブリヂストン	83.0	29	日本ゼオン	61.0
5	武田薬品工業	82.0		富士フイルムHD	61.0
6	日東電工	80.0		住友ベークライト	61.0
	アステラス製薬	80.0	32	住友ファーマ（旧 大日本住友製薬）	60.0
8	東京応化工業	79.0		東レ	60.0
	ダイキン工業	79.0	34	日本酸素HD	59.0
10	信越化学工業	77.0	35	味の素	58.0
	イビデン	77.0		高砂香料工業	58.0
12	日本碍子（日本ガイシ）	76.0	37	大塚HD	57.0
	東海カーボン	76.0		日本触媒	57.0
14	TOYO TIRE	74.0		東洋エンジニアリング	57.0
15	クラレ	73.0	40	ダイセル	56.0
16	森六HD	72.0		三菱ガス化学	56.0
17	資生堂	69.0	42	豊田合成	55.0
18	ＪＳＲ	68.0	43	協和キリン	54.0
	住友化学	68.0	44	ＡＤＥＫＡ	53.0
	エーザイ	68.0	45	日産化学	52.0
	住友ゴム工業	68.0	46	東ソー	51.0
22	ニフコ	67.0	47	リンテック	50.0
	ＤＩＣ	67.0		セントラル硝子	50.0
24	関西ペイント	65.0		東洋インキＳＣＨＤ	50.0
	サカタインクス	65.0	50	アイカ工業、コーセー、帝人	49.0

◎ ROE（return on equity. 自己資本利益率）

企業の純資産（自己資本）に対する当期純利益の割合を表しています。ROE からは、その企業が自己資本で効率的に運用できているか、高い成長力を持つかなど、企業の収益力を判断することができます。ROE が高い企業ほど自己資本をより効率的に運用できている優良企業であると判断されます。

・ROEトップ50 　　　　　　　　　　　　　　　　　　　　　　　（単位：％）

順位	社　名	ROE	順位	社　名	ROE
1	中外製薬	28.0	26	イビデン	12.1
2	日産化学	19.1	27	ダイキン工業	12.0
3	三井化学	16.7	28	味の素	11.6
4	ブリヂストン	16.5		花王	11.6
	TOYO TIRE	16.5	30	東京応化工業	11.5
6	信越化学工業	16.3	31	エア・ウォーター	11.4
	東ソー	16.3	32	日本酸素HD	11.2
8	住友化学	14.5	33	日本ゼオン	10.9
9	横浜ゴム	13.9	34	JSR	10.5
10	ユニ・チャーム	13.8	35	TOTO	10.4
11	日本新薬	13.6		小林製薬	10.4
12	三菱ケミカルHD	13.2	37	藤森工業	10.2
	トクヤマ	13.2		旭化成	10.2
14	日本碍子（日本ガイシ）	12.9		日清紡HD	10.2
15	ダイワボウHD	12.8		AGC	10.2
	東和薬品	12.8	41	ADEKA	9.9
17	日東電工	12.6	42	ライオン	9.8
	ロート製薬	12.6	43	住友ファーマ（旧 大日本住友製薬）	9.5
	日油	12.6	44	アイカ工業	9.4
20	日本特殊陶業	12.5		デンカ	9.4
	塩野義製薬	12.5	46	富士フイルムHD	9.0
22	アース製薬	12.4	47	クミアイ化学工業	8.9
	小野薬品工業	12.4	48	日本ペイントHD	8.8
24	ダイセル	12.3		三菱ガス化学	8.8
25	ニフコ	12.2	50	エフピコ, アステラス製薬, 関西ペイント	8.7

◎ ROA（return on assets. 総資産利益率）

企業の総資産に対する当期純利益の割合を表しています。ROA からは、その企業が純資産、負債を含むすべての資本を効率的に運用できているかどうかを判断することができます。ROA が高い企業ほど効率的に利益を生み出せている優良企業であるといえる一方で、借入金を投入することにより高利益を生み出している場合でも同様に ROA は高くなります。このため、ROA だけではなく、その他の指標とも比較分析するなど注意が必要です。

・ROAトップ50 (単位：%)

順位	社　名	ROA	順位	社　名	ROA
1	中外製薬	19.7	26	藤森工業	6.0
2	日産化学	14.2	27	アース製薬	5.9
3	信越化学工業	12.3	28	三井化学	5.7
4	日本新薬	11.0		ダイキン工業	5.7
5	小野薬品工業	10.8		リンテック	5.7
6	東ソー	9.9		協和キリン	5.7
	塩野義製薬	9.9	32	ライオン	5.6
8	日油	9.2		コーセー	5.6
9	日東電工	8.9		ポーラ・オルビスHD	5.6
10	ブリヂストン	8.6	35	アイカ工業	5.5
11	東京応化工業	8.2		ノリタケカンパニーリミテド	5.5
12	TOYO TIRE	7.8	37	ツムラ	5.4
	小林製薬	7.8		日本化薬	5.4
14	ロート製薬	7.7	39	富士フイルムHD	5.3
15	ユニ・チャーム	7.4		クミアイ化学工業	5.3
16	日本特殊陶業	7.3		アステラス製薬	5.3
17	日本碍子（日本ガイシ）	7.2		東亞合成	5.3
18	ニフコ	7.1	43	味の素	5.2
19	日本ゼオン	6.9		三菱ガス化学	5.2
20	横浜ゴム	6.6		日本曹達	5.2
21	トクヤマ	6.5	46	旭化成	5.1
22	花王	6.4	47	ADEKA	5.0
23	TOTO	6.3		クレハ	5.0
	参天製薬	6.3	49	ダイワボウHD	4.9
25	イビデン	6.2		住友ベークライト	4.9

世界の化学企業ランキング（2021年）

・売上高トップ50　　　　　　　　　　　　　　　　　　　　（単位：100万ドル、％）

順位 21年	順位 20年	社　名　(国籍)	化学部門 売上高	前年比 伸び率	化学部門 比率	化学部門 営業利益	前年比 伸び率	化学部門資産 金額	化学部門資産 営業利益率
1	1	BASF	92,982	32.9	100	9,179	80.50	103,375	8.9
2	2	Sinopec	65,848	31.9	15.9	1,761	9.5	34,539	5.1
3	3	Dow	54,968	42.6	100	7,887	208.6	62,990	12.5
4	5	Sabic	43,230	50.1	92.7	8,779	445.8	79,919	11.0
5	4	Formosa Plastics	43,173	47.8	72.2	—			
6	16	Ineos	39,937	121.2	100	5,370	344.2	37,226	14.4
7	6	PetroChina	39,693	41.7	9.8	1,862	9.5	-	
8	11	LyondellBasell Industries	38,995	66.6	84.5	8,009	172.6	-	—
9	7	LG Chem	37,257	41.8	100	4,389	179.5	44,664	9.8
10	12	ExxonMobil	36,858	59.6	13.3	9,960	272.3	39,722	25.1
11	8	三菱ケミカルグループ	30,719	24.8	84.8	2,547	74.3	43,120	5.9
12	13	Hengli Petrochemical	27,961	31.9	91.1	—		—	—
13	9	Linde	27,926	14.5	90.7	6,703	25	—	—
14	10	Air Liquide	27,148	13.4	98.3	2,779	16.3	50,645	5.5
15	14	Syngenta Group	24,900	20.9	81.1	—		—	—
16	20	Reliance Industries	22,583	65.6	21.1	—		—	—
17	27	Wanhua Chemical	22,561	98.2	100	4,978	142.1	29,502	16.9
18	29	Braskem	19,575	80.4	100	5,038	278	17,155	29.4
19	17	住友化学	19,176	24.7	76.2	1,581	118.3	23,747	6.7
20	21	信越化学工業	18,885	38.6	100	6,157	72.4	36,901	16.7
21	22	Covestro	18,813	48.5	100	2,655	206.6	18,421	14.4
22	18	東レ	17,856	20.9	88	1,227	40.3	—	—
23	19	Evonik Industries	17,692	22.6	100	1,541	39.7	26,362	5.8
24	23	Shell	16,993	45	6.5	1,390	72	—	—
25	15	DuPont	16,653	-18.4	100	2,652	59.7	45,707	5.8
26	25	Yara	16,617	43.4	100	1,068	-9.2	17,272	6.2
27	34	Rongsheng Petrochemical	16,001	59.6	58.3	—		—	—
28	31	Lotte Chemical	15,827	48.2	100	1,341	330.3	19,976	6.7
29	28	三井化学	14,681	33.1	100	1,269	70.3	17,615	7.2
30	32	Indorama Ventures	14,626	41.2	100	1,315	339.6	16,929	7.8
31	42	Chevron Phillips Chemical	14,104	67.1	100			17,777	
32	33	Umicore	13,567	34.4	47.7	542	104.3	9,134	5.9
33	26	Solvay	13,527	17.7	100	1,618	37.5	23,718	6.8
34	24	Bayer	12,743	9.7	24.4	—		—	—
35	40	Mosaic	12,357	42.3	100	2,770	299.5	22,036	12.6
36	46	Nutrien	11,590	62	41.8	4,825	242.9	25,940	18.6
37	36	Arkema	11,261	20.7	100	1,320	98.6	14,552	9.1
38	37	旭化成	10,908	20.9	48.7	1,004	65.9	16,214	6.2
39	35	DSM	10,888	13.5	100	1,247	38.7	18,944	6.6
39	38	Hanwha Solutions	10,888	22.8	86.6	541	12.3	17,465	3.1
41	41	Eastman Chemical	10,476	23.6	100	1,451	32.5	15,519	9.3
42	30	Johnson Matthey	10,412	-2.5	47.2	387	-9.1	3,204	12.1
43	39	Air Products	10,323	16.6	100	2,215	3.6	26,859	8.2
44	—	EuroChem Group	10,202	65.8	100	3,400	170.9	14,269	23.8
45	44	Borealis	10,164	26	100	1,668	435.9	15,361	10.9
46	—	PTT Global Chemical	9,084	52.1	62	1,140	483.3	16,521	6.9
47	43	Sasol	9,011	10.8	65.9	1,337	—	—	—
48	—	TongKun Group	8,996	28.4	100	—		—	—
49	45	Lanxess	8,940	23.8	100	562	16.4	12,443	4.5
50	—	Hengyi Petrochemical	8,858	66.8	44.3	—		—	—

〔注〕 為替レートは1ドル=5.3958ブラジル・レアル、6.4508人民元、0.8453ユーロ、73.9351印ルピー、109.8429日本円、1144.8911韓国ウォン、3.75サウジ・リヤル、29.4568台湾ドル、32.0052タイ・バーツ。

資料：C&EN　Global Top 50 Chemical Companies of 2022

総合化学企業 (一部順不同)

旭 化 成 株式会社

[東京本社(本店)] 〒100-0006 東京都千代田区有楽町１−１−２　日比谷三井タワー

[Tel.] 03-6699-3000　　[URL] https://www.asahi-kasei.co.jp

[設立] 1931年５月　　[資本金] 1,033億8,900万円

[代表取締役社長] 工藤幸四郎

[事業内容] 化成品・樹脂、住宅・建材、繊維、医薬・医療、電子・機能製品などの事業の持株会社

[関係会社] 旭化成アドバンス、PSジャパン、旭化成ホームズ、旭化成建材、旭化成エレクトロニクス、旭化成ファーマ、旭化成メディカル、ゾール・メディカル、ベロキシス

[従業員数] 8,623名(41.3歳)

[上場市場(証券コード)] 東京Ｐ 《3407》

◎業績

連結　決算期：3月（百万円）			
期別	売上高	経常利益	純利益	売上高経常利益率(%)
2020年	2,151,646	184,008	103,931	8.6
2021年	2,106,051	178,036	79,768	8.5
2022年	2,461,317	212,052	161,880	8.6

※[上場市場] 東京Ｐ：東証プライム市場、東京Ｓ：東証スタンダード市場
　　　　　名古屋Ｐ：名証プレミア市場　を指す

UBE 株式会社 〔宇部興産株式会社より社名変更〕

[宇部本社] 〒755-8633 山口県宇部市大字小串1978-96

[Tel.] 0836-31-2111

[東京本社] 〒105-8449 東京都港区芝浦1-2-1　シーバンスN館

[Tel.] 03-5419-6110　　[URL] https://www.ube-ind.co.jp

[設立] 1942年3月　　[資本金] 584億円

[代表取締役社長] 泉原雅人

[事業内容] 化学、医薬、エネルギー・環境、建設資材、機械

[従業員数] 2,058名（42.4歳）

[上場市場（証券コード）] 東京P　福岡《4208》

◎業績

連結　決算期：3月（百万円）				
期別	売上高	経常利益	純利益	売上高経常利益率（%）
2020年	667,892	35,724	22,976	5.3
2021年	613,889	23,293	22,936	3.8
2022年	655,265	41,549	24,500	6.3

昭 和 電 工 株式会社

〒105-8518 東京都港区芝大門1-13-9

[Tel.] 03-5470-3235（広報室）

[URL] https://www.sdk.co.jp

[設立] 1939年6月　　[資本金] 1,821億4,600万円

[代表取締役社長] 髙橋秀仁

[製造品目] 石油化学製品、有機・無機化学品、化成品、各種ガス、特殊化学品、電極、金属材料、研削材、耐火材、電子材料、ハードディスク、アルミニウム加工品

[従業員数] 3,298名（41.1歳）

[上場市場（証券コード）] 東京P《4004》

◎業績

連結　決算期：12月（百万円）				
期別	売上高	経常利益	純利益	売上高経常利益率（%）
2019年	906,454	119,293	73,088	13.2
2020年	973,700	△43,971	△76,304	4.5
2021年	1,419,635	86,861	△12,094	6.1

信越化学工業 株式会社

〒100-0005 東京都千代田区丸の内1-4-1　丸の内永楽ビルディング

[Tel.] 03-6812-2300　　[URL] https://www.shinetsu.co.jp

[設立] 1926年9月　　[資本金] 1,194億1,900万円

[代表取締役社長] 斉藤恭彦

[製造品目] 塩化ビニル、シリコーン、メタノール、カ性ソーダ、ジクロロメタン、セルロース誘導体、半導体シリコン、リチウム・タンタレートなど単結晶、合成石英製品、電子産業用有機材料、レア・アース、希土類磁石、フォトレジスト製品

[従業員数] 3,341名(42.2歳)

[上場市場(証券コード)] 東京P　名古屋P 《4063》

◎業績

◎連結　決算期：3月（百万円）				
期別	売上高	経常利益	純利益	売上高経常利益率(%)
2020年	1,543,525	418,242	314,027	27.1
2021年	1,496,906	405,101	293,732	27.1
2022年	2,074,428	694,434	500,117	33.5

住 友 化 学 株式会社

[東京本社] 〒103-6020 東京都中央区日本橋2-7-1　東京日本橋タワー

[Tel.] 03-5201-0200

[大阪本社] 〒541-8550 大阪市中央区北浜4-5-33　住友ビル

[Tel.] 06-6220-3211　　[URL] https://www.sumitomo-chem.co.jp

[設立] 1925年6月　　[資本金] 896億9,900万円

[代表取締役社長] 岩田圭一(社長執行役員)

[製造品目] 無機化学品、有機化学品、合成樹脂、合成ゴム、アルミニウム、染料、高分子有機EL材料、有機中間物、医薬原体・中間体、高分子添加剤、ゴム用薬品、高機能ポリマーほか

[従業員数] 6,488名(41.2歳)

[上場市場(証券コード)] 東京P 《4005》

◎業績

連結　決算期：3月（百万円）				
期別	売上高	税前利益	純利益	売上高税前利益率(%)
2020年	2,225,804	130,480	30,926	5.9
2021年	2,286,978	137,803	46,043	6.0
2022年	2,765,321	251,136	162,130	9.1

東 ソ ー 株式会社

〒105-8623 東京都港区芝 3 - 8 - 2

[Tel.] 03-5427-5103　　[URL] https://www.tosoh.co.jp

[設立] 1935年2月　　[資本金] 552億円

[代表取締役社長] 桒田　守(社長執行役員)

[事業内容] (石油化学事業)オレフィン、ポリマー　　(クロル・アルカリ事業)化学品、ウレタン、セメント　　(機能商品事業)有機化成品、バイオサイエンス、高機能材料

[従業員数] 3,758名(38.4歳)

[上場市場(証券コード)] 東京P 《4042》

◎業績

連結　決算期：3月（百万円）				
期別	売上高	経常利益	純利益	売上高経常利益率(%)
2020年	786,083	85,963	55,550	10.9
2021年	732,850	95,138	63,276	13.0
2022年	918,580	160,467	107,938	17.5

三 井 化 学 株式会社

〒105-7122 東京都港区東新橋 1 - 5 - 2　　汐留シティセンター

[Tel.] 03-6253-2100(コーポレートコミュニケーション部)

[URL] https://www.mitsuichemicals.com

[設立] 1955年7月　　[資本金] 1,253億3,100万円

[代表取締役] 橋本　修〔社長執行役員〕

[事業内容] (ヘルスケア事業)ヘルスケア材料、パーソナルケア材料、不織布　　(モビリティ事業)エラストマー、機能性コンパウンド、機能性ポリマー　　(フード＆パッケージング事業)コーティング・機能材、フィルムほか　　(基盤素材事業)フェノール、PTA・PET、工業薬品、石化原料、ポリウレタン材料、ライセンス

[従業員数] 4,913名(40.9歳)

[上場市場(証券コード)] 東京P 《4183》

◎業績

連結　決算期：3月（百万円）				
期別	売上高	税前利益	純利益	売上高税前利益率(%)
2020年	1,338,987	65,517	37,944	4.9
2021年	1,211,725	74,243	57,873	6.1
2022年	1,612,688	141,274	109,990	8.8

三菱ケミカルグループ 株式会社〔株式会社 三菱ケミカルホールディングスより商号変更〕

〒100-8251 東京都千代田区丸の内1-1-1　パレスビル

[Tel.] 03-6748-7140　　[URL] https://www.mitsubishichem-hd.co.jp

[設立] 2005年10月　　[資本金] 500億円

[代表者] Jean-Marc Gilson（代表執行役社長）

[事業内容] グループ会社の経営管理（グループの全体戦略策定，資源配分など）

[従業員数] 223名（46.0歳）

[上場市場（証券コード）] 東京P 《4188》

◎業績

連結　決算期：3月（百万円）			
期別	売上高	税前利益	純利益	売上高税前利益率（%）
2020年	3,580,510	122,003	54,077	3.4
2021年	3,257,535	32,908	△7,557	1.0
2022年	3,976,948	290,370	177,162	7.3

【グループ会社】

三菱ケミカル 株式会社

〒100-8251 東京都千代田区丸の内1-1-1　パレスビル

[Tel.] 03-6748-7300　　[URL] https://www.m-chemical.co.jp

[設立] 2017年4月　　[資本金] 532億2,900万円

[代表者] 福田信夫（代表取締役）　池川喜洋（代表取締役）

[事業内容] 機能商品、素材ほか

田辺三菱製薬 株式会社

[大阪本社] 〒541-8505 大阪市中央区道修町3-2-10

[Tel.] 06-6205-5085

[東京本社] 〒100-8205 東京都千代田区丸の内1-1-1　パレスビル

[Tel.] 03-6748-7700　　[URL] https://www.mt-pharma.co.jp

[設立] 2007年10月　　[資本金] 500億円

[代表者] 上野裕明（代表取締役）

[事業内容] 医療用医薬品を中心とする医薬品

株式会社　生命科学インスティテュート

〒100-8251　東京都千代田区丸の内１‐１‐１　パレスビル

[URL] https://www.lsii.co.jp

[設立] 2014年4月　　[資本金] 30億円

[代表者] 田邉良輔(代表取締役)

[事業内容] 次世代ヘルスケア、創薬ソリューション

[関係会社] 株式会社エーピーアイ コーポレーション

日本酸素ホールディングス　株式会社

〒142-8558　東京都品川区小山１‐３‐26　東洋Bldg.

[Tel.] 03-5788-8000　　　[URL] https://www.nipponsanso-hd.co.jp

[設立] 1910年10月　　[資本金] 373億4,400万円

[代表者] 濱田敏彦(代表取締役社長CEO)

[事業内容] 子会社管理及びグループ運営に関する事業

[従業員数] 19,398名(連結)

[上場市場(証券コード)] 東京Ｐ 《4091》

●フードロス削減へ各社取り組み加速

SDGｓ(持続可能な開発目標)対応などの必要性が高まっていることも背景に、賞味期限や消費期限の延長に対する取り組みが急務となるなか、より日持ちする製品などの技術革新に力を入れる化学企業が増えています。資源を無駄遣いしないことや廃棄時の焼却を減らすことは、温室効果ガスの発生を減らすことにもつながる取り組みです。社会の要請に応えようと、各社は事業展開を一段と加速する構えを見せています。

◆パン消費期限延長◆

世界的に関心が高まるフードロスに対し、素材メーカー各社は消費期限延長に貢献する製品で課題解決に挑戦しています。ADEKAが展開する機能性マーガリン「マーベラス」は、パン生地に練り込むことでパンの品質劣化を抑え、消費期限を約1.5日延ばすことを可能にしました。生産、流通、消費における食品ロスに対応する製品として大手パンメーカーなどから受注を獲得しており、環境貢献製品としてさらなる販売拡大を狙っています。

同社は、機能性練り込み用マーガリンのマーベラスを2020年から業務用として販売を開始しました。パンに焼きたて時の柔らかさ、歯切れ、しっとり感を持続させるのが特徴で、従来品の1.5倍程度の消費期限延長効果が期待できるようです。原料にはRSPO(持続可能なパーム油のための円卓会議)認証を取得したパーム油が配合されています。また、業界に先駆けてトランス脂肪酸を低減し、健康や食の安心・安全にも取り組んでいます。

一般的に、パンは焼き上がりから時間の経過とともにでんぷんが変質、水分が蒸発して硬くなるものです。ADEKAはでんぷんの老化作用に着目し、複数の酵素や機能素材の組み合わせで老化を抑えることに成功しました。さらに、独自の高分散油脂技術で調温やミキシングといった製パン作業の効率アップにも寄与しています。パンの歩留まりを向上させ、生産段階でのロスを抑えることもできるようになりました。

マーベラスは製品群の多角化にも注力しています。電子レンジ加熱耐性などを付与した「マーベラスSL」のほか、ベーカリー向けには焼きたての品質を持続、レンジ耐性も付与した小分け品「同アソシエ」も展開しています。コロナ禍でパンの買い置き保存やEC(電子商取引)を利用した焼成冷凍パンの購入など家庭における消費行動が変化するなか、市場ニーズに即した製品を開発し、マーベラスシリーズの販売拡大につなげています。

主要化学企業

株式会社 ＡＤＥＫＡ

〒116-8554　東京都荒川区東尾久７‐２‐35

[Tel.] 03-4455-2811　　[URL] https://www.adeka.co.jp

[設立] 1917年１月　　[資本金] 229億9,487万円

[社長] 城詰秀尊

[事業内容] 情報・電子化学品、機能化学品、基礎化学品、食品、ライフサイエンス、その他

[従業員数] 1,808名(38.9歳)　　[上場市場(証券コード)] 東京Ｐ《4401》

◎業績

連結　決算期：３月（百万円）		
期別	売上高	純利益
2020年	304,131	15,216
2021年	327,080	16,419
2022年	363,034	23,744

ＡＧＣ株式会社

〒100-8405　東京都千代田区丸の内１‐５‐１

[Tel.] 03-3218-5096(代表)　　[URL] https://www.agc.com

[設立] 1950年６月　　[資本金] 908億7,300万円

[代表取締役] 平井良典(社長執行役員；CEO)

[事業内容] ガラス、電子、化学品、その他

[従業員数] 7,223名(43.4歳)　　[上場市場(証券コード)] 東京Ｐ《5201》

◎業績

連結　決算期：12月（百万円）		
期別	売上高	純利益
2019年	1,518,039	44,434
2020年	1,412,306	32,715
2021年	1,697,383	123,840

株式会社　大阪ソーダ

〒550-0011　大阪市西区阿波座 1 - 12 - 18

[Tel.] 06-6110-1560

[URL] http://www.osaka-soda.co.jp

[設立] 1915年11月　　[資本金] 158億7,000万円

[代表取締役] 寺田健志（社長執行役員）

[事業内容] 基礎化学品、機能化学品、住宅設備ほか

[従業員数] 630名（42.5歳）　　[上場市場（証券コード）] 東京 P 《4046》

◎業績

連結　決算期：3 月（百万円）		
期別	売上高	純利益
2020年	105,477	6,506
2021年	97,266	6,050
2022年	88,084	9,442

花　　　王 株式会社

〒103-8210　東京都中央区日本橋茅場町 1 - 14 - 10

[Tel.] 03-3660-7111　　[URL] https://www.kao.com/jp

[設立] 1940年 5 月　　[資本金] 854億円

[代表取締役] 長谷部佳宏（社長執行役員）

[事業内容] コンシューマープロダクツ事業、ケミカル事業

[従業員数] 8,483名（40.5歳）　　[上場市場（証券コード）] 東京 P 《4452》

◎業績

連結　決算期：12月（百万円）		
期別	売上高	純利益
2019年	1,502,241	148,213
2020年	1,381,997	126,142
2021年	1,418,768	109,636

株式会社 カ　ネ　カ

[大阪本社] 〒530-8288　大阪市北区中之島 2 - 3 - 18　中之島フェスティバルタワー

[Tel.] 06-6226-5050（ダイヤルイン）　　[URL] https://www.kaneka.co.jp

[設立] 1949年 9 月　　[資本金] 330億4,600万円

[社長] 田中　　稔

[事業内容] 化成品、機能性樹脂、発泡樹脂製品、食品、ライフサイエンス、エレクトロニクスほか

[従業員数] 3,472名（41.3歳）　　[上場市場（証券コード）] 東京 P 《4118》

◎業績

連結　決算期：3 月（百万円）		
期別	売上高	純利益
2020年	601,514	14,003
2021年	577,426	15,831
2022年	691,530	26,487

株式会社 ク ラ レ

[東京本社] 〒100-0004 東京都千代田区大手町2-6-4 常盤橋タワー

[Tel.] 03-6701-1000（代表） [URL] https://www.kuraray.co.jp

[設立] 1926年6月 [資本金] 890億円

[代表取締役社長] 川原 仁

[製造品目] ビニロン、ポバール樹脂、ポバールフィルム、人工皮革、「エバール」樹脂、「エバール」フィルム、歯科材料、熱可塑性エラストマー、ファインケミカルなど

[従業員数] 4,212名（41.6歳） [上場市場（証券コード）] 東京P 《3405》

◎業績

連結 決算期：12月（百万円）		
期別	売上高	純利益
2019年	575,807	△1,956
2020年	541,797	2,570
2021年	629,370	37,262

株式会社 ク レ ハ

〒103-8552 東京都中央区日本橋浜町3-3-2

[Tel.] 03-3249-4666（代表） [URL] https://www.kureha.co.jp

[設立] 1944年6月 [資本金] 181億6,900万円

[代表取締役社長] 小林 豊

[製造品目] 機能樹脂、炭素製品、無機薬品、有機薬品、医薬品、動物用医薬品、農薬、食品包装材、家庭用品、合成繊維など

[従業員数] 1,663名（単体）（43.8歳） [上場市場（証券コード）] 東京P 《4023》

◎業績

連結 決算期：3月（百万円）		
期別	売上高	純利益
2020年	142,398	13,719
2021年	144,575	13,493
2022年	168,341	14,164

堺化学工業 株式会社

〒590-8502 大阪府堺市堺区戎島町5-2

[Tel.] 072-223-4111（代表）　　[URL] http://www.sakai-chem.co.jp

[設立] 1932年2月　　[資本金] 218億3,837万円

[社長] 矢倉敏行（執行役員）

[事業内容] バリウム・ストロンチウム・亜鉛製品、酸化チタン、電子材料、樹脂添加剤、触媒製品ほか

[従業員数] 773名（39.9歳）　　[上場市場（証券コード）] 東京P《4078》

◎業績

連結　決算期：3月（百万円）		
期別	売上高	純利益
2020年	87,177	2,535
2021年	84,918	△2,803
2022年	80,135	6,747

三洋化成工業 株式会社

〒605-0995 京都市東山区一橋野本町11-1

[Tel.] 075-541-4311　　[URL] https://www.sanyo-chemical.co.jp

[設立] 1949年11月　　[資本金] 130億5100万円

[代表取締役社長] 樋口章憲（執行役員社長）

[製造品目] 自動車関連、住宅関連、化粧品・パーソナルケア関連、医療関連、生活関連、電気電子・半導体・光学部材関連

[従業員数] 2,106名（連結）　　[上場市場（証券コード）] 東京P《4471》

◎業績

連結　決算期：3月（百万円）		
期別	売上高	純利益
2020年	155,503	7,668
2021年	144,757	7,282
2022年	162,526	6,699

Ｊ　Ｎ　Ｃ　株式会社

〒100-8105 東京都千代田区大手町2-2-1　新大手町ビル

[Tel.] 03-3243-6760　　[URL] https://www.jnc-corp.co.jp

[設立] 2011年1月　　[資本金] 311億5,000万円

[社長] 山田敬三

[製造品目] 液晶・有機ＥＬ材料、リチウムイオン電池材料、合成樹脂、合成繊維など

[従業員数] 3,057名（連結）

◎業績

連結　決算期：3月（百万円）			※チッソ㈱連結決算
期別	売上高	純利益	
2020年	144,852	△11,906	
2021年	132,011	△1,143	
2022年	137,551	12,139	

ＪＳＲ 株式会社

〒105-8640 東京都港区東新橋１−９−２

[Tel.] 03-6218-3500（代表）　　[URL] https://www.jsr.co.jp

[設立] 1957年12月　　[資本金] 233億7,000万円

[社長] 川橋信夫（COO）

[事業内容] 合成ゴム、エマルジョン、TPE、半導体材料、ディスプレイ材料、光学材料、診断試薬材料など

[従業員数] 9,696名（連結）　　[上場市場（証券コード）] 東京Ｐ《4185》

◎業績

連結　決算期：3月（百万円）		
期別	売上高	純利益
2020年	471,967	22,604
2021年	446,609	△55,155
2022年	340,997	37,303

積水化学工業 株式会社

[大阪本社] 〒530-8565 大阪市北区西天満２−４−４　堂島関電ビル

[Tel.] 06-6365-4110　　[URL] https://www.sekisui.co.jp

[設立] 1947年3月　　[資本金] 1,000億200万円

[社長] 加藤敬太

[事業内容] 住宅、環境・ライフライン、高機能プラスチックス、メディカル、その他

[従業員数] 26,419名（連結）　　[上場市場（証券コード）] 東京Ｐ《4204》

◎業績

連結　決算期：3月（百万円）		
期別	売上高	純利益
2020年	1,129,254	58,931
2021年	1,056,560	41,544
2022年	1,157,945	37,067

株式会社 ダイセル

[大阪本社] 〒530-0011 大阪市北区大深町３−１　グランフロント大阪 タワーＢ

[Tel.] 06-7639-7171　　[URL] https://www.daicel.com

[設立] 1919年9月　　[資本金] 362億7,544万円

[社長] 小河義美

[事業内容] モビリティ、エレクトロニクス、メディカル、コスメ・ヘルスケアなど

[従業員数] 2,553名（41.9歳）　　[上場市場（証券コード）] 東京Ｐ《4202》

◎業績

連結　決算期：3月（百万円）		
期別	売上高	純利益
2020年	412,826	4,978
2021年	393,568	19,713
2022年	467,937	31,254

帝　　　人 株式会社

[**大阪本社**] 〒530-8605　大阪市北区中之島３-２-４　中之島フェスティバルタワー・ウエスト

[**Tel.**] 06-6233-3401（代表）　　[**URL**] https://www.teijin.co.jp

[**設立**] 1918年６月　　[**資本金**] 718億3,300万円

[**代表取締役**] 内川哲茂（社長執行役員）

[**事業内容**] ポリエステル繊維、アラミド繊維、炭素繊維、ポリカーボネートフィルムほか

[**従業員数**] 21,815名（連結）　　[**上場市場（証券コード）**] 東京Ｐ《3401》

◎業績

連結　決算期：３月（百万円）		
期別	売上高	純利益
2020年	853,746	25,252
2021年	836,512	△6,662
2022年	926,054	23,158

Ｄ　Ｉ　Ｃ 株式会社

[**本社**] 〒103-8233　東京都中央区日本橋３-７-20　ディーアイシービル

[**Tel.**] 03-6733-3000（大代表）　　[**URL**] http://www.dic-global.com

[**設立**] 1937年３月　　[**資本金**] 966億円

[**代表取締役**] 猪野　薫（社長執行役員）

[**事業内容**] プリンティングマテリアル、カラーマテリアル、パフォーマンスマテリアルなど

[**従業員数**] 3,681名（43.9歳）　　[**上場市場（証券コード）**] 東京Ｐ《4631》

◎業績

連結　決算期：12月（百万円）		
期別	売上高	純利益
2019年	768,568	23,500
2020年	701,223	13,233
2021年	855,379	4,365

デ　ン　カ 株式会社

〒103-8338　東京都中央区日本橋室町２-１-１　日本橋三井タワー

[**Tel.**] 03-5290-5055　　[**Fax.**] 03-5290-5059　　[**URL**] https://www.denka.co.jp

[**設立**] 1915年５月　　[**資本金**] 369億9,800万円

[**代表取締役社長**] 今井俊夫

[**事業内容**] 電子・先端プロダクツ、ライフイノベーション、エラストマー・インフラソリューション、ポリマーソリューション

[**従業員数**] 4,081名（40.8歳）　　[**上場市場（証券コード）**] 東京Ｐ《4061》

◎業績

連結　決算期：３月（百万円）		
期別	売上高	純利益
2020年	380,803	22,703
2021年	354,391	22,785
2022年	384,849	26,012

東 洋 紡 株式会社

〒530-0001　大阪市北区梅田 1-13-1　　大阪梅田ツインタワーズ・サウス

[Tel.] 06-6348-3111　　[URL] https://www.toyobo.co.jp

[設立] 1914年6月　　[資本金] 517億3,000万円

[代表取締役社長] 竹内郁夫(社長執行役員)

[事業内容] フィルム・機能マテリアル、モビリティ、生活・環境・ライフサイエンス分野における
　各種製品の製造、加工、販売ほか

[従業員数] 3,831名(単独)(41.2歳)　　[上場市場(証券コード)] 東京P《3101》

◎業績

連結　決算期：3月（百万円）		
期別	売上高	純利益
2020年	339,607	13,774
2021年	337,406	4,202
2022年	375,720	12,865

東 　 レ 株式会社

[東京本社]　〒103-8666　東京都中央区日本橋室町 2-1-1　　日本橋三井タワー

[Tel.] 03-3245-5111(代表)　　[URL] https://www.toray.co.jp

[設立] 1926年1月　　[資本金] 1,478億7,303万771円

[代表取締役社長] 日覺昭廣(社長執行役員)

[事業内容] 繊維事業、環境・エンジニアリング事業、炭素繊維複合材料事業、ライフサイエンス事業ほか

[従業員数] 7,175名(39.7歳)　　[上場市場(証券コード)] 東京P《3402》

◎業績

連結　決算期：3月（百万円）		
期別	売上高	純利益
2020年	2,214,633	55,725
2021年	1,883,600	45,794
2022年	2,228,523	84,235

株式会社 ト ク ヤ マ

[東京本部]　〒101-8618　東京都千代田区外神田 1-7-5　　フロントプレイス秋葉原

[Tel.] 03-5207-2500　　[URL] https://www.tokuyama.co.jp

[設立] 1918年2月　　[資本金] 100億円

[代表取締役] 横田　浩(社長執行役員)

[事業内容] 化成品、セメント、電子材料、ライフサイエンス、環境など

[従業員数] 2,315名(41.4歳)　　[上場市場(証券コード)] 東京P《4043》

◎業績

連結　決算期：3月（百万円）		
期別	売上高	純利益
2020年	316,096	19,937
2021年	302,407	24,534
2022年	293,830	28,000

株式会社 日本触媒

[**大阪本社**] 〒541-0043 大阪市中央区高麗橋4-1-1　興銀ビル

[**Tel.**] 06-6223-9111（総務部）　　[**URL**] http://www.shokubai.co.jp

[**東京本社**] 〒100-0011 東京都千代田区内幸町1-2-2　日比谷ダイビル　[**Tel.**] 03-3506-7475

[**設立**] 1941年8月　　[**資本金**] 250億3,800万円

[**社長**] 野田和宏

[**事業内容**] 化成品、重合性モノマー、開始剤、ポリマー、微粒子、触媒・環境装置など

[**従業員数**] 2,412名（38.7歳）　[**上場市場（証券コード）**] 東京P 《4114》

◎業績

連結　決算期：3月（百万円）		
期別	売上高	純利益
2020年	302,150	11,094
2021年	273,163	△10,899
2022年	369,293	23,720

富士フイルムホールディングス 株式会社

〒107-0052 東京都港区赤坂9-7-3

[**Tel.**] 03-6271-1111（大代表）　　[**URL**] https://holdings.fujifilm.com

[**設立**] 1934年1月　　[**資本金**] 403億6,300万円

[**代表取締役社長**] 後藤禎一（CEO）

[**従業員数**] 75,474名（連結）　　[**上場市場（証券コード）**] 東京P 《4901》

◎業績

連結　決算期：3月（百万円）		
期別	売上高	純利益
2020年	2,315,141	124,987
2021年	2,192,519	181,205
2022年	2,525,773	211,180

【主な事業会社】

富士フイルム 株式会社

[**URL**] https://www.fujifilm.jp　　[**主な製造品目**] イメージングソリューション、ヘルスケア＆マテリアルズソリューション

富士フイルム富山化学 株式会社

[**URL**] https://www.fujifilm.com/fftc/ja　　[**主な製造品目**] 医薬品

富士フイルム和光純薬 株式会社

[**URL**] https://www.fujifilm.com/ffwk/ja　　[**主な製造品目**] 試薬・化成品・臨床検査薬

三菱ガス化学 株式会社

〒100-8324 東京都千代田区丸の内２−５−２　三菱ビル

[**Tel.**] 03-3283-5000　　[**URL**] https://www.mgc.co.jp

[**設立**] 1951年４月　　[**資本金**] 419億7,000万円

[**社長**] 藤井政志

[**事業内容**] 天然ガス系化学品、芳香族化学品、機能化学品、電子材料など

[**従業員数**] 2,461名（40.8歳）　　[**上場市場（証券コード）**] 東京Ｐ《4182》

◎業績

連結　決算期：３月（百万円）		
期別	売上高	純利益
2020年	613,344	21,158
2021年	595,718	36,070
2022年	705,656	48,295

持株会社

アサヒグループホールディングス
株式会社

[本部] 〒130-8602 東京都墨田区吾妻橋 1 -
23- 1

[Tel.] 0570-00-5112

[URL] https://www.asahigroup-holdings.com

[設立] 1949年 9 月

[資本金] 2,200億4,400万円

[社長] 勝木敦志（CEO）

◎業績 [連結]
2021年12月期　売上収益2,236,076（百万円）

[事業内容] グループの経営戦略・経営管理

[主なグループ会社] アサヒビール、ニッカウ
ヰスキー、アサヒ飲料ほか

[従業員数] 30,020名（連結）

[上場市場（証券コード）] 東京P 《2502》

ENEOSホールディングス　株式会社

〒100-8161 東京都千代田区大手町 1 - 1 - 2

[Tel.] 03-6257-5050

[URL] https://www.hd.eneos.co.jp

[設立] 2010年 4 月

[資本金] 1,000億円

[社長] 齊藤　猛（社長執行役員）

◎業績 [連結]
2022年 3 月期　売上高10,921,759（百万円）

[事業内容] 事業を行う子会社およびグループ
会社の経営管理ならびにこれに付帯する業務

[主なグループ会社] ＥＮＥＯＳ（エネルギー事
業）、ＪＸ石油開発（石油・天然ガス開発事業）、
ＪＸ金属（金属事業）

[従業員数] 41,852名（連結）

[上場市場（証券コード）] 東京P　名古屋P
《5020》

大塚ホールディングス　株式会社

〒108-8241 東京都港区港南 2 - 16- 4　品川
グランドセントラルタワー

[Tel.] 03-6717-1410

[URL] https://www.otsuka.com

[設立] 2008年 7 月

[資本金] 816億9,000万円

[社長] 樋口達夫（CEO）

◎業績 [連結]
2021年12月期　売上高1,498,276（百万円）

[事業内容] 持株会社

[主なグループ会社] 大塚製薬、大塚製薬工場、
大鵬薬品工業、大塚倉庫、大塚化学、大塚メ
ディカルデバイス

[従業員数] 33,226名（連結）

[上場市場（証券コード）] 東京P 《4578》

キリンホールディングス　株式会社

〒164-0001 東京都中野区中野 4 - 10- 2　中
野セントラルパークサウス

[Tel.] 03-6837-7000

[URL] https://www.kirinholdings.com

[設立] 1907年 2 月

[資本金] 1,020億4,579万3,357円

[社長] 磯崎功典

◎業績 [連結]
2021年12月期　売上収益1,821,570（百万円）

[事業内容] グループの経営戦略・経営管理
[主なグループ会社] キリンビール、協和キリン
[従業員数] 29,515名（連結）
[上場市場（証券コード）] 全国4市場《2503》

コスモエネルギーホールディングス 株式会社

〒105-8302 東京都港区芝浦1-1-1　浜松
　　町ビル
[Tel.] 03-3798-7545
[URL] https://ceh.cosmo-oil.co.jp
[設立] 2015年10月
[資本金] 400億円
[社長] 桐山　浩（社長執行役員）
◎業績 ［連結］
　　2022年3月期　売上高 2,440,452（百万円）
[事業内容] 総合石油事業等を行う傘下グルー
　　プ会社の経営管理およびそれに付帯する業務
[主なグループ会社] コスモエネルギー開発、
　　コスモ石油、コスモ石油マーケティング
[従業員数] 7,111名（連結）
[上場市場（証券コード）] 東京P《5021》

サッポロホールディングス 株式会社

〒150-8522 東京都渋谷区恵比寿4-20-1
[Tel.] 03-5423-7407
[URL] https://www.sapporoholdings.jp
[設立] 1949年9月
[資本金] 538億8,700万円
[社長] 尾賀真城
◎業績 ［連結］
　　2021年12月期　売上高 437,159（百万円）
[事業内容] 持株会社
[主なグループ会社] サッポロビール、ポッカ
　　サッポロフード＆ビバレッジ
[従業員数] 6,872名（連結）
[上場市場（証券コード）] 東京P　札幌《2501》

ＪＦＥホールディングス 株式会社

〒100-0011　東京都千代田区内幸町2-2-3
[Tel.] 03-3597-4321
[URL] https://www.jfe-holdings.co.jp
[設立] 2002年9月
[資本金] 1,471億4,300万円
[社長] 柿木厚司（ＣＥＯ）
◎業績 ［連結］
　　2022年3月期　売上高4,365,145（百万円）
[事業内容] グループの戦略機能、リスク管理、
　　対外説明責任
[主なグループ会社] ＪＦＥスチール、ＪＦＥ
　　エンジニアリング、ＪＦＥ商事
[従業員数] 51名（単独）　64,304名（連結）
[上場市場（証券コード）] 東京P《5411》

大正製薬ホールディングス 株式会社

〒170-8655 東京都豊島区高田3-24-1
[Tel.] 03-3985-2020（大代表）
[URL] https://www.taisho-holdings.co.jp
[設立] 2010年11月
[資本金] 300億円
[社長] 上原　茂
◎業績 ［連結］
　　2022年3月期　売上高268,203（百万円）
[業務内容] 一般用医薬品、食品などの製造、経
　　営管理業務を担う持株会社
[主なグループ会社] 大正製薬、大正ファーマ
[従業員数] 9,134名（連結）
[上場市場（証券コード）] 東京S《4581》

ダイワボウホールディングス 株式会社

〒541-0056 大阪府大阪市中央区久太郎町3-
　　6-8　御堂筋ダイワビル
[Tel.] 06-6281-2325
[URL] https://www.daiwabo-holdings.com

［設立］1941年5月

［資本金］216億9,674万4,900円

［社長］西村幸浩

◎業績　［連結］

　2022年3月期　売上高763,838（百万円）

［業務内容］ITインフラ流通事業：コンピュータ機器および周辺機器の販売等

　繊維事業：化合繊綿、不織布製品、産業資材関連の製造加工販売業、紡績糸、織物、編物、二次製品の製造販売業

　産業機械事業：生産設備用機械製品、鋳物製品の製造販売業

　その他事業：保険代理店業、エンジニアリング業

［主なグループ会社］ダイワボウ情報システム、大和紡績、オーエム製作所

［従業員数］5,671名（連結）

［上場市場（証券コード）］東京P《3107》

宝ホールディングス　株式会社

〒600-8688　京都市下京区四条通烏丸東入長刀鉾町20　四条烏丸ＦＴスクエア

［Tel.］075-241-5130（大代表）

［URL］https://www.takara.co.jp

［設立］1925年9月

［資本金］132億2,600万円

［社長］木村　睦

◎業績　［連結］

　2022年3月期　売上高300,918（百万円）

［業務内容］子会社の事業活動の支配・管理、不動産の賃貸借・管理、工業所有権の取得・維持・管理・使用許諾・譲渡など

［主なグループ会社］宝酒造、タカラバイオ

［従業員数］4,934名（連結）

［上場市場（証券コード）］東京P《2531》

東洋インキＳＣホールディングス株式会社

〒104-8377　東京都中央区京橋2-2-1　京橋エドグラン

［Tel.］03-3272-5731（代表）

［URL］https://schd.toyoinkgroup.com

［設立］1907年1月

［資本金］317億3,349万6,860円

［社長］高島　悟（グループCEO）

◎業績　［連結］

　2021年12月期　売上高 287,989（百万円）

［事業内容］グループ戦略立案および各事業会社の統括管理

［主なグループ会社］東洋インキ、トーヨーケム

［従業員数］7,887名（連結）

［上場市場（証券コード）］東京P《4634》

日清紡ホールディングス　株式会社

〒103-8650　東京都中央区日本橋人形町2-31-11

［Tel.］03-5695-8833（代表）

［URL］https://www.nisshinbo.co.jp

［設立］1907年2月

［資本金］276億9,800万円

［社長］村上雅洋

◎業績　［連結］

　2021年12月期　売上高 510,643（百万円）

［事業内容］繊維製品、ブレーキ製品、精密機器、化学品、無線・通信／マイクロデバイスなど

［主なグループ会社］日清紡テキスタイル、日清紡ブレーキ、日清紡メカトロニクス、日清紡ケミカル、日本無線ほか

［従業員数］21,112名（連結）

［上場市場（証券コード）］東京P《3105》

日本軽金属ホールディングス 株式会社

〒105-8681　東京都港区新橋一丁目1番13号
　　アーバンネット内幸町ビル

[Tel.] 03-6810-7100

[URL] https://www.nikkeikinholdings.co.jp/

[設立] 2012年11月

[資本金] 465億2,500万14円

[社長] 岡本一郎

◎業績 [連結]

　　2022年3月期　売上高 486,579（百万円）

[事業内容] 子会社等の経営管理およびそれに
　　附帯または関連する業務

[主なグループ会社] 日本軽金属、日軽パネル
　　システム、日本電極、東洋アルミニウムほか

[従業員数] 12,750名（連結）

[上場市場（証券コード）] 東京P 《5703》

日 本 製 紙 株式会社

〒101-0062　東京都千代田区神田駿河台4-6
　　御茶ノ水ソラシティ

[Tel.] 03-6665-1111

[URL] https://www.nipponpapergroup.com

[設立] 1949年8月

[資本金] 1,048億7,300万円

[社長] 野沢　徹（社長執行役員）

◎業績 [連結]

　　2022年3月期　売上高 1,045,086（百万円）

[事業内容] 紙パルプ、紙関連、ケミカル・エ
　　ネルギー、木材・建材関連ほか

[主なグループ会社] 日本製紙クレシア、日本
　　製紙パピリア

[従業員数] 16,129名（連結）

[上場市場（証券コード）] 東京P 《3863》

日本ペイントホールディングス 株式会社

〒531-8511　大阪市北区大淀北2-1-2

[Tel.] 06-6458-1111（代表）

[URL] https://www.nipponpaint-holdings.com

[設立] 1898年3月

[資本金] 6,714億3,200万円

[取締役] 若月雄一郎、ウィー・シューキム（代
　　表執行役共同社長）

◎業績 [連結]

　　2021年12月期　売上高998,276（百万円）

[事業内容] グループ戦略立案および各事業会
　　社の統括管理

[主なグループ会社] 日本ペイント・オートモー
　　ティブコーティングス、日本ペイント、日本
　　ペイント・インダストリアルコーティングス、
　　日本ペイント・サーフケミカルズ、日本ペイ
　　ントマリン

[従業員数] 30,247名（連結）

[上場市場（証券コード）] 東京P 《4612》

ハリマ化成グループ 株式会社

[大阪本社] 〒541-0042　大阪市中央区今橋4-
　　4-7

[Tel.] 06-6201-2461

[URL] https://www.harima.co.jp

[設立] 1947年11月

[資本金] 100億円

[社長] 長谷川吉弘

◎業績 [連結]

　　2022年3月期　売上高 76,093（百万円）

[業務内容] トール脂肪酸、製紙用サイズ剤、
　　表面塗工剤、紙力増強剤ほか

[主な関係会社] ハリマ化成、ハリマエムアイ
　　ディ、ハリマ化成商事、日本フィラーメタル
　　ズ、セブンリバーほか

[従業員数] 1,523名（連結）

[上場市場（証券コード）] 東京P 《4410》

古河機械金属 株式会社

〒100-8370 東京都千代田区丸の内 2 - 2 - 3
　丸の内仲通りビル
[Tel.] 03-3212-6570
[URL] https://www.furukawakk.co.jp
[設立] 1918年 4 月
[資本金] 282億818万円
[社長] 中戸川 稔
◎業績 [連結]
　2022年 3 月期　売上高 199,097（百万円）
[事業内容] 産業機械事業、金属事業、電子材料
　事業など
[主なグループ会社] 古河ケミカルズ
[従業員数] 2,804名（連結）
[上場市場（証券コード）] 東京 P 《5715》

明治ホールディングス 株式会社

〒104-0031 東京都中央区京橋 2 - 4 - 16
[Tel.] 03-3273-4001（代表）
[URL] https://www.meiji.com
[設立] 2009年 4 月
[資本金] 300億円
[社長] 川村和夫
◎業績 [連結]
　2022年 3 月期　売上高1,013,092（百万円）
[事業内容] 食品、薬品等の製造、販売等を行
　う子会社等の経営管理およびそれに付帯また
　は関連する事業
[主なグループ会社] 明治、Meiji Seikaファルマ
[従業員数] 17,336名（連結）
[上場市場（証券コード）] 東京 P 《2269》

製造業者

ア キ レ ス 株式会社

〒169-8885　東京都新宿区北新宿 2 -21- 1
新宿フロントタワー
[Tel.] 03-5338-9200
[URL] https://www.achilles.jp
[設立] 1947年 5 月
[資本金] 146億4,000万円
[社長] 日景一郎
◎業績 [連結]
　2022年 3 月期　売上高75,953（百万円）
[主な製造品目] シューズ、プラスチック、産
　業資材など
[従業員数] 1,651名（連結）
[上場市場（証券コード）] 東京 P 《5142》

アステラス製薬 株式会社

〒103-8411　東京都中央区日本橋本町 2 - 5 - 1
[Tel.] 03-3244-3000（代表）
[URL] https://www.astellas.com/jp/ja
[設立] 1939年 3 月
[資本金] 1,030億100万円
[社長] 安川健司
◎業績 [連結]
　2022年 3 月期　売上高1,296,163（百万円）
[主な製造品目] 医薬品
[従業員数] 14,522名（連結）
[上場市場（証券コード）] 東京 P 《4503》

味　の　素　株式会社

〒104-8315　東京都中央区京橋 1 -15- 1

[Tel.] 03-5250-8111（代表）
[URL] https://www.ajinomoto.co.jp
[設立] 1925年12月
[資本金] 798億6,300万円
[代表執行役社長] 藤江太郎（最高経営責任者）
◎業績 [連結]
　2022年 3 月期　売上高1,149,370（百万円）
[主な製造品目] 日本食品、海外食品、ライフ
　サポート、ヘルスケア
[従業員数] 3,184名（単体）
[上場市場（証券コード）] 東京 P 《2802》

荒川化学工業 株式会社

〒541-0046　大阪市中央区平野町 1 - 3 - 7
[Tel.] 06-6209-8500（ダイヤルイン案内台）
[URL] https://www.arakawachem.co.jp
[設立] 1956年 9 月
[資本金] 33億4,300万円
[社長] 宇根高司
◎業績 [連結]
　2022年 3 月期　売上高80,515（百万円）
[主な製造品目]製紙用薬品、印刷インキ用樹脂、
　粘着・接着剤用樹脂、電子材料の中間素材な
　ど
[従業員数] 793名（個別）　1,615名（連結）
[上場市場（証券コード）] 東京 P 《4968》

イ ビ デ ン 株式会社

〒503-8604　岐阜県大垣市神田町 2 - 1
[Tel.] 0584-81-3111（大代表）
[URL] https://www.ibiden.co.jp

［設立］1912年11月

［資本金］641億5,200万円

［社長］青木武志

◎業績 ［連結］

　　2022年3月期　売上高401,138（百万円）

［主な製造品目］ICパッケージ基板、プリント
　　配線板、SiC-DPF、特殊炭素製品など

［従業員数］3,549名

［上場市場（証券コード）］東京P　名古屋P
　　《4062》

石 原 産 業 株式会社

〒550-0002　大阪市西区江戸堀1-3-15

［Tel.］06-6444-1451

［URL］https://www.iskweb.co.jp

［設立］1949年6月

［資本金］434億2,000万円

［社長］髙橋英雄

◎業績 ［連結］

　　2022年3月期　売上高110,955（百万円）

［主な製造品目］酸化チタン、機能性材料、環境
　　商品、遮熱材料、農薬、有機中間体など

［従業員数］1,144名（連結）

［上場市場（証券コード）］東京P《4028》

出 光 興 産 株式会社

〒100-8321　東京都千代田区大手町1-2-1

［Tel.］03-3213-9307

［URL］https://www.idemitsu.com

［設立］1940年3月

［資本金］1,683億5,100万円

［社長］木藤俊一

◎業績 ［連結］

　　2022年3月期　売上高6,686,761（百万円）

［主な製造品目］燃料油、基礎化学品、高機能剤、
　　電力・再生可能エネルギー、資源

［従業員数］5,123名（単体）

［上場市場（証券コード）］東京P《5019》

エ ー ザ イ 株式会社

〒112-8088　東京都文京区小石川4-6-10

［Tel.］03-3817-3700

［URL］https://www.eisai.co.jp

［設立］1941年12月

［資本金］449億8,600万円

［取締役］内藤晴夫（代表執行役CEO）

◎業績 ［連結］

　　2022年3月期　売上高756,226（百万円）

［主な製造品目］医薬品

［従業員数］3,034名（単体）

［上場市場（証券コード）］東京P《4523》

エア・ウォーター 株式会社

［本社］〒542-0081　大阪市中央区南船場2-
　　12-8

［Tel.］06-6252-5411

［URL］https://www.awi.co.jp

［設立］1929年9月

［資本金］558億5,500万円

［社長］白井清司

◎業績 ［連結］

　　2022年3月期　売上高888,668（百万円）

［主な製造品目］産業ガス関連事業、ケミカル
　　関連事業、医療関連事業、エネルギー関連事
　　業、農業・食品関連事業、その他の事業

［従業員数］19,299名（連結）

［上場市場（証券コード）］東京P　札幌《4088》

関西ペイント 株式会社

〒541-8523　大阪市中央区今橋2-6-14

［Tel.］06-6203-5531（ダイヤルイン）

［URL］https://www.kansai.co.jp

［設立］1918年5月

［資本金］256億5,800万円

［社長］毛利訓士

◎業績［連結］

　2022年3月期　売上高419,190（百万円）

［主な製造品目］各種塗料の製造・販売、配色設計、バイオ関連製品および電子材料関連製品の製造・販売

［従業員数］15,670名（連結）

［上場市場（証券コード）］東京P《4613》

関東電化工業 株式会社

〒100-0005　東京都千代田区丸の内2-3-2　郵船ビルディング

［Tel.］03-4236-8801

［URL］https://www.kantodenka.co.jp

［設立］1938年9月

［資本金］28億7,700万円

［社長］長谷川淳一

◎業績［連結］

　2022年3月期　売上高62,286（百万円）

［主な製造品目］無機製品、有機製品、特殊ガス製品、電池材料その他製品、鉄系製品など

［従業員数］701名（単体）

［上場市場（証券コード）］東京P《4047》

京 セ ラ 株式会社

〒612-8501　京都市伏見区竹田鳥羽殿町6

［Tel.］075-604-3500（代表）

［URL］https://www.kyocera.co.jp

［設立］1959年4月

［資本金］1,157億300万円

［社長］谷本秀夫

◎業績［連結］

　2022年3月期　売上高1,838,938（百万円）

［主な製造品目］ファインセラミック部品関連、半導体部品関連、ファインセラミックス応用品関連など

［従業員数］20,560名（単体）

［上場市場（証券コード）］東京P《6971》

協和キリン 株式会社

〒100-0004　東京都千代田区大手町1-9-2　大手町フィナンシャルシティグランキューブ

［Tel.］03-5205-7200（代表）

［URL］https://www.kyowakirin.co.jp

［設立］1949年7月

［資本金］267億4,500万円

［社長］宮本昌志

◎業績［連結］

　2021年12月期　売上高352,246（百万円）

［主な製造品目］医療用医薬品など

［従業員数］5,752名（連結）

［上場市場（証券コード）］東京P《4151》

クラボウ（倉敷紡績 株式会社）

〒541-8581　大阪市中央区久太郎町2-4-31

［Tel.］06-6266-5111（代表）

［URL］https://www.kurabo.co.jp

［設立］1888年3月

［資本金］220億4,000万円

［社長］藤田晴哉

◎業績［連結］

　2022年3月期　売上高132,215（百万円）

［主な製造品目］繊維事業、化成品事業、環境メカトロニクス事業、食品サービス事業ほか

［従業員数］4,164名（連結）

［上場市場（証券コード）］東京P《3106》

群栄化学工業 株式会社

〒370-0032　群馬県高崎市宿大類町700

［Tel.］027-353-1818（代表）

［URL］https://www.gunei-chemical.co.jp

［設立］1946年1月

［資本金］50億円

［社長］有田喜一郎

◎業績［連結］
　2022年3月期　売上高29,406（百万円）

［主な製造品目］工業用フェノール樹脂、鋳物用粘結剤、高機能繊維など

［従業員数］342名（単体）

［上場市場（証券コード）］東京P《4229》

株式会社 神戸製鋼所

［神戸本社］〒651-8585　兵庫県神戸市中央区脇浜海岸通2-2-4

［Tel.］078-261-5111（大代表）

［URL］https://www.kobelco.co.jp

［設立］1911年6月

［資本金］2,509億3,000万円

［社長］山口　貢

◎業績［連結］
　2022年3月期　売上高2,082,582（百万円）

［主な製造品目］鋼材、加工製品ほか、溶接材料、アルミ圧延品、銅圧延品など

［従業員数］11,296名（単体）

［上場市場（証券コード）］東京P　名古屋P
《5406》

サカタインクス 株式会社

［大阪本社］〒550-0002　大阪市西区江戸堀1-23-37

［Tel.］06-6447-5811（代表）

［URL］http://www.inx.co.jp

［設立］1920年9月

［資本金］74億7,200万円

［代表取締役］上野吉昭（社長執行役員）

◎業績［連結］
　2021年12月期　売上高181,487（百万円）

［主な製造品目］各種印刷インキ・補助剤の製造・販売、印刷用・製版用機材の販売ほか

［従業員数］865名（単体）

［上場市場（証券コード）］東京P《4633》

株式会社 Ｊ Ｓ Ｐ

〒100-0005　東京都千代田区丸の内3-4-2
新日石ビル

［Tel.］03-6212-6300

［URL］https://www.co-jsp.co.jp

［設立］1962年1月

［資本金］101億2,800万円

［社長］大久保知彦

◎業績［連結］
　2022年3月期　売上高114,125（百万円）

［主な製造品目］発泡プラスチック、その他合成樹脂製品など

［従業員数］764名（単体）

［上場市場（証券コード）］東京P《7942》

塩野義製薬 株式会社

〒541-0045　大阪市中央区道修町3-1-8

［Tel.］06-6202-2161（大代表）

［URL］https://www.shionogi.co.jp

［設立］1919年6月

［資本金］212億7,974万2,717円

［社長］手代木功

◎業績［連結］
　2022年3月期　売上高335,138（百万円）

［主な製造品目］医薬品、臨床検査薬・機器ほか

［従業員数］5,693名（連結）

［上場市場（証券コード）］東京P《4507》

株式会社 資 生 堂

〒104-0061　東京都中央区銀座7-5-5

［Tel.］03-3572-5111（代表）

[URL] https://corp.shiseido.com/jp/

[設立] 1927年6月

[資本金] 645億600万円

[代表取締役] 魚谷雅彦(社長CEO)

◎業績 [連結]

　2021年12月期　売上高1,035,165(百万円)

[主な製造品目] 化粧品、トイレタリー製品、医薬品などの製造・販売

[従業員数] 35,318名(連結)

[上場市場(証券コード)] 東京P 《4911》

城北化学工業 株式会社

〒150-0013 東京都渋谷区恵比寿1-3-1
　朝日生命恵比寿ビル5階

[Tel.] 03-5447-5760(代表)

[URL] http://www.johoku-chemical.com

[設立] 1958年4月

[資本金] 1億1,000万円

[社長] 大田友昭

[主な製造品目] 亜リン酸エステル、酸性リン酸エステル類ほかリン化合物、ベンゾトリアゾール系紫外線吸収剤、ベンゾトリアゾール系防錆剤など

[従業員数] 110名

昭和電工マテリアルズ 株式会社

〒1100-6606 東京都千代田区丸の内1-9-2
　グラントウキョウサウスタワー

[Tel.] 03-5533-7000

[URL] http://www.mc.showadenko.com

[設立] 1962年10月

[資本金] 155億円

[代表取締役] 髙橋秀仁(社長執行役員)

[主な製造品目] 機能材料、電子材料、配線板材料など

[従業員数] 5,233名

住友金属鉱山 株式会社

〒105-8716 東京都港区新橋5-11-3　新橋住友ビル

[Tel.] 03-3436-7701(ダイヤルイン受付台)

[URL] https://www.smm.co.jp

[設立] 1950年3月

[資本金] 932億4,200万円

[社長] 野崎　明

◎業績 [連結]

　2022年3月期　売上高1,259,091(百万円)

[主な製造品目] 資源事業、製錬事業、材料事業

[従業員数] 7,202名(連結)

[上場市場(証券コード)] 東京P 《5713》

住友ゴム工業 株式会社

〒651-0072 兵庫県神戸市中央区脇浜町3-6-9

[Tel.] 078-265-3000

[URL] https://www.srigroup.co.jp

[設立] 1917年3月

[資本金] 426億5,800万円

[社長] 山本　悟

◎業績 [連結]

　2021年12月期　売上高936,039(百万円)

[主な製造品目] タイヤ、精密ゴム部品、体育施設など

[従業員数] 7,573名

[上場市場(証券コード)] 東京P 《5110》

住友精化 株式会社

[本社(大阪)] 〒541-0041 大阪市中央区北浜4-5-33　住友ビル

[Tel.] 06-6220-8508(ダイヤルイン総務人事室)

[Fax.] 06-6220-8541

［設立］1944年7月

［資本金］96億9,800万円

［社長］小川育三

◎業績 ［連結］

　2022年3月期　売上高115,583（百万円）

［主な製造品目］吸水性樹脂、機能化学品、ガ
　スなど

［従業員数］1,024名（単体）

［上場市場（証券コード）］東京P《4008》

住友電気工業 株式会社

［本社（大阪）］〒541-0041　大阪市中央区北浜
　4-5-33　住友ビル

［Tel.］06-6220-4141（大代表）

［URL］https://sumitomoelectric.com

［設立］1911年8月

［資本金］997億3,700万円

［代表取締役社長］井上　治

◎業績 ［連結］

　2022年3月期　売上高3,367,863（百万円）

［主な製造品目］電線・ケーブル、特殊金属線、
　粉末合金製品、ハイブリッド製品、その他

［従業員数］6,651名（単体）

［上場市場（証券コード）］東京P　名古屋P
　福岡《5802》

住友ファーマ 株式会社
〔大日本住友製薬株式会社より社名変更〕

［大阪本社］〒541-0045　大阪市中央区道修町
　2-6-8

［Tel.］06-6203-5321（代表）

［URL］https://www.ds-pharma.co.jp（日本語）
　　　　https://www.ds-pharma.com（英語）

［設立］1897年5月

［資本金］224億円

［代表取締役社長］野村　博

◎業績 ［連結］

2022年3月期　売上高560,035（百万円）

［主な製造品目］医療用医薬品、食品素材、食
　品添加物、動物用医薬品など

［従業員数］3,040名

［上場市場（証券コード）］東京P《4506》

住友ベークライト 株式会社

〒140-0002　東京都品川区東品川2-5-8
　天王洲パークサイドビル

［Tel.］03-5462-4111

［URL］https://www.sumibe.co.jp

［設立］1932年1月

［資本金］371億4,300万円

［代表取締役］藤原一彦（社長執行役員）

◎業績 ［連結］

　2022年3月期　売上高263,114（百万円）

［主な製造品目］半導体、高機能プラスチック、
　ヘルスケア関連製品

［従業員数］7,916名（連結）

［上場市場（証券コード）］東京P《4203》

住 友 理 工 株式会社

［グローバル本社］〒450-6316　愛知県名古屋
　市中村区名駅1-1-1　JPタワー名古屋

［Tel.］052-571-0200

［URL］https://www.sumitomoriko.co.jp

［設立］1929年12月

［資本金］121億4,500万円

［社長］清水和志（執行役員社長）

◎業績 ［連結］

　2022年3月期　売上高445,985（百万円）

［主な製造品目］各種防振ゴム、ホース、その
　他工業用ゴム製品、各種樹脂製品

［従業員数］25,519名（連結）

［上場市場（証券コード）］東京P　名古屋P
　《5191》

セントラル硝子 株式会社

〒101-0054 東京都千代田区神田錦町 3 - 7 -
　1 興和一橋ビル

[Tel.] 03-3259-7111

[URL] https://www.cgco.co.jp

[設立] 1936年10月

[資本金] 181億6,800万円

[代表取締役] 清水　正(社長執行役員)

◎業績 [連結]
　2022年 3 月期　売上高206,184(百万円)

[主な製造品目] ガラス製品、ガラス繊維製品、
　化学品、電子部品、医療器具など

[従業員数] 5,420名(連結)

[上場市場(証券コード)] 東京Ｐ 《4044》

積水化成品工業 株式会社

〒530-8565 大阪市北区西天満 2 - 4 - 4　堂
　島関電ビル

[Tel.] 06-6365-3014

[URL] https://www.sekisuikasei.com

[設立] 1959年10月

[資本金] 165億3,300万円

[社長] 柏原正人

◎業績 [連結]
　2022年 3 月期　売上高117,567(百万円)

[主な製造品目] 農水産資材、食品包装材、流
　通資材、建築資材、土木資材、自動車部材、
　車輌部品梱包材、産業包装材など

[従業員数] 425名(単体)

[上場市場(証券コード)] 東京Ｐ 《4228》

ダイキン工業 株式会社

〒530-8323 大阪市北区中崎西 2 - 4 - 12　梅
　田センタービル

[Tel.] 06-6373-4312

[URL] https://www.daikin.co.jp

[設立] 1934年 2 月

[資本金] 850億3,243万6,655円

[代表取締役社長] 十河政則(CEO)

◎業績 [連結]
　2022年 3 月期　売上高3,109,106(百万円)

[主な製造品目] フッ素樹脂、フッ素ゴム、空調・
　冷凍機ほか

[従業員数] 88,698名(連結)

[上場市場(証券コード)] 東京Ｐ 《6367》

大日精化工業 株式会社

〒103-8383 東京都中央区日本橋馬喰町 1 -
　7 - 6

[Tel.] 03-3662-7111

[URL] https://www.daicolor.co.jp

[設立] 1939年12月

[資本金] 100億3,900万円

[社長] 高橋弘二

◎業績 [連結]
　2022年 3 月期　売上高121,933(百万円)

[主な製造品目] 有機・無機顔料及び加工顔料、
　プラスチック用着色剤、印刷インキ・コーティ
　ング材など

[従業員数] 1,443名(単体)

[上場市場(証券コード)] 東京Ｐ 《4116》

大日本塗料 株式会社

〒552-0081 大阪市中央区南船場 1 -18-11

[Tel.] 06-6266-3100

[URL] http://www.dnt.co.jp

[設立] 1929年 7 月

[資本金] 88億2,736万9,650円

[社長] 里　隆幸

◎業績 [連結]
　2022年 3 月期　売上高66,948(百万円)

[主な製造品目] 塗料、ジェットインク、その
　他(各種塗装機器・装置、塗装工事など)

[従業員数] 702名（単体）

[上場市場（証券コード）] 東京P 《4611》

第一工業製薬 株式会社

〒601-8391 京都市南区吉祥院大河原町5

[Tel.] 075-323-5911

[URL] https://www.dks-web.co.jp

[設立] 1918年8月

[資本金] 88億9,500万円

[社長] 山路直貴

◎業績 [連結]

　2022年3月期　売上高62,672（百万円）

[主な製造品目] アニオン・カチオン・非イオン・両性界面活性剤、難燃剤、セルロース系高分子、ショ糖脂肪酸エステルなど

[従業員数] 1,096名（連結）

[上場市場（証券コード）] 東京P 《4461》

第 一 三 共 株式会社

〒103-8426 東京都中央区日本橋本町3-5-1

[Tel.] 03-6225-1111（代表）

[URL] https://www.daiichisankyo.co.jp

[設立] 2005年9月

[資本金] 500億円

[社長] 眞鍋　淳（CEO）

◎業績 [連結]

　2022年3月期　売上高1,044,892（百万円）

[主な製造品目] 医療用医薬品の研究開発、製造・販売など

[従業員数] 16,458名（連結）

[上場市場（証券コード）] 東京P 《4568》

高砂香料工業 株式会社

〒144-8721 東京都大田区蒲田5-37-1
　ニッセイアロマスクエア17階

[Tel.] 03-5744-0511

[URL] https://www.takasago.com/ja

[設立] 1920年2月

[資本金] 92億4,800万円

[社長] 桝村　聡

◎業績 [連結]

　2022年3月期　売上高162,440（百万円）

[主な製造品目] フレーバー、フレグランス、アロマイングレディエンツなど

[従業員数] 1,035名（単体）

[上場市場（証券コード）] 東京P 《4914》

武田薬品工業 株式会社

[グローバル本社] 〒103-8668 東京都中央区
　日本橋本町2-1-1

[Tel.] 03-3278-2111（代表）

[URL] https://www.takeda.com/ja-jp

[設立] 1925年1月

[資本金] 1兆6,681億4,500万円

[社長] C.ウェバー（CEO）

◎業績 [連結]

　2022年3月期　売上高3,569,006（百万円）

[主な製造品目] 医薬品の製造・販売

[従業員数] 4,966名（単体）

[上場市場（証券コード）] 全国4市場《4502》

中外製薬 株式会社

〒103-8324 東京都中央区日本橋室町2-1-1
　日本橋三井タワー

[Tel.] 03-3281-6611（代表）

[URL] https://www.chugai-pharm.co.jp

[設立] 1943年3月

[資本金] 732億200万円

[社長] 奥田　修（CEO）

◎業績 [連結]

　2021年12月期　売上高999,759（百万円）

[主な製造品目] 医薬品の研究、開発、製造、販売および輸出入

［従業員数］7,664人（連結）

［上場市場（証券コード）］東京P《4519》

TOYO TIRE 株式会社

［本社］〒664-0847 兵庫県伊丹市藤ノ木2-2-13

［Tel.］072-789-9100（代表）

［URL］https://www.toyotires.co.jp

［設立］1943年12月

［資本金］559億3,500万円

［代表取締役］清水隆史（社長・CEO）

◎業績［連結］

　2021年12月期　売上高393,647（百万円）

［主な製造品目］各種タイヤ、その他関連製品、自動車部品

［従業員数］10,324名（連結）

［上場市場（証券コード）］東京P《5105》

東 亞 合 成 株式会社

〒105-8419 東京都港区西新橋1-14-1

［Tel.］03-3597-7215

［URL］http://www.toagosei.co.jp

［設立］1942年3月

［資本金］208億8,600万円

［社長］髙村美己志

◎業績［連結］

　2021年12月期　売上高156,313（百万円）

［主な製造品目］基幹化学品、ポリマー・オリゴマー、接着材料、高機能無機材料、樹脂加工製品など

［従業員数］2,539名（連結）　1,322名（単体）

［上場市場（証券コード）］東京P《4045》

東 洋 炭 素 株式会社

〒555-0011 大阪市西淀川区竹島5-7-12

［Tel.］06-6472-5811

［URL］https://www.toyotanso.co.jp

［設立］1947年7月

［資本金］79億4700万円

［代表取締役］近藤尚孝（会長・社長・CEO）

◎業績［連結］

　2021年12月期　売上高37,734（百万円）

［主な製造品目］高機能カーボン製品

［従業員数］831名（単体）

［上場市場（証券コード）］東京P《5310》

豊 田 合 成 株式会社

〒452-8564 愛知県清須市春日長畑1

［Tel.］052-400-1055

［URL］https://www.toyoda-gosei.co.jp

［設立］1949年6月

［資本金］280億4,600万円

［社長］小山 享

◎業績［連結］

　2022年3月期　売上高830,243（百万円）

［主な製造品目］自動車部品（ウェザトリップ製品・機能部品・内外装部品・セーフティシステム製品）及びオプトエレクトロニクス製品・特機製品など

［従業員数］6,676名（単独）

［上場市場（証券コード）］東京P　名古屋P《7282》

ニ ッ タ 株式会社

〒556-0022 大阪市浪速区桜川4-4-26

［Tel.］06-6563-1211

［URL］https://www.nitta.group.com

［設立］1945年2月

［資本金］80億6,000万円

［社長］石切山靖順

◎業績［連結］

　2022年3月期　売上高83,734（百万円）

［主な製造品目］伝動用ベルト、搬送用ベルト、

カーブコンベヤなどの搬送システム、樹脂チューブ・ホースなど

[従業員数] 2,971名（連結）

[上場市場（証券コード）] 東京P 《5186》

ニッパツ（日本発条 株式会社）

〒236-0004 神奈川県横浜市金沢区福浦3-10

[Tel.] 045-786-7511

[URL] https://www.nhkspg.co.jp

[設立] 1939年9月

[資本金] 170億957万円

[社長] 茅本隆司

◎業績 ［連結］

2022年3月期 売上高586,903（百万円）

[主な製造品目] 自動車用懸架ばね、自動車用シート、精密ばねなど

[従業員数] 5,013名（単体）

[上場市場（証券コード）] 東京P 《5991》

日　　　油 株式会社

〒150-6019 東京都渋谷区恵比寿4-20-3 恵比寿ガーデンプレイスタワー

[Tel.] 03-5424-6600（代表）

[URL] https://www.nof.co.jp

[設立] 1949年7月

[資本金] 177億4,200万円

[社長] 宮道建臣

◎業績 ［連結］

2022年3月期 売上高192,642（百万円）

[主な製造品目] 油化事業、化成事業、化薬事業、食品事業、ライフサイエンス事業、ＤＤＳ事業、防錆事業など

[従業員数] 1,737名（単体）

[上場市場（証券コード）] 東京P 《4403》

日 産 化 学 株式会社

〒103-6119 東京都中央区日本橋2-5-1

[Tel.] 03-4463-8111

[URL] https://www.nissanchem.co.jp

[設立] 1921年4月

[資本金] 189億4,200万円

[社長] 八木晋介

◎業績 ［連結］

2022年3月期 売上高207,972（百万円）

[主な製造品目] 化学品、機能性材料、農業化学品、医薬品

[従業員数] 1,929名（単体）

[上場市場（証券コード）] 東京P 《4021》

日鉄ケミカル＆マテリアル 株式会社

〒103-0027 東京都中央区日本橋1-13-1 日鉄日本橋ビル

[Tel.] 03-3510-0301

[URL] https://www.nscm.nipponsteel.com

[設立] 1956年10月

[資本金] 50億円

[社長] 榮　敏治

◎業績 ［連結］

2021年3月期 売上高178,700（百万円）

[主な製造品目] コールケミカル、化学品、機能材料、炭素繊維複合材など

[従業員数] 3,206名（連結）

日本板硝子 株式会社

[東京本社] 〒108-6321 東京都港区三田3-5-27 住友不動産三田ツインビル西館

[Tel.] 03-5443-9522

[URL] http://www.nsg.co.jp

[設立] 1918年11月

[資本金] 1,166億4,300万円

[代表者] 森　重樹（代表執行役社長；CEO）

◎業績［連結］

2022年3月期　売上高600,568（百万円）

［主な製造品目］建築用ガラス、自動車用ガラス、
情報通信デバイスなど

［従業員数］1,934名（単体）

［上場市場（証券コード）］東京P《5202》

日本カーボン 株式会社

〒104-0032 東京都中央区八丁堀1-10-7
TMG八丁堀ビル

［Tel.］03-6891-3730（大代表）

［URL］https://www.carbon.co.jp

［設立］1915年12月

［資本金］74億277万円

［社長］宮下尚史

◎業績［連結］

2021年12月期　売上高31,578（百万円）

［主な製造品目］電気製鋼炉用人造黒鉛電極、
半導体用高純度および超高純度等方性黒鉛、
リチウムイオン電池負極材など

［従業員数］175名

［上場市場（証券コード）］東京P《5302》

日本ガイシ 株式会社

〒467-8530 愛知県名古屋市瑞穂区須田町2-
56

［Tel.］052-872-7181

［URL］https://www.ngk.co.jp

［設立］1919年5月

［資本金］698億4,900万円

［社長］小林　茂

◎業績［連結］

2022年3月期　売上高510,439（百万円）

［主な製造品目］がいしおよび電力関連機器、
産業用セラミックス、特殊金属製品など

［従業員数］4,382名（単体）

［上場市場（証券コード）］東京P　名古屋P

《5333》

日本化学工業 株式会社

〒136-8515 東京都江東区亀戸9-11-1

［Tel.］03-3636-8111（ダイヤルイン案内台）

［URL］https://www.nippon-chem.co.jp

［設立］1915年9月

［資本金］57億5,711万605円

［代表取締役社長］棚橋洋太

◎業績［連結］

2022年3月期　売上高37,275（百万円）

［主な製造品目］無機化学品（リン製品・珪酸塩・
バリウム塩・クロム塩など）、有機化学品、
電子材料・農薬ほか

［従業員数］609名（単体）

［上場市場（証券コード）］東京P《4092》

日 本 化 薬 株式会社

［本社］〒100-0005 東京都千代田区丸の内2-
1-1　明治安田生命ビル19・20階

［Tel.］03-6731-5200（大代表）

［URL］https://www.nipponkayaku.co.jp

［設立］1916年6月

［資本金］149億3,200万円

［社長］涌元厚宏（代表取締役社長）

◎業績［連結］

2022年3月期　売上高184,805（百万円）

［主な製造品目］医薬品、医薬原薬・中間体、
エポキシ樹脂、機能性フィルム、液晶パネル、
半導体製造用洗浄剤・薬液、農薬など

［従業員数］2,398名（単体）

［上場市場（証券コード）］東京P《4272》

日本ゼオン 株式会社

〒100-8246 東京都千代田区丸の内1-6-2
新丸の内センタービル

[Tel.] 03-3216-1772
[URL] https://www.zeon.co.jp
[設立] 1950年4月
[資本金] 242億1,100万円
[社長] 田中公章
◎業績［連結］
　　2022年3月期　売上高361,730（百万円）
[主な製造品目] 合成ゴム、合成ラテックス、
　化学品、電子材料、高機能樹脂など
[従業員数] 2,107名（単体）
[上場市場（証券コード）] 東京P《4205》

日 本 曹 達 株式会社

〒100-8165　東京都千代田区大手町2-2-1
[Tel.] 03-3245-6054（ダイヤルイン）
[URL] https://www.nippon-soda.co.jp
[設立] 1920年2月
[資本金] 291億6,600万円
[代表取締役社長] 阿賀英司
◎業績［連結］
　　2022年3月期　売上高152,536（百万円）
[主な製造品目] 農薬、医薬品原料、機能性化
　学品、環境化学品、基礎化学品など
[従業員数] 1,395名（単体）
[上場市場（証券コード）] 東京P《4041》

日 本 農 薬 株式会社

〒104-8386　東京都中央区京橋1-19-8
[Tel.] 03-6361-1400
[URL] https://www.nichino.co.jp
[設立] 1926年3月
[資本金] 149億3,900万円
[社長] 岩田浩幸
◎業績［連結］
　　2022年3月期　売上高81,910（百万円）
[主な製造品目] 農薬、医薬品、動物用医薬品、
　木材用薬品、農業資材など

[従業員数] 382名
[上場市場（証券コード）] 東京P《4997》

長谷川香料 株式会社

〒103-8431　東京都中央区日本橋本町4-4-
　14
[Tel.] 03-3241-1151（大代表）
[URL] https://www.t-hasegawa.co.jp
[設立] 1961年12月
[資本金] 53億6,485万円
[社長] 海野隆雄
◎業績［連結］
　　2021年9月期　売上高55,755（百万円）
[主な製造品目] 各種香料（香粧品、食品、合成）、
　各種食品添加物および食品
[従業員数] 1,098名
[上場市場（証券コード）] 東京P《4958》

株式会社 ブリヂストン

〒104-8340　東京都中央区京橋3-1-1
[Tel.] 03-6836-3001
[URL] https://www.bridgestone.co.jp
[設立] 1931年3月
[資本金] 1,263億5,400万円
[取締役] 石橋秀一（代表執行役Global CEO）
◎業績［連結］
　　2021年12月期　売上高3,246,057（百万円）
[主な製造品目] 各種タイヤ・チューブ、自動
　車用品、電子精密部品、工業資材関連用品な
　ど
[従業員数] 14,745名
[上場市場（証券コード）] 東京P　福岡《5108》

古河電気工業 株式会社

〒100-8322　東京都千代田区大手町2-6-4
常盤橋タワー

［Tel.］03-6281-8500

［URL］https://www.furukawa.co.jp

［設立］1896年6月

［資本金］693億9,500万円

［社長］小林敬一

◎業績［連結］

　2022年3月期　売上高930,496（百万円）

［主な製造品目］電力ケーブル、自動車用エレクトロニクス材料、光ファイバ・光部品、電子部品、半導体用テープなど

［従業員数］4,201名（単体）

［上場市場（証券コード）］東京P《5801》

ＨＯＹＡ　株式会社

〒160-8347　東京都新宿区西新宿6-10-1
　日土地西新宿ビル

［Tel.］03-6911-4811（代表）

［URL］http://www.hoya.co.jp

［設立］1944年8月

［資本金］62億6,420万1,967円

［執行役］池田英一郎（代表執行役；CEO）

◎業績［連結］

　2022年3月期　売上収益661,466（百万円）

［主な製造品目］ヘルスケア関連製品、メディカル関連製品、エレクトロニクス関連製品、映像関連製品など

［従業員数］38,376名（連結）

［上場市場（証券コード）］東京P《7741》

北興化学工業　株式会社

〒103-8341　東京都中央区日本橋本町1-5-4　住友不動産日本橋ビル

［Tel.］03-3279-5151（大代表）

［URL］https://www.hokkochem.co.jp

［設立］1950年2月

［資本金］32億1,395万円

［社長］佐野健一

◎業績［連結］

　2021年11月期　売上高40,287（百万円）

［主な製造品目］農薬、ファインケミカル製品

［従業員数］647名（単体）

［上場市場（証券コード）］東京S《4992》

保土谷化学工業　株式会社

〒105-0021　東京都港区東新橋1-9-2
　汐留住友ビル16階

［Tel.］03-6852-0300

［URL］https://www.hodogaya.co.jp

［設立］1916年12月

［資本金］111億9,600万円

［社長］松本祐人（社長執行役員）

◎業績［連結］

　2022年3月期　売上高41,879（百万円）

［主な製造品目］機能性色素、機能性樹脂、基礎化学品、アグロサイエンス

［従業員数］466名（単体）

［上場市場（証券コード）］東京P《4112》

丸善石油化学　株式会社

〒104-8502　東京都中央区入船2-1-1　住友入船ビル

［Tel.］03-3552-9361（代表）

［URL］http://www.chemiway.co.jp

［設立］1959年10月

［資本金］100億円

［社長］馬場稔温（社長執行役員）

［主な製造品目］エチレン、プロピレン、ブタン・ブチレン、ベンゼン等の基礎石油化学製品、メチルエチルケトン等の溶剤及びポリパラビニルフェノール

三井金属鉱業　株式会社

〒141-8584　東京都品川区大崎1-11-1

ゲートシティ大崎ウエストタワー

[Tel.] 03-5437-8000（ダイヤルイン番号案内）

[URL] https://www.mitsui-kinzoku.co.jp

[設立] 1950年5月

[資本金] 421億2,946万円

[社長] 納 武士

◎業績［連結］

　2022年3月期　売上高633,346（百万円）

[主な製造品目] 非鉄金属製錬、機能材料・電子材料、自動車部品ほか

[従業員数] 2,139名（単体）

[上場市場（証券コード）] 東京P《5706》

三 菱 製 紙 株式会社

〒130-0026 東京都墨田区両国2-10-14　両国シティコア

[Tel.] 03-5600-1488

[URL] https://www.mpm.co.jp

[設立] 1898年4月

[資本金] 365億6,163万9,647円

[社長] 立藤幸博（取締役社長）

◎業績［連結］

　2022年3月期　売上高181,920（百万円）

[主な製造品目] 洋紙、イメージング製品、機能材（エアフィルター、不織布、電池セパレータなど）、ヘルスケア＆アメニティほか

[従業員数] 577名（単体）

[上場市場（証券コード）] 東京P《3864》

株式会社 ヤクルト本社

〒105-8660 東京都港区海岸1-10-30

[Tel.] 03-6625-8960（大代表）

[URL] https://www.yakult.co.jp

[設立] 1955年4月

[資本金] 311億1,765万円

[社長] 成田 裕

◎業績［連結］

　2022年3月期　売上高415,116（百万円）

[主な製造品目] 乳製品乳酸菌飲料、はっ酵乳、化粧品、抗癌剤、乳酸菌製剤ほか

[従業員数] 2,836名（単体）

[上場市場（証券コード）] 東京P《2267》

ユ ニ チ カ 株式会社

[大阪本社] 〒541-8566 大阪市中央区久太郎町4-1-3　大阪センタービル

[Tel.] 06-6281-5695

[URL] https://www.unitika.co.jp

[設立] 1889年6月

[資本金] 1億45万円

[代表取締役社長] 上埜修司

◎業績［連結］

　2022年3月期　売上高114,713（百万円）

[主な製造品目] フィルム（ナイロン・ポリエステル）、樹脂（ナイロン・ポリエステル・ポリアリレート）、不織布（ポリエステルバンド・綿スパンレース）、生分解材料など

[従業員数] 1,366名（単体）

[上場市場（証券コード）] 東京P《3103》

横 浜 ゴ ム 株式会社

〒105-8685 東京都港区新橋5-36-11

[Tel.] 03-5400-4531（大代表）

[URL] https://www.y-yokohama.com

[設立] 1917年10月

[資本金] 389億900万円

[社長] 山石昌孝

◎業績［連結］

　2021年12月期　売上高670,809（百万円）

[主な製造品目] タイヤ、産業用ゴム、航空部品、ゴルフ用品など

[従業員数] 5,257名（単体）

[上場市場（証券コード）] 東京P《5101》

ライオン 株式会社

〒130-8644 東京都墨田区本所1-3-7

[Tel.] 03-3621-6211

[URL] https://www.lion.co.jp

[設立] 1918年9月

[資本金] 344億3,372万円

[代表取締役] 掬川正純(社長執行役員)

◎業績 [連結]

　2021年12月期　売上高366,234(百万円)

[主な製造品目]歯磨き、歯ブラシ、石けん、洗剤、
　ヘアケア・スキンケア製品、クッキング用品、
　薬品、化学品などの製造販売ほか

[従業員数] 3,165名(単体)

[上場市場(証券コード)] 東京P 《4912》

【外資系製造業者】

クラリアントジャパン 株式会社

Clariant（Japan）K. K.

〒113-8662 東京都文京区本駒込2-28-8
文京グリーンコートセンターオフィス9階

[Tel.] 03-5977-7880

[URL] https://www.clariant.com/ja-JP/
Corporate

[設立] 1966年9月

[資本金] 4億5,000万円

[社長] 伊藤弘治

[主な製造品目] 工業用界面活性剤、化粧品・
　洗剤用界面活性剤ほか

[従業員数] 182名

バイエル クロップサイエンス
株式会社

Bayer CropScience K.K.

〒100-8262 東京都千代田区丸の内1-6-5
丸の内北口ビル

[Tel.] 03-6266-7007(代表)

[URL] https://cropscience.bayer.jp

[設立] 1941年1月

[資本金] 11億7,505万円

[社長] H.プリンツ

[主な製造品目] 殺虫剤、殺菌剤、殺虫・殺菌剤、
　除草剤ほか

[従業員数] 322名

販売業者

伊藤忠エネクス 株式会社

〒100-6028 東京都千代田区霞が関 3 - 2 - 5
　霞が関ビルディング

[Tel.] 03-4233-8000

[URL] https://www.itcenex.com

[設立] 1961年 1 月

[資本金] 198億7,767万円

[社長] 岡田賢二

◎業績 [連結]
　2022年 3 月期　売上高936,306（百万円）

[主な販売品目] 石油製品、ＬＰガス、電力、
　産業用ガス、熱供給、自動車ほか

[従業員数] 493名

[上場市場（証券コード）] 東京Ｐ 《8133》

伊藤忠商事 株式会社

[大阪本社] 〒530-8448 大阪市北区梅田 3 -
　1 - 3

[Tel.] 06-7638-2121（ダイヤルイン受付台）

[URL] https://www.itochu.co.jp

[東京本社] 〒107-8077 東京都港区北青山 2 -
　5 - 1

[Tel.] 03-3497-2121（ダイヤルイン受付台）

[設立] 1949年12月

[資本金] 2,534億4,800万円

[社長] 石井敬太

◎業績 [連結]
　2022年 3 月期　売上高12,293,348（百万円）

[主な販売品目] 有機化学品、無機化学品、合
　成樹脂、包装資材、生活関連雑貨、精密化学品、
　電子材料、医薬品、原油・石油製品、LPG・

LNG、天然ガス、水素など

[従業員数] 115,124名（連結）

[上場市場（証券コード）] 東京Ｐ 《8001》

稲 畑 産 業 株式会社

[大阪本社] 〒542-8558 大阪市中央区南船場
　1 - 15 - 14

[Tel.] 06-6267-6051

[東京本社] 〒103-8448 東京都中央区日本橋
　本町 2 - 8 - 2

[Tel.] 03-3639-6415

[URL] https://www.inabata.co.jp

[設立] 1918年 6 月

[資本金] 93億6,400万円

[代表取締役社長] 稲畑勝太郎（社長執行役員）

◎業績 [連結]
　2022年 3 月期　売上高680,962（百万円）

[主な販売品目] 化学品、電子材料、合成樹脂、
　建築材料、医薬品原体・中間体

[従業員数] 552名

[上場市場（証券コード）] 東京Ｐ 《8098》

岩 谷 産 業 株式会社

[大阪本社] 〒541-0053 大阪市中央区本町
　3 - 6 - 4

[東京本社] 〒105-8458 東京都港区西新橋
　3 - 21 - 8

[Tel.] 03-5405-5711

[URL] http://www.iwatani.co.jp

[設立] 1945年 2 月

[資本金] 350億9,600万円

［代表取締役］間島 寛（社長執行役員）

◎業績［連結］

　2022年3月期　売上高690,392（百万円）

［主な販売品目］総合エネルギー（LPガス・電力・都市ガスなど）、産業ガス（水素など）、産業機械、マテリアル、自然産業ほか・設備ほか

［従業員数］1,319名

［上場市場（証券コード）］東京P《8088》

宇 津 商 事 株式会社

〒103-0023　東京都中央区日本橋本町2-8-8　宇津共栄ビル

［Tel.］03-3663-5581（営業部）　03-3663-7747（総務部）

［URL］https://www.utsu.co.jp

［設立］1963年10月

［資本金］8,000万円

［社長］宇津憲一

［主な販売品目］基礎化学品・機能化学品・食品関連化学品、高機能フィルム、半導体・電子・光学材料、エアフィルターほか

オー・ジー 株式会社

〒532-8555　大阪市淀川区宮原4-1-43

［Tel.］06-6395-5000（ダイヤルイン受付台）

［URL］http://www.ogcorp.co.jp

［設立］1923年1月

［資本金］11億1,000万円

［社長］福井英治

◎業績［連結］

　2021年3月期　売上高160,209（百万円）

［主な販売品目］染料、顔料、染色用薬剤、化学工業薬品、塗料、原料樹脂、樹脂製品、医薬品、機能材料食品、機械機器及びそのソフトウェアほか

［従業員数］456名

兼 松 株式会社

〒100-7017　東京都千代田区丸の内2-7-2　JPタワー

［Tel.］03-5440-8111

［URL］http://www.kanematsu.co.jp

［設立］1918年3月

［資本金］277億8,100万円

［社長］宮部佳也

◎業績［連結］

　2022年3月期　営業収益767,963（百万円）

［主な販売品目］食料、電子・デバイス、鉄鋼・素材・プラント、車両・航空

［従業員数］788名

［上場市場（証券コード）］東京P《8020》

Ｃ Ｂ Ｃ 株式会社

〒104-0052　東京都中央区月島2-15-13

［Tel.］03-3536-4500（ダイヤルイン受付台）

［URL］https://www.cbc.co.jp

［創立］1925年1月

［資本金］51億円

［代表取締役社長］圡井正太郎

◎業績［連結］

　2021年3月期　売上高176,893（百万円）

［主な販売品目］合成樹脂、化成品、医薬、農薬、食品、電子機材・光学機器、産業機械、医療機器・歯科材料、介護福祉関連、衣料・生活関連製品等の輸出入業、国内販売業及び、医薬原薬・中間体、光学レンズ、IT・自動車部品、蒸着加工等を中心とした製造業

［従業員数］423名

昭 光 通 商 株式会社

〒105-8432　東京都港区芝公園2-4-1

［Tel.］03-3459-5111

［URL］https://www.shoko.co.jp

[設立] 1947年5月
[資本金] 50億円
[社長] 渡邉健太郎
◎業績 [連結]
　2021年12月期　売上高89,508（百万円）
[主な販売品目] 有機合成原料、無機工業薬品、
　機能性化学品、食品添加物、分析機器、理化
　学機器・消耗品、安定同位体、合成樹脂原料・
　製品・関連機械装置、アルミニウム合金・軽
　圧品・加工製品、蒸発器、黒鉛電極、研削材、
　耐火材、管工機材、不動産関連事業、肥料、
　農薬、農業資材、農産物流通、培養土
[従業員数] 187名

住 友 商 事 株式会社

[東京本社] 〒104-8601　東京都千代田区大手
　町2-3-2　大手町プレイス　イーストタ
　ワー
[Tel.] 03-6285-5000（代表）
[URL] https://www.sumitomocorp.com/ja/jp
[設立] 1919年12月
[資本金] 2,198億円
[社長] 兵頭誠之
◎業績 [連結]
　2022年3月期 営業収益5,495,015（百万円）
[主な販売品目] 新素材、電子、電池、バイオ、
　医薬、農薬、ペットケア用品、合成樹脂など
[従業員数] 5,150名
[上場市場(証券コード)] 東京P 《8053》

ソーダニッカ 株式会社

〒103-8322　東京都中央区日本橋3-6-2　日
　本橋フロント5階
[Tel.] 03-3245-1802（代表）
[URL] http://www.sodanikka.co.jp
[設立] 1947年4月
[資本金] 37億6,250万円

[社長] 長洲崇彦
◎業績 [連結]
　2022年3月期　売上高55,508（百万円）
[主な販売品目] 化学工業薬品、石油化学製品、
　合成樹脂及び加工製品、電子材料、燃料、各
　種機器容器など
[従業員数] 279名
[上場市場(証券コード)] 東京P 《8158》

双　　　日 株式会社

〒100-8691　東京都千代田区内幸町2-1-1
[Tel.] 03-6871-5000
[URL] https://www.sojitz.com
[設立] 2003年4月
[資本金] 1,603億3,900万円
[社長] 藤本昌義
◎業績 [連結]
　2022年3月期　営業収益2,100,752（百万円）
[主な販売品目] メタノール、硫黄・硫酸、合
　成樹脂（グリーンポリエチレンなど）、工業塩、
　レアアースほか
[従業員数] 2,558名
[上場市場(証券コード)] 東京P 《2768》

第 一 実 業 株式会社

〒101-8222　東京都千代田区神田駿河台4-6
　御茶ノ水ソラシティ17階
[Tel.] 03-6370-8600
[URL] http://www.djk.co.jp
[設立] 1948年8月
[資本金] 51億500万円
[代表取締役] 宇野一郎（社長執行役員）
◎業績 [連結]
　2022年3月期　売上高148,075（百万円）
[主な販売品目] 石油精製、石油化学用プラン
　トおよび電子部品実装関連システム、樹脂加
　工設備、自動車製造設備など

［従業員数］1,258名（連結）
［上場市場（証券コード）］東京P《8059》

蝶　理　株式会社

［**大阪本社**］〒540-8603　大阪市中央区淡路町
　　1-7-3

［**Tel.**］06-6228-5000（代表）

［**東京本社**］〒108-6216　東京都港区港南2－
　　15－3　品川インターシティC棟

［**Tel.**］03-5781-6200

［**URL**］https://www.chori.co.jp

［**設立**］1948年9月

［**資本金**］68億円

［**社長**］先濱一夫

◎**業績**［連結］
　　2022年3月期　売上高284,096（百万円）

［**主な販売品目**］基礎化学品、石油化学製品、
　　ガラス基板原料、リチウムイオン電池向け材
　　料、農業関連材料、肥料関連材料、リン酸、
　　リン酸塩、樹脂原料、金属表面処理原料、医
　　薬原薬・中間体ほか

［**従業員数**］340名

［**上場市場（証券コード）**］東京P《8014》

巴　工　業　株式会社

〒141-0001　東京都品川区北品川5-5-15
大崎ブライトコア

［**Tel.**］03-3442-5120（代表）

［**URL**］https://www.tomo-e.co.jp

［**設立**］1941年5月

［**資本金**］10億6,121万円

［**社長**］山本　仁

◎**業績**［連結］
　　2021年10月期　売上高45,133（百万円）

［**主な販売品目**］合成樹脂原料・製品、セラミッ
　　ク原料・製品、炭素・黒鉛製品、有機・無機
　　系の素材・材料・添加剤ほか

［従業員数］435名
［上場市場（証券コード）］東京P《6309》

豊 田 通 商 株式会社

［**名古屋本社**］〒450-8575　愛知県名古屋市中
　　村区名駅4-9-8　センチュリー豊田ビル

［**Tel.**］052-584-5000（代表）

［**東京本社**］〒108-8208　東京都港区港南2－
　　3－13　品川フロントビル

［**Tel.**］03-4306-5000（代表）

［**URL**］https://www.toyota-tsusho.com

［**設立**］1948年7月

［**資本金**］649億3,600万円

［**社長**］貸谷伊知郎

◎**業績**［連結］
　　2022年3月期　営業収益8,028,000（百万円）

［**主な販売品目**］金属、機械・エネルギー・プ
　　ラントプロジェクト、グローバル部品・ロジ
　　スティクス、自動車、化学品・エレクトロニ
　　クス、食料・生活産業ほか

［**従業員数**］2,648名

［**上場市場（証券コード）**］東京P　名古屋P
　　《8015》

長 瀬 産 業 株式会社

［**大阪本社**］〒550-8668　大阪市西区新町1-
　　1-17

［**Tel.**］06-6535-2114（ダイヤルイン）

［**東京本社**］〒103-8355　東京都中央区日本橋
　　小舟町5-1

［**Tel.**］03-3665-3021

［**URL**］https://www.nagase.co.jp

［**設立**］1917年12月

［**資本金**］96億9,900万円

［**社長**］朝倉研二

◎**業績**［連結］
　　2022年3月期　売上高780,557（百万円）

［主な販売品目］化学品、合成樹脂、電子材料、化粧品、健康食品など

［従業員数］892名

［上場市場（証券コード）］東京Ｐ《8012》

日 鉄 物 産 株式会社

［本社］〒107-8527 東京都港区赤坂8-5-27 日鉄物産ビル

［Tel.］03-5412-5001

［URL］https://www.nst.nipponsteel.com

［設立］1977年8月

［資本金］163億8,905万9,776円

［社長］中村真一

◎業績［連結］

　2022年3月期　売上高1,865,907（百万円）

［主な販売品目］鉄鋼、産機・インフラ、繊維、食糧その他の商品の販売および輸出入業

［従業員数］1,327名

［上場市場（証券コード）］東京Ｐ《9810》

丸　　紅　株式会社

［本社］〒100-8088 東京都千代田区大手町一丁目4番2号

［Tel.］03-3282-2111

［URL］https://www.marubeni.com/jp

［設立］1949年12月

［資本金］2,626億8,600万円

［代表取締役社長］柿木真澄

◎業績［連結］

　2022年3月期　営業収益8,508,591（百万円）

［主な販売品目］石油化学基礎製品および合成樹脂など誘導品、塩およびクロール・アルカリ、食品機能材・飼料添加剤、オレオケミカル、パーソナルケア素材などライフサイエンス関連製品、電子材料、無機鉱物資源、肥料原料および無機化学品ほか

［従業員数］4,379名

［上場市場（証券コード）］東京Ｐ《8002》

三 木 産 業 株式会社

［本社］〒103-0027 東京都中央区日本橋3-15-5

［Tel.］03-3271-4186

［URL］http://www.mikisangyo.co.jp

［設立］1918年4月

［資本金］1億円

［社長］三木　緑

◎業績

　2021年3月期　売上高566億円

［主な販売品目］ファインケミカル製品、医農薬中間体、電子部品材料、合成樹脂、製紙材料ほか

［従業員数］210名

三 谷 産 業 株式会社

［東京本社］〒101-8429 東京都千代田区神田神保町2-36-1　住友不動産千代田ファーストウイング

［金沢本社］〒920-8685 石川県金沢市玉川町1-5

［Tel.］076-233-2151

［URL］https://www.mitani.co.jp

［設立］1949年8月

［資本金］48億800万円

［社長］三谷忠照

◎業績［連結］

　2022年3月期　売上高84,427（百万円）

［主な販売品目］化成品、機能性素材、医農薬中間体、医薬品原薬ほか

［従業員数］582名

［上場市場（証券コード）］東京Ｐ　名古屋Ｐ《8285》

三 井 物 産 株式会社

[本店] 〒100-8631 東京都千代田区大手町 1 - 2 - 1

[Tel.] 03-3285-1111（ダイヤルイン受付台）

[URL] https://www.mitsui.com/jp/ja

[設立] 1947年 7 月

[資本金] 3,420億8,009万2,006円

[代表取締役社長] 堀　健一

◎業績 [連結]

2022年 3 月期　営業収益11,757,559（百万円）

[主な販売品目] 鉄鋼製品、金属資源、プロジェクト、モビリティ、化学品、エネルギー、食糧、流通事業ほか

[従業員数] 5,494名

[上場市場（証券コード）] 全国 4 市場《8031》

三 菱 商 事 株式会社

〒100-8086 東京都千代田区丸の内 2 - 3 - 1 三菱商事ビルディング

[Tel.] 03-3210-2121（ダイヤルイン受付台）

[URL] https://www.mitsubishicorp.com/jp/ja

[設立] 1950年 4 月

[資本金] 2,044億7,326万円

[社長] 中西勝也

◎業績 [連結]

2022年 3 月期 営業収益17,264,828（百万円）

[主な販売品目] セメント・生コン、硅砂、炭素材、塩ビ・化成品、鉄鋼製品、原油、石油製品、LPG、石油化学製品、塩、メタノールほか

[従業員数] 5,571名

[上場市場（証券コード）] 東京 P 《8058》

明 和 産 業 株式会社

〒100-8311 東京都千代田区丸の内 3 - 3 - 1 新東京ビル

[Tel.] 03-3240-9011（代表）

[URL] https://www.meiwa.co.jp

[設立] 1947年 7 月

[資本金] 40億2,400万円

[社長] 吉田　毅

◎業績 [連結]

2022年 3 月期　売上高143,025（百万円）

[主な販売品目] 資源・環境ビジネス、樹脂・難燃剤、石油製品、高機能素材、機能建材、電池材料、自動車等の関連事業

[従業員数] 193名（単体）

[上場市場（証券コード）] 東京 P 《8103》

アリスタ ライフサイエンス 株式会社

Arysta LifeScience Corporation

〒104-6591 東京都中央区明石町 8 - 1 聖路加タワー38階

[Tel.] 03-3547-4500

[URL] https://arystalifescience.jp

[設立] 2001年10月

[資本金] 1億円

[代表取締役社長] 小林久哉（CEO）

[主な販売品目] 農薬、医薬品・部外品、動物用薬品などの輸出入、国内・外国間販売

[従業員数] 96名

シンジェンタ ジャパン 株式会社

Syngenta Japan K.K.

〒104-6021 東京都中央区晴海 1 - 8 -10 オフィスタワーX21階

[Tel.] 03-6221-1001

[URL] http://www.syngenta.co.jp

[設立] 1992年6月

[資本金] 4億7,500万円

[社長] 的場 稔

[主な販売品目] 農薬・中間体、種苗などの研究開発、製造、販売ほか

[従業員数] 330名

ダウ・ケミカル日本 株式会社

Dow Chemical Japan Limited

〒140-8617 東京都品川区東品川 2 - 2 -24 天王洲セントラルタワー

[Tel.] 0120-103742（フリーダイヤル）

[URL] https://jp.dow.com/ja-jp

[設立] 2016年9月

[資本金] 4億円

[社長] パトリック・マクラウド

[主な販売品目] 包装、インフラ、コンシューマー分野向け製品など

[従業員数] 150名

デュポン 株式会社

Du Pont Kabushiki Kaisha

〒100-6111 東京都千代田区永田町 2 -11- 1 山王パークタワー

[Tel.] 03-5521-8500

[URL] http://www.dupont.com

[設立] 1993年6月

[資本金] 4億6,000万円

[社長] 大羽隆元

[主な販売品目] デュポン製品の製造・輸出入・販売、研究・開発、技術サービス及び合弁会社に関する業務

ＢＡＳＦジャパン 株式会社

BASF Japan Ltd.

〒103-0022 東京都中央区日本橋室町 3 - 4 - 4 OVOL日本橋ビル

[Tel.] 03-5290-3000

[URL] https://www.basf.com/jp

[設立] 1949年10月

[代表取締役社長] 石田博基

[主な販売品目] 石油化学品、中間体、パフォーマンスマテリアルズ、モノマー、ディスパージョン＆ピグメント、パフォーマンス・ケミカルズ、触媒、コーティングス、ニュートリション＆ヘルス、ケア・ケミカルズ、アグロソリューション

[従業員数] 920名（連結）

協会・団体

一般社団法人　日本化学工業協会

〒104-0033　東京都中央区新川 1 - 4 - 1　住
　　友不動産六甲ビル 7 階

[Tel.] 03-3297-2550（総務部）
　　　　03-3297-2555（広報部）

[URL] https://www.nikkakyo.org

[会長] 福田信夫（三菱ケミカル）

[企業会員] 181社　[団体会員] 80団体

◎統計資料：

　　グラフで見る日本の化学工業（日本語、英語）

塩ビ工業・環境協会

〒104-0033　東京都中央区新川 1 - 4 - 1　住
　　友不動産六甲ビル

[Tel.] 03-3297-5601（代表）

[URL] http://www.vec.gr.jp

[会長] 桒田　守（東ソー）

[会員会社] 8 社　[協賛会員] 4 社

◎統計資料：

　　塩化ビニル樹脂（生産・出荷実績、用途別出
　　荷量、製品別出荷量）、塩化ビニルモノマー（生
　　産・出荷実績）、生産能力（塩化ビニル樹脂、
　　塩化ビニルモノマー）、プラスチックの種類
　　別生産量（プラスチック原材料の生産推移）、
　　世界の塩ビ（世界の塩ビ樹脂生産量、世界の
　　塩ビ樹脂使用量、アジアの塩ビ樹脂生産量、
　　アジアの塩ビ樹脂使用量、主要国の一人当た
　　りの塩ビ消費量、世界のメーカー別生産能力、
　　世界の塩ビ需要予測）、各種データ（二塩化エ
　　チレンの生産・輸入・輸出量、安定剤の出荷
　　量、可塑剤の出荷量、PRTR集計データなど）

一般財団法人　化学研究評価機構

〒104-0033　東京都中央区新川 1 - 4 - 1　住
　　友不動産六甲ビル 8 階

[Tel.] 03-6222-9021

[URL] http://www.jcii.or.jp

[理事長] 西出徹雄

化成品工業協会

〒107-0052　東京都港区赤坂 2 -17-44　福吉
　　坂ビル 4 階

[Tel.] 03-3585-3371

[URL] http://kaseikyo.jp

[会長] 吉住文男（三井化学）

[会員会社] 113社（正会員）

[賛助会員] 22社

◎統計資料：

　　化成品工業協会関係主要品目統計－合成染料
　　（直接染料、分散染料、蛍光染料、反応染料、
　　有機溶剤溶解染料、その他の合成染料）、有
　　機顔料（アゾ顔料、フタロシアニン系顔料）、
　　有機ゴム薬品（ゴム加硫促進剤、ゴム老化防
　　止剤）、アニリン、フェノール、無水フタル酸、
　　無水マレイン酸

関西化学工業協会

〒550-0002　大阪市西区江戸堀 1 12 8　明
　　治安田生命肥後橋ビル 9 階

[Tel.] 06-6479-3808

[URL] https://www.kankakyo.gr.jp

[会長] 田中　稔（カネカ）

[加盟会員] 92社、8団体

一般社団法人　触媒工業協会

〒101-0032　東京都千代田区岩本町1-4-2
H・Iビル5階

[Tel.] 03-5687-5721

[URL] https://cmaj.jp

[会長] 一瀬宏樹(キャタラー)

[正会員] 16社　[賛助会員] 31社

◎統計資料：

　触媒生産出荷・輸出入・需給統計

公益社団法人　新化学技術推進協会

〒102-0075　東京都千代田区三番町2　三番
町KSビル2階

[Tel.] 03-6272-6880(代表)

[URL] http://www.jaci.or.jp

[会長] 十倉雅和(住友化学)

[正会員] 82社　[特別会員] 33団体

石油化学工業協会

〒104-0033　東京都中央区新川1-4-1　住
友不動産六甲ビル

[Tel.] 03-3297-2011

[URL] https://www.jpca.or.jp

[会長] 岩田圭一(住友化学)

[会員会社] 27社

◎統計資料：

　月次統計資料(最新実績メモ、主要製品生産
実績、4樹脂生産・出荷・在庫実績および推
移、MMA生産・出荷・在庫実績および推移)、
年次統計資料(石油化学製品の生産・輸出入・
国別輸出入額、エチレン換算輸出入バランス、
石油化学と合成樹脂、汎用5大樹脂の用途別
出荷内訳、プラスチック加工製品の分野別生
産比率、石油化学と合成繊維、石油化学と合

成ゴム、石油化学用原料ナフサ、化学工業に
占める石油化学工業の比率、石油化学と主な
関連業界の出荷額・従業員数、石油化学製品
の需要分布)

石　油　連　盟

〒100-0004　東京都千代田区大手町1-3-2
経団連会館17階

[Tel.] 03-5218-2305

[URL] https://www.paj.gr.jp

[会長] 木藤俊一(出光興産)

[会員会社] 11社

◎統計資料：

　《石油統計》月次統計(原油バランス、石油製
品バランス、石油製品国別輸入、原油国別・
油種別輸入、非精製用原油油種別出荷、液化
石油(LP)ガス需給、原油・石油製品輸入金額、
製油所装置能力、石油備蓄日数、都道府県別
販売実績、ポンド扱石油製品(ジェット燃料
油・BC重油)、外航タンカー用船状況の推移)
年次統計(今日の石油産業データ集)など

日本化学繊維協会

〒103-0023　東京都中央区日本橋本町3-1-
11　繊維会館

[Tel.] 03-3241-2311

[URL] https://www.jcfa.gr.jp

[会長] 内川哲茂(帝人)

[正会員] 18社　[賛助会員] 23社

◎統計資料：

　生産在庫統計、内外の化織工業の動向、国内
ミル消費など

一般社団法人 日本化学品輸出入協会

〒103-0013 東京都中央区日本橋人形町2-33
-8　アクセスビル

[Tel.] 03-5652-0014（代表）

[URL] https://www.jcta.or.jp

[会長] 田畑信幸（伊藤忠商事）

[会員会社] 228社

◎統計資料：

　化学品通関統計データベースシステム［会員
　限定］

[URL] https://www.toryo.or.jp

[会長] 毛利訓士（関西ペイント）

[正会員] 98社

[賛助会員] 176社

◎統計資料：

　塗料の各統計（生産、出荷、在庫、金額）、貿
　易統計、需要実績

一般社団法人　日本ゴム工業会

〒107-0051　東京都港区元赤坂1-5-26　東
　部ビル2階

[Tel.] 03-3408-7101（代表）

[URL] https://www.rubber.or.jp

[会長] 清水隆史（TOYO TIRE）

[会員会社] 110社（準会員11社、4団体含む）

◎統計資料：

　ゴム製品の生産・出荷・在庫、ゴム製品の輸
　出入、合成ゴム品種別出荷量、新ゴム消費予
　想量

日本肥料アンモニア協会

〒101-0041　東京都千代田区神田須田町2-9
　宮川ビル9階

[Tel.] 03-5297-2210

[URL] http://www.jaf.gr.jp

[会長] 藤井政志（三菱ガス化学）

[会員会社] 20社

◎統計資料：

　単・複合肥料需給実績、単・複合肥料都道府
　県別出荷実績、アンモニア需給実績など

日本ソーダ工業会

〒104-0033　東京都中央区新川1-4-1　住
　友不動産六甲ビル8階

[Tel.] 03-3297-0311（総務部門）

[URL] https://www.jsia.gr.jp

[会長] 桒田　守（東ソー）

[会員会社] 19社28工場

◎統計資料：

　生産・出荷・在庫（カ性ソーダ、液体塩素、
　合成塩酸、副生塩酸、塩酸、次亜塩素酸ナト
　リウム、高度さらし粉、ソーダ灰）など

日本プラスチック工業連盟

〒103-0025　東京都中央区日本橋茅場町3-5
　-2　アロマビル5階

[Tel.] 03-6661-6811

[URL] http://www.jpif.gr.jp

[会長] 岩田圭一（住友化学）

[団体会員] 46団体　[企業会員] 79社

◎統計資料：

　《月次統計》プラスチック（原材料生産実績、
　製品生産実績、原材料販売実績、製品販売実
　績）、《年次資料》プラスチック（原材料生産
　実績、原材料販売実績）

一般社団法人　日本塗料工業会

〒150-0013　東京都渋谷区恵比寿3-12-8
　東京塗料会館

[Tel.] 03-3443-2011

日本無機薬品協会

〒103-0025　東京都中央区日本橋茅場町2-
　4-10　大成ビル3階

[Tel.] 03-3663-1235（代表）

［URL］http://www.mukiyakukyo.gr.jp

［**会長**］城詰秀尊（ADEKA）

［**会員会社**］61社

◎**資料**：主要取扱製品

農薬工業会

〒103-0025　東京都中央区日本橋茅場町2-
　　3-6　宗和ビル4階

［**Tel.**］03-5649-7191（代表）

［URL］https://www.jcpa.or.jp

［**会長**］本田　卓（日産化学）

［**正会員**］34社　　［**賛助会員**］43社

◎**統計資料**：農薬年度出荷実績

一般社団法人
　　プラスチック循環利用協会

〒103-0025　東京都中央区日本橋茅場町3-
　　7-6　茅場町スクエアビル9階

［**Tel.**］03-6855-9175

［URL］https://www.pwmi.or.jp

［**会長**］岩田圭一（住友化学）

［**正会員**］18社、3団体　［**賛助会員**］3団体

官 庁

経済産業省

Ministry of Economy, Trade and Industry

〒100-8901　東京都千代田区霞が関 1 - 3 - 1

[Tel.] 03-3501-1511（代表）

[URL] https://www.meti.go.jp

資源エネルギー庁

[URL] https://www.enecho.meti.go.jp

中小企業庁

[URL] https://www.chusho.meti.go.jp

特 許 庁

〒100-8915　東京都千代田区霞が関 3 - 4 - 3

[Tel.] 03-3581-1101（代表）

[URL] https://www.jpo.go.jp

（国立研究開発法人）産業技術総合研究所

[URL] https://www.aist.go.jp

（独立行政法人）製品評価技術基盤機構

〒151-0066　東京都渋谷区西原 2 -49-10

[Tel.] 03-3481-1921（代表）

[URL] https://www.nite.go.jp

（独立行政法人）経済産業研究所

[URL] https://www.rieti.go.jp

（独立行政法人）工業所有権情報・研修館

[URL] https://www.inpit.go.jp

農林水産省

Ministry of Agriculture, Forestry and Fisheries

〒100-8950　東京都千代田区霞が関 1 - 2 - 1

[Tel.] 03-3502-8111

[URL] http://www.maff.go.jp

（国立研究開発法人）農業・食品産業技術 総合研究機構

〒305-8517　茨城県つくば市観音台 3 - 1 - 1

[Tel.] 029-838-8998

[URL] http://www.naro.go.jp

文部科学省

Ministry of Education, Culture, Sports, Science and Technology

〒100-8959　東京都千代田区霞が関 3 - 2 - 2

[Tel.] 03-5253-4111（代表）

[URL] http://www.mext.go.jp

（国立研究開発法人）科学技術振興機構

本部：〒332-0012　埼玉県川口市本町 4 - 1 - 8　川口センタービル

[Tel.] 048-226-5601

[URL] https://www.jst.go.jp

東京本部：〒102-8666　東京都千代田区四番町5-3　サイエンスプラザ

[Tel.] 03-5214-8404（総務部広報課）

厚生労働省

Ministry of Health, Labour and Welfare

〒100-8916　東京都千代田区霞が関 1 - 2 - 2
中央合同庁舎 5 号館

[Tel.] 03-5253-1111

[URL] https://www.mhlw.go.jp

- -

国立医薬品食品衛生研究所

〒210-9501　神奈川県川崎市川崎区殿町 3 -
25-26

[Tel.] 044-270-6600

[URL] http://www.nihs.go.jp/index-j.html

(独立行政法人)医薬品医療機器総合機構

[URL] https://www.pmda.go.jp

環　境　省

Ministry of the Environment

〒100-8975　東京都千代田区霞が関 1 - 2 - 2
中央合同庁舎 5 号館

[Tel.] 03-3581-3351

[URL] http://www.env.go.jp

- -

(国立研究開発法人)国立環境研究所

[URL] http://www.nies.go.jp

(独立行政法人)環境再生保全機構

[URL] https://www.erca.go.jp

地球環境パートナーシッププラザ

[URL] http://www.geoc.jp

総務省 消防庁

Fire and Disaster Management Agency

〒100-8927　東京都千代田区霞が関 2 - 1 - 2
中央合同庁舎第 2 号館

[Tel.] 03-5253-5111（代表）

[URL] https://www.fdma.go.jp

国土交通省

Ministry of Land, Infrastructure,
Transport and Tourism

〒100-8918　東京都千代田区霞が関 2 - 1 - 3
中央合同庁舎 3 号館

東京都千代田区霞が関 2 - 1 - 2　中央合同庁舎
2 号館（分館）

[Tel.] 03-5253-8111（代表）

[URL] http://www.mlit.go.jp

財　務　省

Ministry of Finance

〒100-8940　東京都千代田区霞が関 3 - 1 - 1

[Tel.] 03-3581-4111（代表）

[URL] https://www.mof.go.jp

第4部

化学産業の
情報収集

◎法令、統計、化学物質、学術論文などの検索データベース情報

名　　　称	所　　管
【法　令】	
電子政府の総合窓口（法令検索等）	総務省
日本法令外国語訳データベースシステム	法務省
インターネット版官報（法律、政省令等）	（独法）国立印刷局
【統　計】	
生産動態統計 　化学工業統計編／資源・窯業・建材統計編／紙・印刷・ 　プラスチック製品・ゴム製品統計編／鉄鋼・非鉄金属・ 　金属製品統計編／繊維・生活用品統計編／機械統計編	経済産業省
工業統計	経済産業省
商業統計	経済産業省
薬事工業生産動態統計 医薬品・医療機器産業実態　など	厚生労働省
日本標準産業分類	総務省
貿易統計	財務省
農林水産統計	農林水産省
【データベース、役立つ検索サイト】	
〔化学物質等〕	
化審法データベース（J-CHECK）	（独法）製品評価技術基盤機構《NITE》化学 物質管理センター［厚生労働省、経済産業省、 環境省の共同］
化学物質総合情報提供システム（CHRIP）	（独法）製品評価技術基盤機構《NITE》化学物 質管理センター
化学物質データベース WebKis-Plus	国立環境研究所 環境リスク・健康研究セン ター
職場のあんぜんサイト　化学物質情報	厚生労働省
国際化学物質安全性カード（ICSC）日本語版	国立医薬品食品衛生研究所《NIHS》
ケミココ　chemi COCO　化学物質情報検索支援システム ここから探せる　化学物質情報	環境省
GHS総合情報提供サイト ［国（政府）によるGHS分類等］	GHS関係省庁連絡会議及び厚生労働省 （中央労働災害防止協会）
既存化学物質毒性データベース（JECDB）	厚生労働省

内　　　容	URL
法令(憲法・法律・政令・勅令・府令・省令)の検索	http://elaws.e-gov.go.jp
法令(日本語、英訳)の検索	http://www.japaneselawtranslation.go.jp/ja/laws/
直近1カ月の官報の閲覧	https://kanpou.npb.go.jp
生産、出荷、在庫等の統計など	https://www.meti.go.jp/statistics/tyo/seidou/result/ichiran/08_seidou.html
工業実態	https://www.meti.go.jp/statistics/tyo/kougyo/
商業実態	https://www.meti.go.jp/statistics/tyo/syoudou/
生産金額、経営実態等の把握など (厚生労働統計一覧)	https://www.mhlw.go.jp/toukei/itiran
日本の産業を分類 (大分類、中分類、小分類、細分類)	http://www.soumu.go.jp/toukei_toukatsu/index/seido/sangyo
輸出入の数量、金額	https://www.customs.go.jp/toukei/info/
経営、生産、流通等の統計	http://www.maff.go.jp/j/tokei
化審法化学物質の検索、対象物質リスト	https://www.nite.go.jp/jcheck/top.action?request_locale=ja
化学物質の番号や名称等から、有害性情報、法規制情報等を検索、法規制等の対象物質リスト	https://www.nite.go.jp/chem/chrip/chrip_search/systemTop
物質名、CAS番号で化学物質情報等を検索 (化審法、PRTR法、農薬取締法等)	https://www.nies.go.jp/kisplus/
安衛法名称公表化学物質等、GHS対応モデルラベル・モデルSDS情報等の検索、災害事例等	http://anzeninfo.mhlw.go.jp/user/anzen/kag/kagaku_index.html
日本語版ICSC情報の検索	https://www.nihs.go.jp/ICSC
物質名、法律名・用語などから関連情報を外部データベースにて検索	http://www.chemicoco.env.go.jp
厚生労働省、経済産業省、環境省等の関係各省が連携して化学物質のGHS分類を実施、「政府向けGHS分類ガイダンス」に基づき分類	https://www.nite.go.jp/chem/ghs/ghs_index.html
毒性試験種類別に検索可能	https://dra4.nihs.go.jp/mhlw_data/jsp/SearchPage.jsp

名　　　　称	所　　管
〔労働災害等〕	
職場のあんぜんサイト　労働災害事例	厚生労働省
職場のあんぜんサイト　労働災害統計	厚生労働省
危険物総合情報システム	危険物保安技術協会
化学物質リスク評価支援ポータルサイト JCIA BIGDr	(一社)日本化学工業協会
失敗知識データベース	(特非)失敗学会
事故情報	高圧ガス保安協会
製油所の安全安定運転の支援―国内/海外の事故事例	(一財)石油エネルギー技術センター
RISCAD　リレーショナル化学災害データベース	(国研)産業技術総合研究所
〔研究論文、研究者等〕	
CiNii Articles	国立情報学研究所《NII》
データベース・コンテンツサービス	(国研)科学技術振興機構《JST》
科学技術情報発信・流通総合システム（J-STAGE）	(国研)科学技術振興機構《JST》
researchmap	(国研)科学技術振興機構《JST》、国立情報学研究所《NII》
科学研究費助成事業データベース（KAKEN）	国立情報学研究所《NII》
J-GLOBAL	(国研)科学技術振興機構《JST》
〔その他〕	
特許情報プラットフォーム（J-Plat Pat）	(独法)工業所有権情報・研修館
日本産業規格(JIS)検索	日本産業標準調査会《JISC》
全国自治体マップ検索	地方公共団体情報システム機構《J-LIS》
J-Net21 支援情報ヘッドライン	(独法)中小企業基盤整備機構
国立国会図書館サーチ	国立国会図書館
日本製薬工業協会（製薬協：JPMA）刊行物（資料室）	日本製薬工業協会
産業技術史資料データベース	国立科学博物館

内　　容	Ｕ　Ｒ　Ｌ
死亡災害、労働災害(死傷)、ヒヤリ・ハット事例、機械災害などのデータベース	https://anzeninfo.mhlw.go.jp/anzen/sai/saigai_index.html
死亡災害件数、死傷災害件数、度数率、強度率、災害原因要素の分析など	https://anzeninfo.mhlw.go.jp/user/anzen/tok/toukei_index.html
事故事例集、用語集など(要登録。有料)	http://www.khk-syoubou.or.jp/hazardinfo/guide.html
有害性データ・曝露情報の収集、作業者リスクの評価など(一部有料)	https://www.jcia-bigdr.jp
機械、化学、石油などのカテゴリー別に事故事例がまとめられている	http://www.shippai.org/fkd/index.php
高圧ガス事故情報(事例データベース、統計資料など)、ＬＰガス事故情報(統計資料など)	https://www.khk.or.jp/public_information/incident_investigation
国内/海外の製油所における事故事例	http://www.pecj.or.jp/safer-support/
産総研で蓄積されてきた経済産業省所管の火薬類、高圧ガス関連の災害事例や消防法危険物関連災害事例、その他の化学プラント関連災害事例を整理	https://riss.aist.go.jp/sanpo/riscad/

日本の学術論文情報の検索	https://ci.nii.ac.jp
文献、特許・技術、産学官連携、研究者、研究機関等の検索	https://www.jst.go.jp/data
日本の科学技術情報関係の電子ジャーナル等の検索	https://www.jstage.jst.go.jp/browse/-char/ja
国内の大学・公的研究機関等に関する研究機関、研究者、研究課題、研究資源の検索	https://researchmap.jp
研究者情報の検索	https://nrid.nii.ac.jp/
研究者、文献、特許、研究課題、機関、科学技術用語、化学物質、遺伝子、研究資源等の検索	https://jglobal.jst.go.jp

特許・実用新案、意匠、商標の検索	https://www.j-platpat.inpit.go.jp
JIS(規格番号、規格名称、単語で)検索	https://www.jisc.go.jp/app/jis/general/GnrJISSearch.html
地方公共団体ホームページへのリンク一覧	https://www.j-lis.go.jp/spd/map-search/cms_1069.html
国・都道府県の支援情報(補助金・助成金、イベント・セミナー等)の検索	https://j-net21.smrj.go.jp/snavi/index.html
国会図書館をはじめ、全国の公共図書館、公文書館、美術館や学術研究機関などの情報を検索	https://iss.ndl.go.jp
てきすとぶっく、DATA BOOKなど、製薬協発行の刊行物を閲覧可能	http://www.jpma.or.jp/news_room/issue/index.html
日本の産業技術の発展を示す資料の所蔵場所を、分野ごとに検索できる	http://sts.kahaku.go.jp/sts/

◎ 図　書　館（開館日時などについては、ウェブサイトなどでご確認ください）

【官公庁】

名　称・連絡先	分　野
国立国会図書館（東京本館） 〒100-8924　東京都千代田区永田町1-10-1 電話　03-3506-3300（自動音声案内）	全般
国立国会図書館（関西館） 〒619-0287　京都府相楽郡精華町精華台8-1-3 電話　0774-98-1200（自動音声案内）	全般（科学技術関係資料の収集に注力）
経済産業省図書館 〒100-8901　東京都千代田区霞が関1-3-1　経済産業省別館1階 電話　03-3501-5864（ダイヤルイン）	経済産業、対外経済、ものづくり、エネルギーなどの政策
厚生労働省図書館 〒100-8916　東京都千代田区霞が関1-2-2　中央合同庁舎第5号館19階 電話　03-5253-1111（内線7687、7688）	社会福祉、社会保険、公衆衛生および社会・労働関係
農林水産省図書館 〒100-8950　東京都千代田区霞が関1-2-1　農林水産省本館1階 電話　03-3591-7091（ダイヤルイン）	農林水産業および農林水産行政。林野図書資料館（森林、林業、木材産業関係）を併設。同資料館は各種イベントに力を入れており、web上で「お山ん画」などの漫画を公開中
総務省統計図書館（国立国会図書館支部） 〒162-8668　東京都新宿区若松町19-1　総務省第2庁舎（統計局）1階 電話　03-5273-1132	国内・海外の統計関係資料など。なお、第2庁舎敷地内には統計資料館がある
環境省図書館 〒100-8975　東京都千代田区霞が関1-2-2　中央合同庁舎5号館19階 電話　03-3581-3351（内線6200、7200）	環境省の報告書、調査書など
国土交通省図書館 〒100-8918　東京都千代田区霞が関2-1-2　合同庁舎第2号館14階 電話　03-5253-8332	国土交通省の報告書、関連する図書など
文部科学省図書館 〒100-8959　東京都千代田区霞が関3-2-2　旧文部省庁舎3階 電話　03-5253-4111	文部科学省発行物や、教育、科学技術などの図書・資料
物質・材料研究機構図書館 〒305-0047　茨城県つくば市千現1-2-1 〒305-0044　茨城県つくば市並木1-1 電話　029-859-2053	材料分野を中心に、物理・化学・生物・工学分野の図書資料やデータベース、データシート、データブック

名　称・連絡先	分　野
JAEA図書館（原子力専門図書館） 〒319-1195 茨城県那珂郡東海村大字白方2-4 電話　029-282-5376	原子力関連の専門図書・雑誌、研究レポート
宇宙航空研究開発機構図書館 〒182-8522 東京都調布市深大寺東町7-44-1　調布 　　航空宇宙センター内 電話　0422-40-3938 筑波宇宙センター、相模原キャンパス、角田宇宙センター 　　にも図書室あり	宇宙航空分野に関する、基礎的研究から開発 に至るまでの、資料や専門書
農研機構図書館 〒305-8604　茨城県つくば市観音台3-1-3 mail：ref-naro@ml.affrc.go.jp	農業環境に関した多岐にわたる図書、明治26 年からの旧農事試験場・農林水産省農環研時 代の貴重な資料も数多く所蔵
石油天然ガス・金属鉱物資源機構　金属資源情報センター （図書館） 〒105-0001 東京都港区虎ノ門2-10-1　虎ノ門ツイ 　　ンビルディング西棟15階 電話　03-6758-8080	国内唯一の金属資源に関する専門図書館
統計数理研究所図書室 〒190-8562　東京都立川市緑町10-3 電話　050-5533-8460	大学共同利用機関法人情報・システム研究機 構統計数理研究所が運営する統計数理に関す る専門書を多く所蔵

【公　立】

名　称・連絡先	分　野
東京都立中央図書館 〒106-8575 東京都港区南麻布5-7-13（有栖川宮記 　　念公園内） 電話　03-3442-8451（代表）	ビジネス・法律・医療情報、工業技術、環境、 （専門）新聞閲覧など
神奈川県立産業技術総合研究所図書室 〒243-0435 神奈川県海老名市下今泉705-1 電話　046-236-1500（代表，内線2310）	理工系の一般図書、科学技術関係の雑誌や図 書など
神奈川県立川崎図書館　産業図書館 〒213-0012 神奈川県川崎市高津区坂戸3-2-1 電話　044-299-7825（代表）	自然科学、工学、産業技術系の資料、国内外 の工業規格、会社史、団体史など
品川区立大崎図書館 〒141-0001 東京都品川区北品川5-2-1 電話　03-3440-5600	ものづくりの産業情報を中心にした新聞・雑 誌・データベースなど
大阪府立中之島図書館 〒530-0005 大阪市北区中之島1-2-10 電話　06-6203-0474（代表）	ビジネス支援、会社史、古典籍
神奈川県立かながわ労働プラザ労働情報コーナー 〒231-0026 神奈川県横浜市中区寿町1-4 電話　045-633-5413	労働に関する専門書、行政資料、仕事・職業・ 資格など関連図書、統計、白書などの図書

【関係団体等】

名　称・連絡先	分　野
自動車図書館 〒105-0012 東京都港区芝大門１−１−30　日本自動車会館１階 電話 03-5405-6139	自動車に関する国内外の図書や文献、自動車雑誌
ＢＩＣライブラリー 〒105-0011 東京都港区芝公園３−５−８　機械振興会館Ｂ１階 電話 03-3434-8255	機械産業を中心としたビジネス情報
ジェトロビジネスライブラリー 〒541-0052 大阪市中央区安土町２−３−13　大阪国際ビルディング29階 電話 06-4705-8604	世界各国の統計、会社・団体情報、貿易・投資制度、関税率表などの資料など
ジェトロ アジア経済研究所図書館 〒261-8545 千葉市美浜区若葉３−２−２ 電話 043-299-9716	開発途上地域の経済、政治、社会等を中心とする諸分野の学術的文献、資料など
食の文化ライブラリー （東京）〒108-0074 東京都港区高輪３−13−65　味の素グループ高輪研修センター内 電話 03-5488-7319 【食のライブラリー】 （大阪）〒530-0005 大阪市北区中之島６−２−57　味の素グループ大阪ビル２階 電話 06-6449-5842	食文化やその周辺分野の書籍、雑誌、DVDなど
紙博図書室 〒114-0002 東京都北区王子１−１−３　紙の博物館１階 電話 03-3916-2320	紙・パルプ・製紙業・和紙およびその周辺分野の図書・雑誌を所蔵
印刷博物館ライブラリー 〒112-8531 東京都文京区水道１−３−３　トッパン小石川ビル 電話 03-5840-2300	印刷および関連分野（出版、広告、文字、インキ、紙など）
日本医薬情報センター附属図書館 〒150-0002 東京都渋谷区渋谷２−12−15　長井記念館４階 電話 03-5466-1827	医薬関連の書籍のほか、世界の医薬品集・価格表、世界の公定書、医薬品安全性関連情報誌など
日本鉄鋼会館ライブラリー 〒103-0025 東京都中央区日本橋茅場町３−２−10 電話 03-3669-4821	内外の鉄鋼業や鉄鋼需要に関する図書・資料、DVDなど
全国市有物件災害共済会　防災専門図書館 〒102-0093 東京都千代田区平河町２−４−１　日本都市センター会館内 電話 03-5216-8716	災害・防災・減災等に関する資料を所蔵する専門図書館

名　称・連　絡　先	分　　野
海事図書館 　〒102-0093　東京都千代田区平河町2-6-4　海運ビ 　ル9階 　電話　03-3263-9422	海運、港湾、造船および関連産業など、海事 に関する国内外の図書・雑誌
日本経済研究センターライブラリー 　〒103-0025　東京都中央区日本橋茅場町2-6-1 　日経茅場町別館2階 　電話　03-3639-2825	内外経済・産業の調査・予測に役立つ経済専 門図書館
航空図書館 　〒105-0004　東京都港区新橋1-18-1　航空会館6F 　電話　03-3502-1205	日本航空協会が運営する航空宇宙に関わる専 門図書館。IATA等が発行する統計資料など
ポーラ化粧文化情報センター 　〒141-0031　東京都品川区西五反田2-2-10　ポー 　ラ第2五反田ビル1F 　電話　03-3494-7250	化粧や関連分野の図書を所蔵する、化粧文化 の専門図書館
トヨタ産業技術記念館図書室 　〒451-0051　愛知県名古屋市西区則武新町4-1-35 　電話　052-551-6115	自動車、繊維をはじめとした科学、技術、産 業、モノづくり等に関する資料（書籍・雑誌・ AV資料）
証券図書館 　（東京）〒103-0025　東京都中央区日本橋茅場町1-5 　　-8　東京証券会館3階 　電話　03-3669-4004 　（大阪）〒541-0041　大阪府大阪市中央区北浜1-5- 　5　大阪平和ビル地下1階 　電話　06-6201-0062	証券を中心に経済、金融、企業等の専門書、 内外雑誌を所蔵
松下資料館　経営図書館 　〒601-8411　京都府京都市南区西九条北ノ内町11 　PHPビル3階 　電話　075-661-6640	松下幸之助関係資料、社史、経営者の著作・ 資料、日本的経営の系譜資料、経営・経済関 係図書
名古屋市工業研究所　産業技術図書館 　〒456-0058 愛知県名古屋市熱田区6-3-4-41 　電話　052-661-3161	内外の技術図書・雑誌約3万冊や、特許情報、 企業・人材など各種データベース
東京大学薬学図書館 　〒113-0033 東京都文京区本郷7-3-1 　電話　03-5841-4705、4745	薬学系の図書、新聞、和洋雑誌のほか、薬剤 師試験参考書、大学院薬学系の過去入試問題 など
慶應義塾大学　理工学メディアセンター　松下記念図書館 　〒223-8522 神奈川県横浜市港北区日吉3-14-1 　電話　045-566-1477	理工学分野の専門図書館

●ユニークPV（太陽電池）続々、用途無限に

カーボンニュートラルの実現に向け、世界全体で再生可能エネルギーの導入機運が高まっています。太陽電池（PV）では大規模発電所（メガソーラー）向けにシリコン系の普及が進んでいますが、今後はビルの曲面や壁面、自動車などへの実装に期待が寄せられています。業界の動きをみると、同用途には有機系PVが有効とあって、PV関連メーカーはどこも開発にしのぎを削っています。また、シリコン系でもユニークな動きがみられるなど、PVはさらなる進化を遂げようとしています。

◆PSCなど有機系注目◆

数あるPVの中で近年、最も注目を集めるのがペロブスカイト（PSC）です。有機系に分類される同PVは2009年に桐蔭横浜大学の宮坂力教授が開発しました。吸収層がペロブスカイト結晶で構成されている点が特徴で、塗布によりペロブスカイト層を形成できます。このため、フィルムに塗ってフレキシブルなPVを製造することが可能となりました。2010年代に本格的な研究が始まった同PVですが、すでに25%を超える変換効率が報告されるなど、次世代PVの代表格として認知されています。

研究開発や設備投資も盛んです。例えば東芝は2021年、フィルム型PSCで、シリコン多結晶PVと同等のエネルギー変換効率15.1%を達成しました。成膜プロセスの見直しなどにより、大面積にペロブスカイト層を均一塗布することに成功したことが要因です。同社の試算によると、この数値を持ったPSCを東京23区内の建物屋上と壁面の一部に設置できれば、原子力発電所2基分の発電が可能になるとしています。

資金調達を重ねながらPSCの社会実装を狙っているのが、京都大学発のベンチャーで同PVの開発を手がけるエネコートテクノロジーズ（京都市上京区）です。スパークス・アセット・マネジメント（東京都港区）が運営する「未来創生3号ファンド」をリードインベスターに、シリーズBラウンドの資金調達を実施しました。資金調達額は累計で約21億5,000万円に達しています。

PSC向けの材料開発も活況を呈しています。

日本精化と産業技術総合研究所は共同で、PSC向けの新規有機ホール輸送材料を開発しました。従来の有機ホール輸送材が持つメトキシ基をジメチルアミノ基に置き換えることなどにより、添加剤のドーパントを使用することなく、従来のホール輸送材料に比べて変換効率を約3割向上させることに成功しました。

東京化成工業では研究開発者などを対象にホール輸送材料の販売を行っています。キャリア輸送特性の向上のために用いる添加剤が不要なことから、PSCの耐久性を向上させることが可能で、同PVの安定化に寄与するとしています。

ほかの有機系PVでも新たな動きが顕在化してきました。小山工業高等専門学校（栃木県小山市）の加藤岳仁教授が会長兼CTO（最高技術責任者）を務めるソーラーパワーペインターズ（SPP、栃木県小山市、下山田力代表取締役）が3月に発足し、塗るだけで発電可能な有機薄膜太陽電池（OPV）の開発に乗り出しました。高い透過性を生かし、フィルムや窓などへの適用を図りながら、2030年までに発電インキ単体としての市場投入を計画しています。

この実現のカギを握るのが、小山高専が持つ次世代太陽電池技術です。とくに「ナノ界面制御」や「ナノーマイクロ相分離構造制御」「分子自己再生（自己組織化）能力誘発」などの技術を組み合わせることで、インキの量産化へとつなげていく方針です。今後はパートナー企業との協業を加速するほか、2023年度以降には製造拠点の新設も検討していくとのことです。

さらに、同じく有機系に分類される色素増感太陽電池（DSC）では、リコーが独自の固体型DSCモジュールを搭載したCO_2センサーを開発しました。同センサーは、室内光で連続動作が可能なほか、無線通信を利用して環境情報を収集するため、複数台配置することで広いフロアもリアルタイムに一元管理できるそうです。

リコーではこれまで、同DSCを実装した環境センサーを提供してきました。今後、CO_2濃度の測定もラインアップに加えることで、環境管理のデジタルトランスフォーメーション（DX）に貢献する意向を示しています。

◎ 博 物 館 (開館日時などについては、ウェブサイトなどでご確認ください)

【官公庁、自治体、大学等】

名　称・連絡先	概　要
科学技術館 〒102-0091　東京都千代田区北の丸公園2-1 電話　03-3212-8544	現代から近未来の科学技術や産業技術に関するものを展示
日本科学未来館 〒135-0064　東京都江東区青海2-3-6 電話　03-3570-9151（代表）	素朴な疑問から最新テクノロジー、地球環境、宇宙、生命などさまざまなスケールで現在進行形の科学技術を体験できる
埼玉県環境科学国際センター　展示館 〒347-0115　埼玉県加須市上種足914 電話　0480-73-8351	日常生活レベルの身近な環境問題から地球規模の問題まで楽しく学べる
千葉県立現代産業科学館 〒272-0015　千葉県市川市鬼高1-1-3 電話　047-379-2000（代表）	現代の日本および千葉県の基幹産業である電力産業・石油産業・鉄鋼産業、先端技術などについて展示
神奈川県立生命の星・地球博物館 〒250-0031　神奈川県小田原市入生田499 電話　0465-21-1515	恐竜や隕石から昆虫など、実物標本を中心に、地球の歴史と生命の多様性を展示した自然博物館
大阪科学技術館 〒550-0004　大阪市西区靱本町1-8-4 電話　06-6441-0915	エネルギー、エレクトロニクス、地球環境、情報通信など、最新の科学技術を体験型のクイズやゲームで楽しく学ぶ
四日市公害と環境未来館 〒510-0075　三重県四日市市安島1-3-16 電話　059-354-8065	昭和30年代の四日市公害の経緯と被害、環境改善の取り組みなどを体系的に展示し、未来に向けて公害と環境問題について学ぶ
富山県立イタイイタイ病資料館 〒939-8224　富山県富山市友杉151 電話　076-428-0830	「イタイイタイ病の恐ろしさ」や「克服の歴史」をわかりやすく学べるよう、ジオラマ、絵本、映像などを組み合わせ解説している
坂出市塩業資料館 〒762-0015　香川県坂出市大屋冨町1777-12 電話　0877-47-4040	古代から現代までの塩づくりの歴史、文献などを展示。
水俣市立水俣病資料館 〒867-0055　熊本県水俣市明神町53 電話　0966-62-2621	水俣病の歴史と現状を正しく認識し、後世へ継承していくことを目的として、パネル・写真・映像等で紹介する常設展示や企画展示を行う
大牟田市　石炭産業科学館 〒836-0037　福岡県大牟田市岬町6-23 電話　0944-53-2377	近代日本の発展をエネルギー面から支えた石炭産業の歴史を紹介
東京工業大学　博物館（百年記念館） 〒152-8550　東京都目黒区大岡山2-12-1 電話　03-5734-3340 　すずかけ台分館：〒226-8503 神奈川県横浜市緑区長津 　　田町4259 　電話　045-924-5991	様々な先端研究や社会への応用実績などを発信。 すずかけ台分館では環境・バイオ・材料・情報・機能機械などの分野から生まれた、独自性の高い新技術やその技術移転成果を展示

名　　称・連絡先	概　　要
東京農業大学　「食と農」の博物館 〒158-0098　東京都世田谷区上用賀2-4-28 電話　03-5477-4033	食と農を通して、生産者と消費者、シニア世代と若い世代、農村と都市を結ぶ。多様なイベントや隣接する展示温室"バイオリウム"で楽しい学びの場を提供
東京農工大学　科学博物館 〒184-8588　東京都小金井市中町2-24-16 電話　042-388-7163 分館：〒183-8509　東京都府中市幸町3-5-8 電話　042-367-5655	養蚕・製糸・機織に関する資料、最新の化学繊維などのほか、農学・工学の研究成果を展示
日本工業大学　工業技術博物館 〒345-8501　埼玉県南埼玉郡宮代町学園台4-1 電話　0480-33-7545	歴史的工作機械250点以上を実際に動かせる状態で展示。SLも定期的に運行
静岡大学　高柳記念未来技術創造館 〒432-8011　静岡県浜松市中区城北3-5-1 電話　053-478-1402	初期のブラウン管テレビから最新の有機ELテレビまで、テレビの発展と歴史を直接目で見て体感できる

【民間（関係企業、団体等）】

名　　称・連絡先	概　　要
サッポロビール博物館 〒065-8633　北海道札幌市東区北7条東9-1-1 電話　011-748-1876	明治初期に活躍した「開拓使」の紹介から、サッポロビールの誕生、近代日本ビール産業を牽引した「大日本麦酒」時代、そして現在までを歴史的資料を通して学べる
TDK歴史みらい館 〒018-0402　秋田県にかほ市平沢字画書面15 電話　0184-35-6580	「磁性」技術を中心にした製品や技術の歴史とともに未来への取り組みを紹介する
がすてなーに　ガスの科学館 〒135-0061　東京都江東区豊洲6-1-1 電話　03-3534-1111	「エネルギー」や「ガス」の役割や特長を分かりやすく学習できる
TEPIA 先端技術館 〒107-0061　東京都港区北青山2-8-44 電話　03-5474-6128	機械・情報・新素材・バイオ・エネルギーなどの最新の先端技術を分かりやすく展示
食とくらしの小さな博物館 〒108-0074　東京都港区高輪3-13-65 味の素グループ　高輪研修センター内2階 電話　03-5488-7305	味の素グループの100年にわたる歴史と、将来に向けた活動を紹介
Daiichi Sankyo　くすりミュージアム 〒103-8426　東京都中央区日本橋本町3-5-1 電話　03-6225-1133	くすりの働きや仕組み、くすりづくり、くすりと日本橋の関係などに関して、楽しく、分かりやすく、学ぶことができる体験型施設
花王ミュージアム 〒131-8501　東京都墨田区文花2-1-3　花王すみだ 事業場内　電話　03-5630-9004（事前予約制）	花王がこれまで収集した数々の史料を展示・公開、清浄文化の移り変わりについて紹介

名　称・連絡先	概　要
紙の博物館 　〒114-0002 東京都北区王子 1 - 1 - 3 　電話　03-3916-2320	和紙・洋紙を問わず、古今東西の紙に関する資料を幅広く収集・保存・展示する世界有数の紙の総合博物館
印刷博物館 　〒112-8531 東京都文京区水道 1 - 3 - 3　トッパン小 　　石川ビル 　電話　03-5840-2300	古いポスター、チラシ、書籍から最近の印刷物まで、バラエティ豊かな資料を収蔵
容器文化ミュージアム 　〒141-8627 東京都品川区東五反田 2 - 18 - 1　大崎 　　フォレストビルディング 1 階 　電話　03-4531-4446	文明の誕生と容器の関わりから、最新の容器包装まで、その歴史や技術、工夫を紹介する
Bridgestone Innovation Gallery 　〒187-8531 東京都小平市小川東町 3 - 1 - 1 　電話　042-342-6363	ゴムやタイヤについての情報を実物やパネル、実験装置で分かりやすく紹介
三菱みなとみらい技術館 　〒220-8401 神奈川県横浜市西区みなとみらい 3 - 3 - 　　1　三菱重工横浜ビル 　電話　045-200-7351	航空宇宙、海洋、交通・輸送、環境・エネルギーなどのゾーンに分け最先端の技術を展示
トヨタ産業技術記念館 　〒451-0051 愛知県名古屋市西区則武新町 4 - 1 -35 　電話　052-551-6115	産業遺産の赤レンガの豊田自動織機工場を利用し、繊維機械、自動車、蒸気機関など、実物や装置を幅広く展示
大阪ガス　ガス科学館 　〒592-0001 大阪府高石市高砂 3 - 1 　電話　072-268-0071	「地球環境の保全とエネルギーの有効利用」をテーマに、天然ガスや、地球環境について学べる

◎ 取得しておきたい資格

◉衛生管理者

国家資格

【所管：厚生労働省】

- -

労働者の健康障害を防止するための作業環境管理、作業管理、健康管理、労働衛生教育の実施、健康の保持増進措置などを行う。
- **第一種**：すべての業種の事業場
- **第二種**：有害業務と関連の薄い業種－情報通信業、金融・保険業、卸売・小売業など一定の業種の事業場のみ

[問い合わせ]

公益財団法人　安全衛生技術試験協会

〒101-0065 東京都千代田区西神田 3 - 8 - 1　千代田ファーストビル東館 9 階

電話　03-5275-1088

URL https://www.exam.or.jp

◉エネルギー管理士

国家資格

【所管：経済産業省】

- -

エネルギーの使用の合理化に関して、エネルギーを消費する設備の維持、エネルギーの使用の方法の改善、監視、その他経済産業省令で定めるエネルギー管理の業務を行う。

第 1 種エネルギー管理指定工場（製造業、鉱業、電気供給業、ガス供給業、熱供給業の 5 業種）事業者は、エネルギーの使用量に応じて 1 ～ 4 名のエネルギー管理者を選任しなければならない。

[問い合わせ]

一般財団法人　省エネルギーセンター

〒108-0023 東京都港区芝浦 2 -11-5　五十嵐ビルディング

電話　03-5439-4970（エネルギー管理試験・講習本部　試験部）

URL https://www.eccj.or.jp

◉火薬類関係

国家資格

【所管：経済産業省】

- -

危険度の高い火薬類の貯蔵・消費・製造に関して、安全性の確保を最優先として取り扱い状況（火薬庫の構造、保安教育の実施など）や製造状況（製造施設・方法・危険予防規程の遵守など）のチェックを行う。
- **火薬類取扱保安責任者**：火薬庫、火薬類の消費場所。**甲種、乙種**がある
- **火薬類製造保安責任者**：火薬類の製造工場。**甲種、乙種、丙種**がある

[問い合わせ]

公益社団法人　全国火薬類保安協会

〒104-0032 東京都中央区八丁堀 4 -13-5　辛ビル 8 階

電話　03-3553-8762

URL http://www.zenkakyo-ex.or.jp

●ガス主任技術者

国家資格
【所管：経済産業省】

ガス事業（小売・導管・製造）の用に供するガス工作物の工事、維持及び運用に関する保安の監督をさせるため、設置者がガス事業法上置かねばならない保安のための責任者。対象とするガス工作物の最高使用圧力に応じて、甲、乙、丙の3種類がある。

[問い合わせ]
一般財団法人　日本ガス機器検査協会　ガス主任技術者試験センター
〒174-0051 東京都板橋区小豆沢4-1-10
電話　03-3960-0159　　　URL https://www.jia-page.or.jp/

●化学物質管理士

民間資格

企業に向け、化学物質管理における適切な情報や、必要に応じた役務を提供する。
公益社団法人日本技術士会の化学、生物工学、環境部門他の技術士で、化学物質管理の実務経験豊富な専門家を対象に、一般社団法人化学物質管理士協会（Pro-MOCS）が認定する。

[問い合わせ]
一般社団法人　化学物質管理士協会
〒105-0012 東京都港区芝大門2-4-5　芝ダイヤハイツ908
電話　03-6314-7979　　　URL http://www.pro-mocs.or.jp/index.html

●環境カウンセラー

登録資格
【所管：環境省】

市民活動や事業活動の中での環境保全に関する取り組みについて豊富な実績や経験を有し、環境保全に取り組む市民団体や事業者等に対してきめ細かな助言を行うことのできる人材として登録。
登録期間：3年
• **事業者部門**：環境マネジメントシステム監査、環境専門分野の講師等
• **市 民 部 門**：環境教育セミナーの講師や環境関連ワークショップの進行役、地域環境活動へのアドバイス、企画等

[問い合わせ]
環境カウンセラー全国事務局
〒104-0041 東京都中央区新富1-15-14　相互新富ビル307
電話　03-6280-5345　　　URL https://edu.env.go.jp/counsel/

◉危険物取扱者

国家資格
【所管：消防庁】

一定数量以上の危険物を貯蔵し、取り扱う化学工場、ガソリンスタンド、石油貯蔵タンク、タンクローリー等には、危険物を取り扱うために必ず危険物取扱者を置かなければならない。
- **甲種**：全類の危険物の取り扱いと定期点検、保安の監督
- **乙種**：指定の類の危険物について、取り扱いと定期点検、保安の監督
- **丙種**：特定の危険物（ガソリン、灯油、軽油、重油など）に限り、取り扱いと定期点検

[問い合わせ]
一般財団法人　消防試験研究センター
〒100-0013 東京都千代田区霞が関1-4-2　大同生命霞が関ビル19階
電話　03-3597-0220
URL https://www.shoubo-shiken.or.jp

◉技術士・技術士補

国家資格
【所管：文部科学省】

科学技術の高度な専門的応用能力を必要とする事項について、計画、研究、設計、分析、試験、評価、またはこれらに関する指導業務を行う。二次試験の技術部門には、機械、船舶・海洋、航空・宇宙、電気電子、化学、繊維、金属、資源工学、建設、上下水道、衛生工学、農業、森林、水産、経営工学、情報工学、応用理学、生物工学、環境、原子力・放射線、総合技術監理がある。

[問い合わせ]
公益社団法人　日本技術士会(技術士試験センター)
〒105-0011 東京都港区芝公園3-5-8　機械振興会館4階
電話　03-6432-4585
URL https://www.engineer.or.jp

◉高圧ガス関係

国家資格
【所管：経済産業省】

それぞれの資格に定められた職務経験を有している場合に限り、保安、安全管理、監視、販売等の職務を行うことができる。
- **高圧ガス販売主任者**（第1種、第2種）　・**高圧ガス製造保安責任者**〔甲種・乙種化学、丙種化学（液化石油ガス、特別試験科目）、甲種・乙種機械など〕
- **液化石油ガス設備士**　・**特定高圧ガス取扱主任者**　・**高圧ガス移動監視者**

[問い合わせ]
高圧ガス保安協会
〒105-8447 東京都港区虎ノ門4-3-13　ヒューリック神谷町ビル
電話　03-3436-6100（代表）
URL https://www.khk.or.jp

◉公害防止管理者

国家資格
【所管：経済産業省】

大気汚染、水質汚濁、騒音、振動等を防止するため、公害発生施設または公害防止施設の運転、維持、管理、燃料、原材料の検査等を行う。

- 大気関係：第1種～第4種
- 水質関係：第1種～第4種
- 騒音・振動関係
- 特定粉じん関係
- 一般粉じん関係
- 公害防止主任管理者
- ダイオキシン類関係

[問い合わせ]
一般社団法人　産業環境管理協会
〒101-0044 東京都千代田区鍛冶町2-2-1　三井住友銀行神田駅前ビル
電話　03-5209-7713（試験部門　公害防止管理者試験センター）　　　URL http://www.jemai.or.jp

---

◉作業主任者

国家資格
【所管：厚生労働省】

労働災害を防止するための管理を必要とする一定の作業について、その作業区分に応じて選任が義務付けられている。
（主な作業主任者）
- 石綿作業主任者：人体に有害な石綿が使用されている建築物、工作物の解体等の作業に係る業務を安全に行うための作業主任者
- ガス溶接作業主任者：アセチレン溶接装置、ガス集合溶接装置を用いて行う金属の溶接、溶断、加熱の作業を行う場合にて、その作業全般の責任者

[問い合わせ]（石綿作業主任者など）
一般財団法人　労働安全衛生管理協会
〒336-0017 埼玉県さいたま市南区南浦和2-27-15　信庄ビル3階
電話　048-885-7773　　　URL http://www.roudouanzen.com

◉電気主任技術者

国家資格
【所管：経済産業省】

電気工作物（電気事業用および自家用電気工作物）の工事、維持、運用に関する保安の監督を行う。
- 第1種電気主任技術者：すべての事業用電気工作物
- 第2種電気主任技術者：電圧17万V未満の事業用電気工作物
- 第3種電気主任技術者：電圧5万V未満の事業用電気工作物
　　　　　　　　　　　　（出力5,000kW以上の発電所を除く）

[問い合わせ]
一般財団法人　電気技術者試験センター
〒104-8584 東京都中央区八丁堀2-9-1　RBM東八重洲ビル8階
電話　03-3552-7691　　　URL https://www.shiken.or.jp

◉**毒物劇物取扱責任者**

国家資格
【所管：厚生労働省】

毒劇物の製造業・輸入業・販売業を行う場合に必要な管理・監督をする専任の責任者。
- **一般毒物劇物取扱者**：全品目
- **農業用品目毒物劇物取扱者**：農業上、必要なもの
- **特定品目毒物劇物取扱者**：限定されたもの

- 欠格事項に該当せず、資格を有する者
  1. 薬剤師
  2. 厚生労働省令で定める学校で、応用化学に関する学課を修了した者
  3. 各都道府県が実施する毒物劇物取扱者試験に合格した者

［問い合わせ］　認定：各都道府県庁

◉**ボイラー関係**

国家資格
【所管：厚生労働省】

- **ボイラー技士**：建造物のボイラー安全運転を保つためにボイラーの監視・調整・検査などの業務を行う。特級（大規模な工場等）、1級（大規模な工場や事務所・病院等）、2級（一般に設置されている製造設備、暖冷房、給湯用など）
- **ボイラー整備士**：一定規模以上のボイラーや第1種圧力容器の整備など（清掃、点検、交換、運転の確認など）を行う。
- **ボイラー溶接士**：ボイラーや第1種圧力容器の溶接を行う。特別、普通がある。

［問い合わせ］
公益財団法人　安全衛生技術試験協会
〒101-0065 東京都千代田区西神田3-8-1　千代田ファーストビル東館9階
電話　03-5275-1088　　URL https://www.exam.or.jp

◉**労働安全コンサルタント／労働衛生コンサルタント**

国家資格
【所管：厚生労働省】

厚生労働大臣が認めた労働安全・労働衛生のスペシャリストとして、労働者の安全衛生水準の向上のため、事業場の診断・指導を行う。

［問い合わせ］
公益財団法人　安全衛生技術試験協会
〒101-0065　東京都千代田区西神田3-8-1　千代田ファーストビル東館9階
電話　03-5275-1088

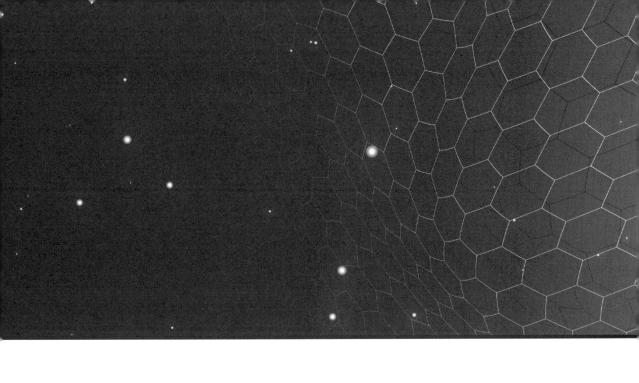

参考資料

◎ノーベル化学賞　受賞者一覧

年度	受　賞　者	国　籍	受　賞　理　由
1901	J. H. ファント・ホフ	オランダ	化学動力学と溶液の浸透圧の法則の発見
1902	H. E. フィッシャー	ドイツ	糖類およびプリンの合成
1903	S. A. アレニウス	スウェーデン	電離の電極理論による化学の進歩への貢献
1904	W. ラムゼー	イギリス	空気中の不活性気体元素の発見と、周期律におけるその位置の確定
1905	J. F. W. A. v. バイヤー	ドイツ	有機染料とヒドロ芳香族化合物の研究による有機化学と化学工業への貢献
1906	H. モワサン	フランス	フッ素の研究と分離、モワサン電気炉の科学での利用
1907	E. ブフナー	ドイツ	生化学の研究と無細胞発酵の発見
1908	E. ラザフォード	イギリス	元素の崩壊と放射性物質の化学の研究
1909	W. オストヴァルト	ドイツ	触媒の研究、化学平衡と反応速度の基礎原理の研究
1910	O. ヴァラッハ	ドイツ	脂環式化合物の分野での先駆的研究による有機化学および化学工業への貢献
1911	M. S. キュリー	フランス	ラジウムとポロニウムの発見、ラジウムの分離とその性質および化合物の研究
1912	V. グリニャール	フランス	グリニャール試薬の発見
	P. サバティエ	フランス	微細な金属粒子を用いる有機化合物水素化法
1913	A. ウェルナー	スイス	分子内の原子の結合に関する研究
1914	T. W. リチャーズ	アメリカ	多くの元素の原子量の正確な決定
1915	R. M. ウィルシュテッター	ドイツ	植物の色素、特にクロロフィルの研究
受賞者なし（1916 ～ 1917）			
1918	F. ハーバー	ドイツ	元素からのアンモニアの合成
受賞者なし（1919）			
1920	W. ネルンスト	ドイツ	熱化学における業績
1921	F. ソディー	イギリス	放射性物質の化学への貢献、同位体の起源と性質の研究
1922	F. W. アストン	イギリス	質量分析による多くの非放射性元素の同位体の発見、整数法則の発見
1923	F. プレーグル	オーストリア	有機物の微量分析法の発明
受賞者なし（1924）			
1925	R. A. ジグモンディ	ドイツ	コロイド溶液の不均一性の証明、コロイド化学の研究法の開発
1926	T. スヴェドベリ	スウェーデン	分散系の研究
1927	H. O. ビーランド	ドイツ	胆汁酸と関連物質の構造の研究
1928	A. O. R. ウィンダウス	ドイツ	ステロール類の構造とそのビタミン類との関係の研究
1929	A. ハーデン	イギリス	糖類の発酵と発酵酵素の研究
	H. K. A. S. v. オイラー—フェルピン	スウェーデン	
1930	H. フィッシャー	ドイツ	ヘミンとクロロフィルの構造の研究、ヘミンの合成
1931	C. ボッシュ F. ベルギウス	ドイツ	化学における高圧法の発明と発展
1932	I. ラングミュア	アメリカ	界面化学における発見と研究
受賞者なし（1933）			
1934	H. C. ユーリー	アメリカ	重水素の発見
1935	F. ジョリオ I. ジョリオ—キュリー	フランス	新種の放射性元素の合成
1936	P. J. W. デバイ	オランダ	双極子モーメントおよび X 線の回折、気体中の電子の回折による分子構造の決定
1937	W. N. ハース	イギリス	炭水化物とビタミン C の研究
	P. カーラー	スイス	カロテノイド、フラビン、ビタミン A および B2 の研究
1938	R. クーン	ドイツ	カロテノイドとビタミンの研究

年度	受　賞　者	国　籍	受　賞　理　由
1939	A. F. J. ブーテナント	ドイツ	性ホルモンの研究
	L. ルジチカ	スイス	ポリメチレンおよび高位テルペンの研究
受賞者なし（1941～1943）			
1943	G. ド・ヘヴェシー	ハンガリー	化学反応の研究に同位体をトレーサーとして用いる方法
1944	O. ハーン	ドイツ	重い原子核の分裂の発見
1945	A. I. ヴィルタネン	フィンランド	農業化学と栄養化学における研究と発明、特に飼い葉の保存法
1946	J. B. サムナー	アメリカ	酵素が結晶化されることの発見
	J. H. ノースロップ W. M. スタンリー	アメリカ	酵素とウイルスのタンパク質を純粋な形で調製
1947	R. ロビンソン	イギリス	生物学的に重要な植物の生成物、特にアルカロイドの研究
1948	A. W. K. ティセーリウス	スウェーデン	電気泳動と吸着分析、特に血清タンパク質の複雑な性質に関する発見
1949	W. F. ジオーク	アメリカ	化学熱力学への貢献、特に極低温での物質の振る舞いについての研究
1950	O. P. H. ディールス K. アルダー	ドイツ	ジエン合成の発見と発展
1951	E. M. マクミラン G. T. シーボーグ	アメリカ	超ウラン元素の化学での発見
1952	A. J. P. マーティン R. L. M. シンジ	イギリス	分配クロマトグラフィーの発明
1953	H. シュタウディンガー	ドイツ	高分子化学での発見
1954	L. ポーリング	アメリカ	化学結合の性質の研究、複雑な物質の構造の解明
1955	V. デュ・ヴィニョー	アメリカ	生化学的に重要なイオウ化合物の研究、特にポリペプチド・ホルモンの合成
1956	C. N. ヒンシェルウッド	イギリス	化学反応の機構の研究
	N. N. セミョーノフ	ソ連	
1957	A. R. トッド	イギリス	ヌクレオチドとヌクレオチド補酵素の研究
1958	F. サンガー	イギリス	タンパク質、特にインシュリンの構造決定
1959	J. ヘイロフスキー	チェコ スロヴァキア	ポーラログラフィーの発見と発展
1960	W. F. リビー	アメリカ	考古学、地質学、地球物理学およびその他の関連する科学において、年代決定に炭素14を用いた方法
1961	M. カルヴィン	アメリカ	植物における二酸化炭素の同化の研究
1962	M. F. ペルーツ J. C. ケンドリュー	イギリス	球状タンパク質の構造に関する研究
1963	K. ツィーグラー	ドイツ	高分子ポリマーの科学と技術における発見
	G. ナッタ	イタリア	
1964	D. C. ホジキン	イギリス	X線回折による重要な生化学物質の構造決定
1965	R. B. ウッドワード	アメリカ	有機合成における業績
1966	R. S. マリケン	アメリカ	化学結合と分子の電子構造の分子軌道法による基礎研究
1967	M. アイゲン	西ドイツ	超短時間エネルギーパルスでの超高速化学反応の研究
	R. G. W. ノーリッシュ	イギリス	
	G. ポーター	イギリス	
1968	L. オンサーガー	アメリカ	オーサンガーの相反定理の発見、不可逆過程の熱力学の基礎の確立
1969	D. H. R. バートン	イギリス	立体配座の概念の展開と化学への応用
	O. ハッセル	ノルウェー	
1970	L. F. レロアール	アルゼンチン	糖ヌクレオチドと炭水化物の生合成におけるその役割の発見
1971	G. ヘルツベルグ	カナダ	分子、特に遊離基の電子構造と幾何的構造の研究

年度	受賞者	国籍	受賞理由
1972	C. B. アンフィンゼン	アメリカ	リボヌクレアーゼの研究、特にアミノ酸配列と生物学的に活性な構造の関係
	S. ムーア W. H. スタイン	アメリカ	リボヌクレアーゼ分子の活性中心の化学構造と触媒作用との関係
1973	E. O. フィッシャー	西ドイツ	サンドウィッチ構造の有機金属化学
	G. ウィルキンソン	イギリス	
1974	P. J. フローリー	アメリカ	高分子物理化学の理論と実験における基礎的研究
1975	J. W. コーンフォース	イギリス	酵素触媒反応の立体化学の研究
	V. プレローグ	スイス	有機分子と有機反応の立体化学
1976	W. N. リプスコム	アメリカ	ボランの構造と化学結合の研究
1977	I. プリゴジン	ベルギー	非平衡熱力学、特に散逸構造の理論
1978	P. ミッチェル	イギリス	化学浸透説による生物学的エネルギー輸送の研究
1979	H. C. ブラウン	アメリカ	ホウ素およびリンを含む化合物の試薬の有機合成における利用
	G. ヴィティッヒ	西ドイツ	
1980	P. バーグ	アメリカ	核酸の生化学、DNA組換えの研究
	W. ギルバート	アメリカ	核酸の塩基配列の決定
	F. サンガー	イギリス	
1981	**福井謙一**	**日本**	**化学反応過程の理論**
	R. ホフマン	アメリカ	
1982	A. クルーグ	イギリス	結晶学的電子分光法の開発、核酸・タンパク質複合体の構造の解明
1983	H. タウビー	アメリカ	特に金属錯体における電子遷移反応の機構
1984	R. B. メリフィールド	アメリカ	固相反応による化学合成法の発展
1985	H. A. ハウプトマン J. カール	アメリカ	結晶構造を直接決定する方法の確立
1986	D. R. ハーシュバック Y. T. リー	アメリカ	化学反応の素過程の動力学
	J. C. ポラニー	カナダ	
1987	D. J. クラム	アメリカ	高い選択性のある構造特異的な相互作用を起こす分子の開発と利用
	J-M. レーン	フランス	
	C. J. ビーダーセン	アメリカ	
1988	J. ダイゼンホーファー R. フーバー H. ミヘル	西ドイツ	光合成の反応中心の三次元構造の決定
1989	S. アルトマン	カナダ、 アメリカ	RNAの触媒としての性質の発見
	T. R. チェック	アメリカ	
1990	E. J. コーリー	アメリカ	有機合成の理論と方法
1991	R. R. エルンスト	スイス	高分解能の核磁気共鳴（NMR）分光法
1992	R. A. マーカス	アメリカ	化学系における電子遷移反応の理論
1993	K. B. マリス	アメリカ	ポリメラーゼ連鎖反応（PCR）法の発明
	M. スミス	カナダ	オリゴヌクレオチドを用いた位置特異的突然変異法
1994	G. A. オラー	アメリカ	炭素陽イオンの化学への貢献
1995	P. J. クルツェン	オランダ	大気化学、特にオゾンの形成と分解
	M. J. モリーナ F. S. ローランド	アメリカ	
1996	R. F. カール	アメリカ	フラーレンの発見
	H. W. クロート	イギリス	
	R. E. スモーリー	アメリカ	
1997	P. D. ボイヤー	アメリカ	ATP合成の酵素的機構の解明
	J. E. ウォーカー	イギリス	
	J. C. スコー	デンマーク	イオン輸送酵素の発見

年度	受賞者	国籍	受賞理由
1998	W. コーン	アメリカ	密度関数理論の展開
	J. A. ポープル	イギリス	量子化学における計算機利用法
1999	A. H. ズヴェイル	エジプト	フェムト秒分光学を用いた化学反応における遷移状態の研究
2000	A. J. ヒーガー A. G. マクダイアミド	アメリカ	**導電性ポリマーの発見と展開**
	白川英樹	**日 本**	
2001	W. S. ノールズ	アメリカ	**キラルな触媒による水素化反応**
	野依良治	**日 本**	
	K. B. シャープレス	アメリカ	キラルな触媒による酸化反応
2002	J. B. フェン	アメリカ	**生体高分子の質量分析法のための穏和な脱着イオン化法の開発**
	田中耕一	**日 本**	
	K. ビュートリヒ	スイス	溶液中の生体高分子の立体構造決定のための核磁気共鳴分光法の開発
2003	P. アグレ	アメリカ	細胞膜の水チャンネルの発見
	R. マキノン	アメリカ	細胞膜のイオンチャンネルの研究
2004	A. チカノーバー A. ハーシュコ	イスラエル	ユビキチンを介したタンパク質の分解の発見
	I. ローズ	アメリカ	
2005	Y. ショーバン	フランス	有機合成におけるメタセシス法の開発
	R. H. グラッブス R. R. シュロック	アメリカ	
2006	R. D. コーンバーグ	アメリカ	真核生物における転写の研究
2007	G. エルトゥル	ドイツ	固体表面の化学反応過程の研究
2008	**下村 脩**	**日 本**	**緑色蛍光タンパク質（GFP）の発見とその応用**
	M. チャルフィー R. Y. チエン	アメリカ	
2009	V. ラマクリシュナン T. A. スタイツ	アメリカ	リボソームの構造と機能の研究
	A. E. ヨナス	イスラエル	
2010	R. F. ヘック	アメリカ	**有機合成におけるパラジウム触媒クロスカップリング**
	根岸英一 鈴木 章	**日 本**	
2011	D. シェヒトマン	イスラエル	準結晶の発見
2012	R. レフコウィッツ B. コビルカ	アメリカ	Gタンパク共役型受容体の研究
2013	M. カープラス	アメリカ	複雑な化学反応に関するマルチスケールモデルの開発
	M. レヴィット	アメリカ、イギリス、イスラエル	
	A. ウォーシェル	アメリカ、イスラエル	
2014	E. ベツィグ	アメリカ	超高解像度蛍光顕微鏡の開発
	S. ヘル	ドイツ	
	W. E. モーナー	アメリカ	
2015	T. リンダール	スウェーデン	DNA修復の仕組みの研究
	P. モドリッチ	アメリカ	
	A. サンジャル	アメリカ、トルコ	
2016	J. - P. ソヴァージュ	フランス	分子機械の設計と合成
	J. F. ストッダード	イギリス	
	B. L. フェリンハ	オランダ	
2017	J. フランク	アメリカ	溶液中の生体分子を高分解能で構造決定できるクライオ電子顕微鏡法の開発
	J. ドゥボシエ	スイス	
	R. ヘンダーソン	イギリス	

年度	受賞者	国籍	受賞理由
2018	F. H. アーノルド	アメリカ	酵素の指向性進化法の開発
	G. P. スミス	アメリカ	ペプチドおよび抗体のファージディスプレイの開発
	G. P. ウィンター	イギリス	
2019	J.B. グッドイナフ	アメリカ	リチウムイオン二次電池の開発
	M.S. ウィッティンガム	イギリス、アメリカ	
	吉野 彰	日本	
2020	E. シャルパンティエ	フランス	ゲノム編集の新手法開発
	J. ダウドナ	アメリカ	
2021	B. リスト	ドイツ	不斉有機触媒の開発
	D. マクミラン	イギリス、アメリカ	
2022	M. メルダル	デンマーク	クリックケミストリー手法開発
	K.B. シャープレス C. ベルトッツィ	アメリカ	

●中堅・専門商社、商材やサービス提供に努力

SDGsに対する企業の取り組みが拡大する昨今、中堅・専門商社も持続可能な循環型経済社会と脱炭素社会の実現に向けた商材やサービスの提供に努める方針を打ち出しています。その取り組みをいくつかみていきましょう。

◆自動車用内装材向け 環境負荷軽減に寄与◆

森六ケミカルズは新設したものづくり事業推進室で、環境対応樹脂やリサイクルカーボンファイバーなど環境負荷軽減に寄与する商材を注力テーマに設定しました。環境対応樹脂では森六テクノロジーと連携し、バイオマス由来などカーボンニュートラルを意識した材料を自動車用内装材向けに提案しています。

また、航空機の製造工程で発生する廃材などからカーボンファイバーを取り出し、そのリサイクル材を使用してプラスチック材料を製造するリサイクルカーボンファイバーへの取り組みにも注力しています。グループ企業の五興化成が保有する技術を活用した、環境負荷軽減に寄与する技術の開発や用途開拓にも努めています。

◆天然由来のアミノ酸製成分の除菌消臭剤投入◆

日曹商事は2022年9月に自社開発の除菌消臭剤「爽快クリスタル」を発売しました。同製品は天然由来のアミノ酸製成分を使用しており、香料の香りでごまかすことなく化学反応によってにおいの元を分解し消臭します。居室空間やトイレ、排水口などの除菌・消臭への利用を見込んでおり、まずは業務用・プロ用としてホテルや清掃業者に向けて提案していくといいます。

2022年6月から開始したサンプル供給ではさまざまな感想が寄せられました。清掃スタッフは「清掃時間の短縮につながり、清掃クオリティーの向上につながる」と話しているとのことです。また「化粧品やタバコ臭による客室の閉鎖数を少なくすることができるため、客室使用率の向上にもつながっている」という意見や、「古い客室でのカビ由来のよどんだにおいを消臭することができた」との声も聞かれます。

一方、トイレの清掃業者は「ふん尿臭を確実に消臭でき、清掃開始時と仕上げ、嘔吐（おうと）物の処理の仕上げに優れた効果を発揮する」と評価しています。「清掃時間の短縮につながり結果として楽ができて助かっている」との意見も寄せられました。今後、社会貢献の観点からもその普及促進に努めるとのことです。

元 素 の 周 期 表

凡例: 原子番号 / 元素記号 / 元素名 / 原子量

周期＼族	1	2	3	4	5	6	7	8	9	10	11	12	13	14	15	16	17	18
1	1 H 水素 1.008																	2 He ヘリウム 4.003
2	3 Li リチウム 6.941	4 Be ベリリウム 9.012											5 B ホウ素 10.81	6 C 炭素 12.01	7 N 窒素 14.01	8 O 酸素 16.00	9 F フッ素 19.00	10 Ne ネオン 20.18
3	11 Na ナトリウム 22.99	12 Mg マグネシウム 24.31											13 Al アルミニウム 26.98	14 Si ケイ素 28.09	15 P リン 30.97	16 S 硫黄 32.07	17 Cl 塩素 35.45	18 Ar アルゴン 39.95
4	19 K カリウム 39.10	20 Ca カルシウム 40.08	21 Sc スカンジウム 44.96	22 Ti チタン 47.88	23 V バナジウム 50.94	24 Cr クロム 52.00	25 Mn マンガン 54.94	26 Fe 鉄 55.85	27 Co コバルト 58.93	28 Ni ニッケル 58.69	29 Cu 銅 63.55	30 Zn 亜鉛 65.39	31 Ga ガリウム 69.72	32 Ge ゲルマニウム 72.61	33 As ヒ素 74.92	34 Se セレン 78.95	35 Br 臭素 79.90	36 Kr クリプトン 83.80
5	37 Rb ルビジウム 85.47	38 Sr ストロンチウム 87.62	39 Y イットリウム 88.91	40 Zr ジルコニウム 91.22	41 Nb ニオブ 92.91	42 Mo モリブデン 95.94	43 Tc テクネチウム (99)	44 Ru ルテニウム 101.1	45 Rh ロジウム 102.9	46 Pd パラジウム 106.4	47 Ag 銀 107.9	48 Cd カドミウム 112.4	49 In インジウム 114.8	50 Sn スズ 118.7	51 Sb アンチモン 121.8	52 Te テルル 127.6	53 I ヨウ素 126.9	54 Xe キセノン 131.3
6	55 Cs セシウム 132.9	56 Ba バリウム 137.3	57～71 L ランタノイド	72 Hf ハフニウム 178.5	73 Ta タンタル 180.9	74 W タングステン 183.8	75 Re レニウム 186.2	76 Os オスミウム 190.2	77 Ir イリジウム 192.2	78 Pt 白金 195.1	79 Au 金 197.0	80 Hg 水銀 200.6	81 Tl タリウム 204.4	82 Pb 鉛 207.2	83 Bi ビスマス 209.0	84 Po ポロニウム (210)	85 At アスタチン (210)	86 Rn ラドン (222)
7	87 Fr フランシウム (223)	88 Ra ラジウム (226)	89～103 A アクチノイド	104 Rf ラザホージウム (267)	105 Db ドブニウム (268)	106 Sg シーボーギウム (271)	107 Bh ボーリウム (272)	108 Hs ハッシウム (277)	109 Mt マイトネリウム (276)	110 Ds ダームスタチウム (281)	111 Rg レントゲニウム (280)	112 Cn コペルニシウム (285)	113 Nh ニホニウム (278)	114 Fl フレロビウム (289)	115 Mc モスコビウム (289)	116 Lv リバモリウム (293)	117 Ts テネシン (293)	118 Og オガネソン (294)

ランタノイド (57～71)

57 La ランタン 138.9	58 Ce セリウム 140.1	59 Pr プラセオジム 140.9	60 Nd ネオジム 144.2	61 Pm プロメチウム (145)	62 Sm サマリウム 150.4	63 Eu ユウロピウム 152.0	64 Gd ガドリニウム 157.3	65 Tb テルビウム 158.9	66 Dy ジスプロシウム 162.5	67 Ho ホルミウム 164.9	68 Er エルビウム 167.3	69 Tm ツリウム 168.9	70 Yb イッテルビウム 173.0	71 Lu ルテチウム 175.0

アクチノイド (89～103)

89 Ac アクチニウム (227)	90 Th トリウム 232.0	91 Pa プロトアクチニウム 231.0	92 U ウラン 238.0	93 Np ネプツニウム (237)	94 Pu プルトニウム (244)	95 Am アメリシウム (243)	96 Cm キュリウム (247)	97 Bk バークリウム (247)	98 Cf カリホルニウム (252)	99 Es アインスタイニウム (252)	100 Fm フェルミウム (257)	101 Md メンデレビウム (258)	102 No ノーベリウム (259)	103 Lr ローレンシウム (260)

凡例: □ 典型非金属元素　□ 典型金属元素　■ 遷移金属元素

●物流業界に迫る「2024年問題」

物流業界の2024年問題まで残り2年を切りました。トラックドライバーによる自動車運転業務に関して猶予期間が設けられていた「働き方改革関連法」が2024年4月1日から適用されることになります。このことで、具体的には何が変わってくるのでしょうか。

この法律において、トラック輸送業者に関係してくるのは次の3つです

(1) 労働基準法36条【自動車運転業務】で年間960時間の時間外労働上限規制が適用される
(2) 労働基準法37条、138条関係で月60時間超の時間外割増賃金率の引き上げ（25%→50%）が中小企業へ適用される
(3) パートタイム労働法・労働契約法と労働者派遣法で同一労働・同一賃金が適用される。

年間960時間は月平均80時間と12カ月をかけ算して算出したものであり、単月の上限規定はとくに設けてはいません。ただ、将来的には全産業を対象にした一般則の適用を目指しており、年間720時間以内（休日労働は除外）、単月100時間未満また2〜6カ月平均で80時間以内（いずれも休日労働を含む）を順守する必要性が出てきます。

時間外労働割増賃金率の引き上げでは1人当たりの残業手当が従来より単月で6,300円増える計算となります。

また、同一労働・同一賃金はすでに適用されていますが非正規社員（短時間、有期雇用、派遣形態の労働者）から基本給や賞与、手当など待遇面で正規社員と差があった場合には事業者は説明義務を果たす必要があります。正規社員だけでなく非正規社員も働く環境が多い物流業界にとって大きな転換点となっており、これら3つへの対応は喫緊の課題と言えるでしょう。

全国のトラック輸送業者約6万2,000社のうち8割となるおよそ5万社が加盟する全日本トラック協会（坂本克己会長）では「トラック運送業界の働き方改革実現に向けたアクションプラン」を2018年3月に策定し、2024年度までに年間960時間を超える時間外労働をしているドライバーがいるトラック輸送業者をゼロにする目標を掲げています。

2022年1月にモニタリング調査を実施した結果、「年960時間を超えるドライバーがいる」とした比率は27.1％（前回調査は28％）となりました。また、月60時間を超える時間外労働の割増賃金率引き上げについては「すでに50％を適用している」は8.0％で、「2023年4月まで対応できる対策を検討している」が53.4％、「まだ準備をしていない」が18.8％でした。

同協会は、2024年問題を契機にトラック輸送業者の間でM＆A（合併・買収）が増加するとみています。月60時間を超えた場合の時間外割増賃金率50％が適用になると、輸送事業経営者はコスト負担から長距離輸送を敬遠する動きが予想されるからです。減った分の輸送を下請け輸送事業者が補うことから経営負担が重くなり、事業承継や自主廃業の道を選ぶ経営者は少なくないとしています。その反面、地区輸送に強い会社や若手ドライバーが多く在籍する会社など特色がある輸送事業者は選ばれる存在になるとみています。

一方、最近の燃料価格高騰への対策として「燃料価格高騰対策本部」を3月に設置しました。荷主へのコストに見合った適正な運賃・料金の収受および燃料サーチャージ導入促進など価格転嫁の対策にかかわる施策などを実施していますが、中小企業庁が2022年2月に調査した業種別価格転嫁の達成状況ランキングでトラック輸送業者は16業種の中で最下位の結果となっています。

長時間労働や低賃金など決して恵まれた労働環境とは言えない物流業界ですが、新しい改革機運も生まれてきています。

例えば、国土交通省では2021年6月に第1回官民物流標準化懇談会を開催しました。デジタル技術の社会実装が急速に進むなかにあって、物流に対する関係者の危機感や機運が高まり、集中的に物流産業における標準化を推進するため、物流標準化の現状と今後の対応方向性について議論・検討が開始されました。まずは物流機器（パレットなど）の標準化について検討する「パレット標準化推進分科会」が設置され、2022年4月までに計4回の分科会が開催されています。

■ SI基本単位

量	単位の名称	単位記号
長　　さ	メートル	m
質　　量	キログラム	kg
時　　間	秒	s
電　　流	アンペア	A
温　　度	ケルビン	K
物　質　量	モ　ル	mol
光　　度	カンデラ	cd

■ 固有の名称とその独自の記号によるSI組立単位

量	単位の名称	単位記号	基本単位による表現
平　面　角	ラジアン	rad	$m \cdot m^{-1} = 1$
立　体　角	ステラジアン	sr	$m^2 \cdot m^{-2} = 1$
周　波　数	ヘルツ	Hz	s^{-1}
力	ニュートン	N	$m \cdot kg \cdot s^{-2}$
圧力、応力	パスカル	Pa	$m^{-1} \cdot kg \cdot s^{-2}$
エネルギー、仕事、熱量	ジュール	J	$m^2 \cdot kg \cdot s^{-2}$
工率、放射束	ワット	W	$m^2 \cdot kg \cdot s^{-3}$
電荷、電気量	クーロン	C	$s \cdot A$
電位差（電圧）、起電力	ボルト	V	$m^2 \cdot kg \cdot s^{-3} \cdot A^{-1}$
静　電　容　量	ファラド	F	$m^{-2} \cdot kg^{-1} \cdot s^4 \cdot A^2$
電　気　抵　抗	オーム	Ω	$m^2 \cdot kg \cdot s^{-3} \cdot A^{-2}$
コンダクタンス	ジーメンス	S	$m^{-2} \cdot kg^{-1} \cdot s^3 \cdot A^2$
磁　　束	ウェーバ	Wb	$m^2 \cdot kg \cdot s^{-2} \cdot A^{-1}$
磁　束　密　度	テスラ	T	$kg \cdot s^{-2} \cdot A^{-1}$
インダクタンス	ヘンリー	H	$m^2 \cdot kg \cdot s^{-2} \cdot A^{-2}$
セルシウス温度	セルシウス度	℃	K
光　　束	ルーメン	lm	$m^2 \cdot m^{-2} \cdot cd = cd \cdot sr$
照　　度	ルクス	lx	$m^2 \cdot m^{-4} \cdot cd = m^{-2} \cdot cd$
（放射性核種の）放射能	ベクレル	Bq	s^{-1}
吸収線量・カーマ	グレイ	Gy	$m^2 \cdot s^{-2} (= J/kg)$
（各種の）線量当量	シーベルト	Sv	$m^2 \cdot s^{-2} (= J/kg)$
酵　素　活　性	カタール	kat	$s^{-1} \cdot mol$

■ SI接頭語

乗数	接頭語	記号	乗数	接頭語	記号
10^{24}	ヨタ	Y	10^{-1}	デシ	d
10^{21}	ゼタ	Z	10^{-2}	センチ	c
10^{18}	エクサ	E	10^{-3}	ミリ	m
10^{15}	ペタ	P	10^{-6}	マイクロ	μ
10^{12}	テラ	T	10^{-9}	ナノ	n
10^{9}	ギガ	G	10^{-12}	ピコ	p
10^{6}	メガ	M	10^{-15}	フェムト	f
10^{3}	キロ	k	10^{-18}	アト	a
10^{2}	ヘクト	h	10^{-21}	ゼプト	z
10^{1}	デカ	da	10^{-24}	ヨクト	y

広 告 索 引

ケミカルビジネス情報MAP 2023

2022年11月29日　初版1刷発行

発行者　　佐　藤　　豊
発行所　　㈱化学工業日報社
☎ 103-8485　東京都中央区日本橋浜町 3-16-8
電話　　03(3663)7935(編集)
　　　　03(3663)7932(販売)
Fax.　　03(3663)7929(編集)
　　　　03(3663)7275(販売)
振替　　00190-2-93916
支社　大阪　　**支局**　名古屋　シンガポール　上海　バンコク
URL　https://www.chemicaldaily.co.jp

印刷・製本：平河工業社
DTP：創基
カバーデザイン：田原佳子

ISBN978-4-87326-756-2　C2034